JN058832

技術士第二次試験

「総合技術監理部門」

標準テキスト〈技術体系と傾向対策〉

福田 遵 著

第3版

日刊工業新聞社

はじめに

　平成 29 年 2 月に、平成 16 年 1 月から頒布されていた「技術士制度における総合技術監理部門の技術体系（第 2 版）」（通称：青本）の頒布が終了となりました。青本は、総合技術監理部門の技術士にとって重要な知識源であるだけではなく、総合技術監理部門の受験者には受験資料として使われてきました。著者にとって青本は、改訂を検討する委員会の委員を務めていたこともあり、深い愛着を持つ資料の 1 つでした。そういった背景から、総合技術監理部門の受験者に青本に代わる資料を提供したい、と考えて出版を計画したのが本著の初版になります。初版では、基本的に青本の構成を踏襲し、平成 20 年度試験以降に総合技術監理部門の択一式問題で出題された事項に絞って内容を整理することを目的に制作しました。

　平成 30 年末に、『総合技術監理キーワード集 2019』が公表され、以後、毎年末に翌年の西暦年をタイトル末尾に付けた『総合技術監理キーワード集 20○○』（以下、「キーワード集」という）が公表されています。こういった状況を考慮して、第 2 版からは、項目立てを「キーワード集」に合わせるとともに、巻末に索引を掲載する形式に改訂しました。

　ただし、本著は青本の復元や「キーワード集」に掲載された全キーワードの解説を目的としているのではなく、純粋に、総合技術監理部門の受験者に、過去に択一式問題で出題された内容に含まれるキーワードを整理し、択一式問題に対する勉強のツールを提供することを目的としています。これまでに総合技術監理部門の択一式問題で出題された内容を見ると、「キーワード集」に示されている内容の問題もありますが、「キーワード集」に含まれない内容も多く出題されています。実際に本著の巻末の索引を見るとわかると思いますが、「キーワード集」に掲載されていないキーワードが多く示されていますし、「キーワード集」に掲載されているもので索引にないものがあります。また、「キーワード集」に示されたキーワードですが、実際に択一式問題の各選択肢の主

語として使われているものは、そのキーワードに属している詳細なキーワードである場合もあります。具体的に紹介すると、人的資源管理に出ている「インセンティブ」というキーワードですが、実際に出題された問題の各選択肢では、「物質的インセンティブ」や「理念的インセンティブ」についての正誤を問うものとなっています。そういった詳細のキーワードについても、本著では説明しており、キーワードとして巻末の索引にも掲載しています。そのため本著では、「キーワード集」に示されたものより多いキーワードについて説明がされています。

　こういった状況から、「キーワード集」は、総合技術監理部門の技術士に必要なキーワードを示したものではありますが、総合技術監理部門の択一式問題に出題されるキーワードをすべて示した資料ではないという認識を持つ必要があります。また、択一式問題に出題されている法律については、「キーワード集」に示されたキーワードとは直接リンクしないものもあります。そういった法律関連問題については、本著では正答と判断するための条文を示して、その中で重要なポイントを下線などでハイライトすることによって、実際の試験で正答を見つけられるだけの知識を身につけてもらえるよう配慮しました。

　なお、本改訂版に包含した内容は、平成25年度から令和5年度試験の択一式問題で実際に出題された内容を対象としています。また、これまでに出題された問題の中には、複数の管理項目で同じ内容が扱われているものがあります。本著は、基本的に総合技術監理部門の受験者向けのテキストとして制作していますので、その場合には、複数の項目で同じ用語が掲載されている点はご理解いただきたいと思います。逆に、労働安全衛生法に関する問題は、人的資源管理と安全管理で出題されていますが、本著では第4章の安全管理に集約して説明をしています。

　本著は、「キーワード集」の項目立てに合わせた構成でありながら、用語辞典的な形式ではなく、青本のように読んで理解できる書籍になっています。さらに、青本とは違って、巻末の索引を使って書籍のどのページに内容が記載されているかがわかるようになっています。こういった本著の特徴を生かして、

総合技術監理部門の試験を突破していただければ思います。

　最後になりましたが、本著を出版するに当たり、多大なご助力を賜りました、日刊工業新聞社編集局の鈴木徹氏およびスタッフの皆様方に深く感謝申し上げます。

2024 年 2 月

福田　遵

目　　次

v

第2章　人的資源管理　*53*

第3章　情報管理　*113*

第4章　安全管理　*175*

第5章　社会環境管理　*243*

x

第 1 章

経済性管理

経済性は、技術士にとって欠かせない判断基準となりますので、経済性管理は重要な知識分野である点は間違いありません。経済性管理で扱う内容はとても広いですが、この章では、事業企画、品質管理、工程管理、原価管理、財務会計、設備管理、計画・管理の数理的手法に分けて説明を行います。

1. 事業企画

事業企画は、具体的な事業のアイデアを発掘し、事業計画を練り上げる業務をいいますが、そのために用いられる手法として次のものがあります。

（1） フィージビリティスタディ

フィージビリティスタディは、事業やプロジェクトの実現可能性がどの程度の確かさを事前に調査する業務ですが、フィージビリティスタディで実施する調査の内容には次のようなものがあります。

① 事業の目的に沿って事業規模などの事業のフレームを具体化する

② **市場調査**を行い、事業化した場合における需要予測をする

③ 予備的な設計によって、事業に要する概略の期間やコストを予測する

④ 事業の収支や資金の調達方法を検討する

販売の機会損失をなくし、不良在庫が発生しないようにするためには、**需要予測**が適切に行われなければなりません。需要予測のモデルとして、次に示すような統計的な予測方法があります。

(a) 移動平均法

移動平均法は、指定された過去の期間の需要実績データを平均することによって需要を予測する手法です。移動平均法では、期間を1単位ずつずらして平均値を計算していきます。例えば、「4月～6月」、「5月～7月」などの期間の平均値をそれぞれ計算します。移動平均法で移動平均を計算する期間を長くすると、需要変動が小さくなるため、季節変動などの需要差が見えにくくなります。逆に、移動平均を計算する期間を長くすると、需要変動の動きが小さく見えるため、直近の変化をとらえるのが遅くなりますので、需要の変化を遅れて追う結果になります。

(b) 指数平滑法

指数平滑法は、需要予測を行うのに、前期の実績値と前期の予測値に重み付けをして次期の予測をする方法です。これを式で表すと次のようになります。なお、α は平滑化係数（$0 \leqq \alpha \leqq 1$）といいます。

$$\text{ある期間の需要} = \alpha \times \text{前期実績値} + (1 - \alpha)\text{前期予測値}$$
$$= \text{前期予測値} + \alpha(\text{前期実績値} - \text{前期予測値})$$

この式を見るとわかるとおり、α を1に近づけると前期の実績値重視の予測になります。

フィージビリティの結果は、事業化の意思決定をする人や組織、資金を融資する組織において重要な判断材料となります。

（2） 事業投資計画

企業が投資を行う場合には、**事業投資計画**を策定し、その事業の**事業投資評価**をする必要があります。しかし、投資を行う時期と回収を行う時期には時間的なずれがありますので、それぞれの貨幣価値が違います。具体的には、金利を考えれば、今日の支払い額は明日の支払い額よりも価値が高いという考え方

になります。その考えをベースにして、将来のキャッシュ・フローを現在の価値に換算する手法が現在価値法になります。**現在価値**（PV：Present Value）の計算は次の式を用いて行います。

$$PV = \frac{Mt}{(1+r)^t}$$

Mt：今から t 年後の支払い額
r：年間利率（**割引率**）

(a)　正味現在価値法〔NPV（Net Present Value）法〕

正味現在価値法は、投資費用と将来獲得できる現金流入額を比較して、その差額である正味現在価値（V）がプラスであれば、投資を行うと判断する手法です。初期投資額を I、利子率を r、現金が流入すると期待できる期間を n 年、t 年後の正味現金流入額を C_t とすると、正味現在価値（V）は次の式で表されます。

$$V = \frac{C_1}{1+r} + \frac{C_2}{(1+r)^2} + \frac{C_3}{(1+r)^3} + \cdots + \frac{C_n}{(1+r)^n} - I$$

(b)　回収期間法

回収期間法とは、毎年の正味現金流入額によって、投資額が何年で回収できるかを計算する手法で、年間の回収金額が決定できれば、簡単に計算できます。結果は回収年数で出ますので、その年数が短いほど投資効果が高いと判断します。この場合にも、金利（r）を考慮して、n 年後の元利合計（S）を計算する必要があります。元利合計（S）を、現在の資金額（I）と均等資金年額（M）を使った式で表すと次のようになります。

$$S = I(1+r)^n = M + M(1+r) + M(1+r)^2 + \cdots + M(1+r)^{n-1}$$

この式から、均等資金年額（M）を求める式は、次のようになります。

$$M = I\frac{r(1+r)^n}{(1+r)^n - 1}$$

(c)　投資利益率法（ROI：Return on Investment）

投資利益率法とは、投資によって得られる利益額が投下した資本に対してどれだけの率になっているかを見るもので、下記の式で表せます。

3

$$投資利益率 (\mathrm{ROI}) = \frac{利益額}{投資額} \times 100 \,[\%]$$

複数年の利益を考える場合には、平均利益額を計算して利益額とします。

$$平均利益額 = \frac{1\,年目の利益額 + \cdots + n\,年目の利益額}{n}$$

投資利益率＞平均借入率　となれば、採算性のある投資であるといえます。

（3）　事業評価

事業評価とは、個別事業等を対象にして、費用に見合った効果が得られているのかどうかなどを、事前に評価するものです。必要に応じて、事後（期中、終了時など）に検証を行う場合もあります。

（a）　費用便益分析

費用便益分析は、公共政策の効果を貨幣額で表示し、それを投入した費用と比較して評価する分析手法で、直接的効果（内部経済効果）を対象としています。

（b）　費用効用分析

効用とは、満足の度合いを数量的に表したもので、効用関数は効用を数値に置き換える数学モデルですが、**費用効用分析**は、主観的な満足の度合いを表す指標ですので、すべての対象で貨幣価値などに換算できるわけではありません。

（c）　アウトプット指標

アウトプット指標とは、行政活動の成果を評価する指標で、具体的な行政活動を実際にどの程度行ったかを示す指標のことです。具体的には、道路整備の延長距離や討論会の開催回数などの数値で表します。

（d）　アウトカム指標

アウトカム指標は、成果物によってどれだけ成果が上がったかを示す指標で、具体的には、渋滞がどの程度緩和されたかなどで示します。対象によって、貨幣価値や数値だけではなく、効率などの指標でも表します。

(e)　インプット指標

インプット指標は、投入するヒト、モノ、金、情報などの資源量を表す指標で、主に予算額が用いられます。

（4）　設計管理

設計管理にはさまざまな手法が用いられますので、そういった用語を次に示します。

①　信頼性設計

信頼性設計とは、与えられた条件下で、規定の期間中、必要とされる機能を満たすようにすることを目的とした設計をいいます。

②　保全性設計

保全性設計とは、故障や異常を素早く検出・診断して、短時間で修復できるよう顧慮した設計をいいます。

③　コンカレントエンジニアリング

コンカレントエンジニアリングとは、下流の業務担当者（詳細設計などの実施部隊）を基本設計段階からチームに参画させて、工期の短縮を図る手法をいいます。

④　デザインレビュー

デザインレビューとは、製品の生産から廃棄に至るまでのライフサイクルの設計計画のアウトプットと導出プロセスに対して、品質特性の観点から、妥当性や問題点の摘出を行う組織的な審査をいいます。

⑤　デザインイン

デザインインとは、メーカーが取引先の部品メーカーなどと製品の開発段階から共同して開発していく手法をいいます。

⑥　フロントローディング

フロントローディングとは、初期の工程のうちに、後工程で発生しそうな問題の検討や改善に前倒しで集中的に取り組み、品質の向上や工期の短縮を図る手法をいいます。

5

（5） マーケティングにおける指標

マーケティングやビジネスにおいては、さまざまな指標が使われています。

① 重要目標達成指標（KGI）

重要目標達成指標（KGI：Key Goal Indicator）は、企業などが最終的に目指すゴールについて、達成度合いを定量的に測る指標です。具体的には、企業として「売上20％アップ」などの指標を設定して、その達成度を測る際などに用います。

② 重要業績評価指標（KPI）

重要業績評価指標（KPI：Key Performance Indicator）、上記に示したKGIが最終的なゴールを表すのに対して、中間ゴールや最終的な目標を小さな目標に分解して、目指す指標をいいます。具体的には、部署や担当者別に集客率や売上アップ率、購買単価低減率などの目標を設定し、最終的にKGIの達成を目指すための指標などになります。

③ 重要成功要因（KSF）

重要成功要因（KSF：Key Success Factor）は、上記のKGIやKPIが数値化して測れるような指標であるのに対して、事業を成功させるために必要な要因を言語化したものです。KSFを洗い出す際には、最終的に目指すゴールであるKGIを決めることから始めます。具体的には、売上アップ〇％のために何をすべきか検討して、「新規顧客獲得のスピードアップを図る」というようなKSFを設定するなど、数値目標を達成するために必要な要因を言語化します。

（6） 民間資金等の活用による公共施設等の整備等の促進に関する法律（PFI法）

PFI（Private Finance Initiative）とは、公共施設等の建設、維持管理、運営等を民間の資金、経営能力および技術的能力を活用して行う手法です。方式として、次のようなものがあります。

Ⓐ　BTO方式

BTO方式とは、民間事業者の資金で建設（Build）し、完成後に所有権を移転（Transfer）し、民間事業者が維持管理（Operate）する方式です。

Ⓑ　BOT方式

BOT方式は、民間事業者の資金で建設（Build）し、民間事業者が維持管理（Operate）し、事業終了後に所有権を移転（Transfer）する方式です。

Ⓒ　コンセッション方式

コンセッション方式は、施設の所有権を公共主体が有したまま、施設の運営権が民間事業者に設定される方式です。

PFI法の目的は、第1条に「民間の資金、経営能力及び技術的能力を活用した公共施設等の整備等の促進を図るための措置を講ずること等により、効率的かつ効果的に社会資本を整備するとともに、国民に対する低廉かつ良好なサービスの提供を確保し、もって国民経済の健全な発展に寄与すること。」と示されています。

対象とされる施設は公共施設等となっていますが、具体的には第2条に次のような施設が示されています。

① 道路、鉄道、港湾、空港、河川、公園、水道、下水道、工業用水道その他の公共施設
② 庁舎、宿舎その他の公用施設
③ 教育文化施設、スポーツ施設、集会施設、廃棄物処理施設、医療施設、社会福祉施設、更生保護施設、駐車場、地下街その他の公益的施設及び賃貸住宅
④ 情報通信施設、熱供給施設、新エネルギー施設、リサイクル施設（廃棄物処理施設を除く。）、観光施設及び研究施設
⑤ 船舶、航空機その他の輸送施設及び人工衛星（これらの施設の運行に必要な施設を含む。）

PFI法の基本理念は、第3条に次のように示されており、それに則った事業の選定が行われなければなりません。

第3条

　公共施設等の整備等に関する事業は、国及び地方公共団体と民間事業者との適切な役割分担並びに財政資金の効率的使用の観点を踏まえつつ、行政の効率化又は国及び地方公共団体の財産の有効利用にも配慮し、当該事業により生ずる収益等をもってこれに要する費用を支弁することが可能である等の理由により<u>民間事業者に行わせることが適切なものについては、できる限りその実施を民間事業者に委ねるものとする。</u>

　2　特定事業は、国及び地方公共団体と民間事業者との責任分担の明確化を図りつつ、収益性を確保するとともに、<u>国及び地方公共団体の民間事業者に対する関与を必要最小限のものとする</u>ことにより民間事業者の有する技術及び経営資源、その創意工夫等が十分に発揮され、<u>低廉かつ良好なサービスが国民に対して提供</u>されることを旨として行われなければならない。

　また、特定事業を実施する民間事業者の募集に応じることができないものして、<u>法人でない者や破産手続開始の決定を受けて復権を得ない法人</u>などが挙げられています。

　PFI事業における最も重要な概念の一つに**VFM**（Value For Money）がありますが、VFMは、一定の支払い（Money）に対して最も価値の高いサービス（Value）を供給するという考え方のことです。通常は、民間の力を活用すると設計・建設費用は安くなりますし、維持管理にかかる費用も廉価になるとされています。しかし、建設費用借入金などの金利が上乗せされるだけではなく、国税や固定資産税などが必要となります。それらのLCC（ライフサイクルコスト）合計と従来の公共事業のLCCとの差額が、VFMになります。基本的に公共事業の運営ですので、コストが安くても公共サービスのレベルが低ければ問

題となります。VFM は、従来の方式と比べて、PFI の方が同等またはそれ以上のサービスができていて、総事業費をどれだけ削減できるかを示す割合になります。

　なお、PFI 事業においてリスクが顕在化した場合の追加的支出の分担については、あらかじめ具体的かつ明確に規定することが重要だとされています。これに関して、内閣府から「PFI 事業におけるリスク分担等に関するガイドライン」が公表されており、以下の内容が示されています。

(a)　リスクを分担する者

　下記の2つの能力とリスクが顕在化する場合のその責めに帰すべき事由の有無に応じて、公共施設等の管理者等と選定事業者間で、リスクを分担する者を検討する。

- ・リスクの顕在化をより小さな費用で防ぎ得る対応能力
- ・リスクが顕在化するおそれが高い場合に追加的支出を極力小さくし得る対応能力

(b)　リスクの分担方法

　リスクの分担方法としては、一般的に次のような方法があります。

- ⓐ　公共施設等の管理者等あるいは選定事業者のいずれかが全てを負担
- ⓑ　双方が一定の分担割合で負担
- ⓒ　一定額まで一方が負担し、それを超えた場合にはⓐやⓑの方法で負担
- ⓓ　一定額まで双方が一定の分担割合で負担し、それを超えた場合にはⓐの方法で負担

(c)　リスク分担の検討

　リスク分担の検討に当たっては、リスクが選定事業ごとに異なるものであり、個々の選定事業に即してその内容を評価し検討することが基本となります。また、経済的に合理的な手段で軽減または除去できるリスクについて措置を講じる場合には、協定等において、その範囲や内容をできる限り具体的かつ明確に規定することに留意する必要があります。なお、協定等の当事者のリスク分担における対応が、選定事業における資金調達のコスト等の条件に大きな

影響を与えることに留意し、経済的合理性を勘案して、適切かつ明確な内容とすることに留意する必要があります。

(d)　不可抗力へのリスク

　天災等の不可抗力に起因するリスクについては、選定事業の実施に影響を与えることから、その場合の追加的支出の分担のあり方や事業期間の延長についてあらかじめ検討し、できる限り協定等で取り決めておくことが望ましいとされています。

(e)　物価変動等のリスク

　物価の変動、金利の変動、為替レートの変動、税制の変更等は、選定事業者の費用増加や利益減少の原因となり得ることから、変動等の選定事業に与える影響の程度を勘案して、分担のあり方についてあらかじめ検討し、できる限り協定等で取り決めておくことが望ましいとしています。

（7）　プロジェクトマネジメント

　プロジェクトマネジメントについては、アメリカのPMI（Project Management Institute）が作成している、**PMBOK**（Project Management Body of Knowledge）が事実上の世界標準となっています。PMBOK ガイド第7版では、「プロジェクトとは、独自のプロダクト、サービス、所産を創造するために実施する有期性のある業務」と定義しています。このうち、所産とは、プロジェクトの結果として得られた書類や成果（プロセスやシステム等）を指しています。

　なお、「独自」とは、建築プロジェクトを例に説明すると、同じ形状や容積の建物でも、建てる立地や使用目的、参加するメンバー、予算や期間など、すべての項目が同一となるものがないという意味になります。また、「有期性」とは、プロジェクト業務はその開始日から始まり、目的物の完成またはプロジェクトの中止をもって終了し、それによってメンバーも解散することを意味します。

　プロジェクトマネジメントについては、PMBOK ガイド第7版では、「プロジェクトの要求事項を満たすため、知識、スキル、ツールおよび技法をプロジェ

クト活動へ適用すること」と定義しています。なお、プロジェクトを実施する
際には、時間やコスト、使える資源などの制約条件が必ず存在しますので、そ
ういった制約条件や前提条件を把握し、それらを調整しながらマネジメントを
実施する必要があります。なお、プロジェクトマネジメントとして取り組むべ
き活動として、PMBOKガイド第7版では、下記の8つのプロジェクト・パフ
ォーマンス領域を定めています。

① デリバリー

② 開発アプローチとライフサイクル

③ 計画

④ プロジェクト作業

⑤ 測定

⑥ ステークホルダー

⑦ チーム

⑧ 不確かさ

　プロジェクトには多くのプロセスが存在するため、それらのコーディネーシ
ョンを行うことが最も重要ですが、それらプロセスを全体的な面からのみ捉え
ているだけでは、実際に適切なマネジメントは行えません。

　また、プロジェクトをコントロールしやすくするために、プロジェクトをい
くつかの「フェーズ」に分割し、フェーズごとに成果物を定義する手法がとら
れます。

　なお、プロジェクトが発足したら、スコープをできるだけ目に見える形にし
て提示する必要があります。スコープを目に見える形にするためには、概念的
な話しだけをしていたのでは進まないため、詳細の作業内容を形にしていく方
法が取られます。それを行うのが、作業分解です。作業分解は、ただ漠然と詳
細の項目を示すのではなく、業務を段階的に分解していきながら細分化してい
く方法が落ちをなくす方法であり、進捗に応じてその詳細度が変えられること
から、効果的な方法として考えられています。この結果作成される階層的な作
業分解結果が、「ワークブレークダウンストラクチャー」（**WBS**：Work

Breakdown Structure）です。WBS は、プロジェクトに含まれる作業項目をツリー構造で表したものです。

2. 品質管理

　品質管理（広義）は、品質方針と品質目標を設定し、それを達成するために、品質計画、品質管理（狭義）、品質保証、品質改善という 4 つの活動を行うことです。なお、ここでいう品質とは、顧客が求める**要求品質**、顧客の要求品質を形にする**設計品質**、要求品質や設計品質に対する適合度を示す**製造品質**などのすべてを含むものとします。

（1）　品質方針と品質目標
　品質方針は、トップマネジメントによって正式に表明された、組織としての品質に関わる全般的な方向付けをいいます。
　一方、**品質目標**は、品質に関する目標で、品質方針の展開という意味での目標と、製品やプロジェクトの目標の 2 つがあります。

（2）　品質計画
　品質計画は、品質目標の設定と目標を達成するための計画を立案するプロセスです。具体的には、トップマネジメントから示される組織全体としての品質方針を部門ごとの品質方針に展開し、これに基づいて部門ごとの品質計画を策定します。品質計画は固定的なものではなく、活動が進んでいく段階で見直しを行うべきものと考える必要があります。結果として、文書化された品質計画書を作成しますが、そこには、現状の問題点やリスク、活動目的なども明確に示すことが必要です。また、活動項目や担当者、責任の所在なども明らかにする必要があります。

（3）　品質管理

　品質管理（狭義）は、品質要求事項を満たすことに焦点を合わせて、さまざまな技法を実施するプロセスです。具体的には、QC活動などの仕組みやQC手法を利用して、品質要求を満たすことに焦点をおいた活動が行われます。具体的な手法として次のようなものがありますが、状況に応じて最も適切な手法を選択して使用する必要があります。

（a）　QC7つ道具

　QC7つ道具は、主に数値データを扱うことに適しているとされており、次のものがあります。

①　層別

　層別は、たくさんのものを、特定の特徴によっていくつかの層に分けることです。

②　パレート図

　イタリア人経済学者のパレートが考案した経済学の法則に、「世の中の富の8割以上は、人口の2割以下にあたる人によって握られている。」という法則があります。この法則を品質管理に当てはめて、「不適合の原因の8割以上は、発生原因の2割以下の特定原因によって引き起こされている。」とする考え方を使ったグラフを**パレート図**といいます。このことから、2割に当たる特定要因を解消することで、ほとんどの不適合は解決されると考え、特定要因の改善について集中的に費用をかければ、多くの不適合が改善されるので、効果的な改善ができます。パレート図はその特定要因を図示するもので、通常ヒストグラム（柱状グラフ）を用いて表されます。

③　特性要因図

　特性要因図とは、魚の骨ダイアグラムとも呼ばれ、各種の要因によって引き起こされる現象を魚の骨の形状に示し、要因を分析し判断を行う手法です（p.49、7節（4）（b）参照）。

④　ヒストグラム

　ヒストグラムとは、データをいくつかの区間に分けて、その区間に存在す

るデータの度数を柱状グラフで表したものです。

⑤　散布図

　散布図とは、2種類のデータを横軸と縦軸におき、その関係をグラフ上にプロットすることによって、そのプロットされた点の集中傾向から、全体の傾向を想定していく手法です。

⑥　グラフ・管理図

　品質の安定性を評価するために、必要に応じて、各種のグラフや管理限界線を持つ管理図が用いられます。

⑦　チェックシート

　チェックシートとは、業務の主要なポイントとなる事象を予め列記しておき、その結果が良いか悪いか、または完了か未完了かなどのチェックを入れて、確認をするリストのことです。

(b)　新QC7つ道具

　新QC7つ道具は、主に言語データを扱うことに適しているとされており、次のものがあります。

①　連関図

　連関図とは、原因や結果などの項目を抽出して、それらの因果関係を矢印で示した図のことです。

②　系統図

　系統図とは、目的やゴールなどの目標を決め、そこに達するまでの手段等を樹枝状に表現した図をいいます。

③　マトリックス図

　マトリックス図とは、2つの要素を行と列に表し、それらの関係を表現した二次元の表をいいます。

④　過程決定計画図

　過程決定計画図とは、対策のステップを表現したフローチャートをいいます（p.50、7節（4）(c)参照）。

⑤ アローダイアグラム

アローダイアグラムとは、作業を矢印で表した日程計画表をいいます。

⑥ 親和図

親和図は、言語データをグループ分けして、整理・分類した図をいいます（p.49、7節（4）(b)参照）。

⑦ マトリックスデータ解析

マトリックスデータ解析とは、複数のデータを解析することによって、グラフなどで傾向がわかるようにした図です。

(c) 正規分布

信頼性においては、確率の考え方を適用する場面が多くあります、そのような場合に問題として出題しやすいのが、正規分布になります。**正規分布**は統計では広く使われる確率分布で、**図表 1.1** に示すように、平均値 (μ) を中心として左右対称の形状をしています。

正規分布の形状については、平均 (μ) と標準偏差 (σ) によって決ってきます。この場合には、正規分布を $N(\mu, \sigma^2)$ で表します。平均 μ からのずれが ±σ 以下の範囲に X が含まれる確率は 68.3 %、±2σ 以下の範囲に X が含まれる確率が 95.4 %、±3σ 以下（6σ）の範囲に X が含まれる確率は 99.7 % となります。

製品は管理図の管理限界内で異常を発見し、規格値で合否判定を行うのが理

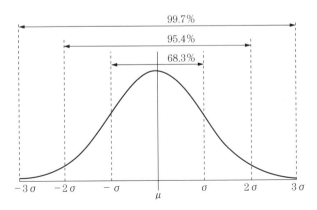

図表 1.1　正規分布

想です。**管理限界**として規格限度（6σ）が用いられていますが、管理限界は規格値よりも小さくする必要があります。定められた規格限度（6σ など）で製品を生産できる能力を表す指標として**工程能力指数**があり、次の式で表せます。

$$工程能力指数 = \frac{（公差上限値）-（公差下限値）}{（標準偏差(6σ など)）}$$

　この式から、工程能力指数は、品質特性の測定値のばらつき（標準偏差）が小さいほど大きくなります。また、工程能力指数が高い場合は不良品が少ないという状況を表しています。

(d)　検査

　設計や計画の段階で安全性をいくら考慮していても、そのとおりの製品やシステムが完成できなければ、問題は解決しません。そのために、さまざまな段階において検査が行われます。検査の目的は、その部品やサブシステムに内在する問題を、後の工程に先送りしないために行うものです。検査にもいろいろな方法があり、プラントなどの重要施設に用いる製品やシステムについては、不適合品の混入が認められないことから**全数検査**が行われますが、量産品などのある程度の不適合品の混入が認められる場合には、抜取検査などの方法が取られます。抜取りの手法については、品質管理の分野ではさまざまな手法が用いられていますが、**抜取検査**の基本的な考え方としては、サンプルを抽出して、その解析結果をロット判定基準と比較して、ロット単位で合否を判定します。そのため、ロットからサンプルをランダムに抜き取ることができる必要があります。

（4）　品質保証

　品質マネジメントシステムは、基本的には国際規格である **ISO 9000 シリーズ**に則って実施されます。ISO 9000 シリーズは、顧客や社会などが求めている品質を備えた製品やサービスを常に届けるための仕組みを定めたものであり、一貫した製品・サービスの提供と、顧客満足（CS）の向上を実現するための品質マネジメントシステムの要求事項を規定しています。

　ISO 9001：2015 では、プロセスの結果であるアウトプットには製品とサービスの2つがあり、製品のなかにはハードウェア、ソフトウェア、素材製品の3つのカテゴリがあるとしています。品質マネジメントシステムは、品質に関する方針や目標、その目標を達成するためのプロセスを確立するための、相互に関連または作用する組織の一連の要素とされています。また、ISO 9001：2015では、組織が将来なりたいビジョンや、組織は何をするべきかという使命、ビジョンや使命を達成するために何をするかの方針を示した戦略を新たに加えています。さらに、目標が達成された成功を、組織が持続的に達成することも品質マネジメントの目的と考えています。このように、あらゆるプロセスで**PDCA サイクル**が適用されています。

　品質保証は、要求事項を満たすことについての信頼性を顧客に与えることに焦点を合わせた活動を行うプロセスです。品質保証活動の目的は、消費者が安心して製品を購入でき、購入後も消費者が期待する期間中、その製品が確実に機能するのを保証することにあります。**品質保証活動**は、企画、開発・設計、生産準備、生産、流通、販売・サービス、廃棄・リサイクルなど、すべての生産活動の段階に関係します。確実な品質保証を行うためには、顧客重視の考え方のもと、全組織において活動を徹底することが重要で、その方法として、開発・設計における品質保証、工程管理による品質保証、検査による品質保証などがあります。

（5）　品質改善

　品質改善は、品質の不良をなくし、よりよい品質の製品を生み出していくための能力を高めることに焦点を合わせた活動を行うプロセスです。そのためには、まず品質の不良を把握しなければなりません。品質の不良には、一般的に、設計品質の不良、工程管理問題に起因する不良、製品品質の不良の3つがあります。

17

（6）　消費者保護

　消費者保護を実践するためには、開発・設計段階、生産段階、販売・サービス段階で欠陥を発生させないための対策を検討する必要があります。それぞれの段階で発生する可能性のある例を下記に示します。

　Ⓐ　開発・設計段階

　　・製品が使われる環境の検討が十分でなかったため一部ユーザーの機器に故障が発生した

　　・機器の使用中に部品の劣化が進行し、人命に関わる事故が発生した

　Ⓑ　生産段階

　　・使用部品が設計規格から外れたため機器が作動不良となった

　　・倉庫に保管してある部品を使用したところ、新しい物と古くて性能劣化した物が混在していたため、不良部品を組み込んだ製品が市場に出荷されてしまった

　Ⓒ　販売・サービス段階

　　・部品の交換方法が取扱説明書に示されていなかったため、誤って取り付けたことにより機器故障が発生した

　　・機器の点検中に作業者がけがをしたので調査したところ、触れると危険な部位に注意表示がなく、マニュアルにも記載されていなかった

　製品事故を防ぐために、危害が発生するおそれがある製品を指定し、技術基準に適合した製品に**製品安全**（PS）マークの表示が義務付けられています。そういった製品安全マークには次のようなものがあります。

　①　PSCマーク：**消費生活用製品安全法**

　②　PSEマーク：電気用品安全法

　③　PSTGマーク：ガス事業法

　④　PSPGマーク：液化石油ガスの保安の確保及び取引の適正化に関する法律

（7）　顧客満足（CS）

　消費者に満足する製品を購入してもらうためには、まず消費者の要求に合致した品質の製品を提供することですが、それに加えて、買っていただいた商品のメンテナンスや購入後の情報提供を行う**アフターサービス**を実施する必要があります。さらに、見込み客の購買意欲を高めるための**ビフォアサービス**も重要ですが、アフターサービスは、次回購入のためのビフォアサービスでもあります。なお、サービスには次のような特性があります。

①　無形性

　サービスには、形がありませんし、触れたりすることもできません。

②　同時性

　サービスは、顧客との共同作業で行われ、サービスの提供と消費が同時に行われる同時性がありますし、起こったことを元に戻すこともできません。

③　変動性

　サービスの需要は、季節や週の曜日、時間帯によって変動しますので、タイミングによっては同じスタッフでもサービスの品質が変動します。

④　消滅性

　サービスは、サービスの終了とともに消滅しますので、在庫として持つこともできません。

3.　工程管理

　JIS Z 8141 の生産管理という用語の定義で、**生産管理**とは、「財・サービスの生産に関する管理活動」とされていますが、その備考として次の内容が示されており、工程管理の説明がなされています。

備考1：具体的には、所定の品質Q・原価C・数量及び納期Dで生産するため、又はQ・C・Dに関する最適化を図るため、人、物、金、情報を駆使して、需要予測、生産計画、生産実施、生産統制を行う手続き及びその活動

備考2：狭義には、生産工程における生産統制を意味し、工程管理ともいう。

生産管理における評価尺度を表す用語に **PQCDSME** がありますが、それらが意味するところは次のとおりです。

① P：生産性（Productivity）
② Q：品質（Quality）
③ C：コスト（Cost）
④ D：納期（Delivery）
⑤ S：安全性（Safety）
⑥ M：意欲（Morale）
⑦ E：環境（Environment）

（1）　総合生産計画

総合生産計画は、生産計画の最初に行われるものですので、**大日程計画**とも言い換えることもできます。総合生産計画の目的は、需要予測量と生産能力を合理的に均衡させることです。均衡させるためには、需要予測量を満足するために必要な労働力、在庫、残業、外注の各量を求めます。それらを使って、生産量と生産すべき時期の計画を作成します。その際には、コストの最小化を図るだけではなく、雇用の安定化や在庫の適正化などが重要な要素となってきます。

総合生産計画を作成する際は、需要変動に対する対応が重要となります。計画を立案する際に考えられる需要変動に対して調整する方法には、大きく分けて、生産能力調整と需要平準化の２つがあります。そのうち、**生産能力調整**の方法としては、在庫水準の調整、労働力（雇用）水準の変更、労働時間の調整などによる生産率の変更、外注発注やパートタイマー活用による需要量への対応などがあります。一方、**需要平準化**の方法としては、購買量の喚起等による需要増人、納期遅延、需要減少時に補完する別の製品開発などがあります。

（2）　生産方式

　生産においてはさまざまな方式が活用されていますが、そのうちから下記の2点について説明を行います。

（a）　ジャストインタイム（JIT）生産方式

　ジャストインタイムは、JIS Z 8141で、「すべての工程が、後工程の要求に合わせて、必要な物を、必要なときに、必要な量だけ生産（供給）する生産方式」と定義されています。**JIT生産方式**のねらいは、中間仕掛品の滞留や工程の遊休などが生じないようにすることです。ジャストインタイムを実現するには、平準化生産をすることが重要となります。**平準化生産**は、JIS Z 8141で、「需要の変動に対して、生産を適応させるために、最終組立工程の生産品種と生産量を平準化した生産方式」と定義されています。ジャストインタイムは、後工程で使った量を前工程から引き取る方式であるため、プルシステムともいいます。**プルシステム**は、JIS Z 8141で、「後工程から引き取られた量を補充するためにだけ、生産活動を行う管理方式」と定義されています。プルシステムを生産システム全体に採用すると、需要に変動がある場合に効果的です。これに対して、「あらかじめ定められたスケジュールに従い、生産活動を行う管理方式」を、JIS Z 8141では**プッシュシステム**と定義しています。プッシュシステムの場合には、大量の同一製品が売れる場合には効果的となりますが、そうでない場合には部品や在庫が無駄になり、非効率になります。

　JIT生産方式の基本となるのはかんばん方式ですが、**かんばん方式**は、JIS Z 8141で、「トヨタ生産システムにおいて、後工程引取り方式を実現する際に、かんばんと呼ばれる作業指示票を利用して生産指示、運搬指示をする仕組み」と定義しています。なお、「かんばん」には、「生産指示かんばん」と「引き取りかんばん」があります。後工程が部品を引き取りに行く際には、後工程で使用された部品から外された「引き取りかんばん」を持っていき、引き取る部品につけられている「生産指示かんばん」を外して、持って行った「引き取りかんばん」を付けて部品を持ち帰ります。外された「生産指示かんばん」は、前工程に送られて、「生産指示かんばん」分の生産を行います。JIT生産方式が日

本の自動車業界で成功したのは、この生産方式を、部品メーカーなどを含めて、関連する多くの会社にまで普及させることができたからです。

(b)　サプライチェーンマネジメント

　サプライチェーンマネジメントは、JIS Z 8141 では、「資材供給から生産、流通、販売に至る物又はサービスの供給連鎖をネットワークで結び、販売情報、需要情報などを部門間又は企業間でリアルタイムに共有することによって、経営業務全体のスピード及び効率を高めながら顧客満足を実現する経営コンセプト」と定義されています。サプライチェーンマネジメントの目標は、キャッシュフローマネジメントを実現するとともに、最新の情報技術と制約理論などの管理技術に基づいて、業務の全体最適化を図ることです。サプライチェーンマネジメントの基本的な考え方となるのが、**制約条件の理論**（TOC：Theory of Constraints）で、ボトルネックとなっている工程を継続的に改善して、全体システムのパフォーマンスの向上を実現するものです。具体的には、ボトルネックより前の工程ではプルシステムで生産を行い、後の工程ではプッシュシステムで生産を行います。ボトルネック工程のスループット（処理量）で生産量が決まってきますので、ボトルネック工程のペースで全体工程を合わせることが基本となります。また、少ない仕掛在庫でボトルネックとなる工程の能力を最大限発揮させるために、ボトルネックとなる工程とその直前の工程の間にバッファを設け、その他の工程では極力バッファを置かないようにします。

　最近では、サプライチェーンが国際的になってきているため、海外の洪水や感染症などの災害や流行の発生によって、サプライチェーンに支障が生じる事態が発生しています。このように、企業あるいはサプライチェーンを取り巻く環境は変化していることから、サプライチェーンマネジメントは環境変化に合わせて変化させていくことが重要であるため、サプライチェーンマネジメントを見直す動きが見受けられます。その検討の方向性として、次のようなポイントがあります。

①　部素材調達先の多様化
②　生産拠点の分散化

③　部品の標準化

④　サプライチェーンの可視化

　なお、サプライチェーンにおいては、**ブルウィップ効果**という、ある製品に対するサプライチェーンにおいて、参加する各企業（パートナー企業）がそれぞれ需要を予測しながら発注していく場合、川下から川上に段階がさかのぼるにしたがい、需要予測量の変動が増幅していく現象が生じる場合があります。

（3）　基準生産計画と資材所要量計画

　基準生産計画（MPS：Master Product Schedule）は、総合生産計画によって生産する製品全体の生産計画を、最終的に製品アイテム単位に分解することがその機能といえます。総合生産計画から基準生産計画への分解は次のステップで行われます。

①　製品ファミリー（共通の段取りコストを持つ製品のグループ）単位の生産計画に分解

②　各製品ファミリーを製品アイテム（色・装飾・サイズなどがそれぞれ異なる特徴を持つ品目のグループ）に分解

23

　資材所要量計画（MRP：Material Requirements Planning）は、ある一定期間に生産する計画の製品の部品展開をして、必要な部品を必要な時期に、必要な量購入または製造する計画を立てる手法をいいます。資材所要量計画による個々の部品や原材料の生産量や購入量の決定を行うための情報として、**構成部品表**（BOM：Bill of Material）、リードタイム、手持在庫量、受入確定量などがあります。資材所要量計画は以前から行われていましたが、コンピュータによる生産管理技術の進展により、最近ではこれまで以上に注目されています。資材所要量計画システムは、受注から納入までの一連の業務を処理する、**統合業務システム**（ERP：Enterprise Resource Planning）に組み込まれています。なお、統合業務システムは、生産管理だけではなく、会計・財務管理、販売管理、

人事管理までを含んでいます。なお、原料の調達から、製品の設計・開発、生産、運用、保守に至るまでのすべての情報を電子化して、コンピュータで一元管理する **CALS**（生産・調達・運用支援統合情報システム）も活用されています。

（4） 手順計画

手順計画は、JIS Z 8141 で、「製品を生産するにあたり、その製品の設計情報から、必要作業、工程順序、作業順序、作業条件を決める活動」と定義されています。手順計画の目的としては、次の3つがあります。
- Ⓐ　総作業時間の短縮を目指した最適な生産方式の決定
- Ⓑ　作業や品質を安定させる生産方式の標準化
- Ⓒ　作業時間を平準化させるための作業分担の適正化

手順計画は、まず標準作業の決定を行い、次に標準時間の決定を行います。**標準作業**とは、JIS Z 8141 で、「製品又は部品の製造工程全体を対象にした、作業条件、作業順序、作業方法、管理方法、使用材料、使用設備、作業要領などに関する基準の規定」と定義されています。また、**作業標準**は、JIS Z 8141 の「標準作業」の定義の備考に、「作業標準は製品又は部品の各製造工程を対象に、作業条件、作業方法、管理方法、使用材料、使用設備、作業要領などに関する基準を規定したもの」と示されています。

なお、**標準時間**は、JIS Z 8141 で、「その仕事に適性をもち、習熟した作業者が、所定の作業条件のもとで、必要な余裕をもち、正常な作業ペースによって仕事を遂行するために必要とされる時間」と定義されています。また、標準時間の構成は、**図表 1.2** のように示されています。

手順計画を作成する場合に、実現手段の主要素として次の**生産の 4M** があります。

生産の 4M
- ①　MAN（人）

② MACHINE（機械）

③ MATERIAL（材料）

④ METHOD（方法）

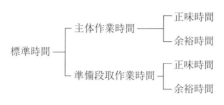

図表 1.2 標準時間

（5） 負荷計画

負荷計画とは、JIS Z8141 で、「生産部門又は職場ごとに課す仕事量、すなわち、生産負荷を計算し、これを計画期間全体にわたって各職場に割り付ける活動」と定義されています。なお、負荷計画は、「工数計画」または「余力計画」ともいわれます。負荷計画の目的は、**負荷工数**と**能力工数**の調整を行い、納期を確保することです。負荷工数と能力工数は、次のような式で求められます。

(a) 労働時間基準

○ 負荷工数＝標準作業時間×生産数＋段取り時間

○ 能力工数＝就業時間×(1−間接作業率)×作業者数×出勤率

(b) 機械運転時間基準

○ 負荷工数＝標準加工時間×生産数＋段取り時間

○ 能力工数＝運転時間×(1−故障率)×機械台数

(c) 負荷率

○ 負荷率＝$\dfrac{負荷工数}{能力工数}×100$ ［％］

(d) 能力調整

○ 対策能力＝所要能力−保有能力

○ 所要能力＞保有能力のとき

対策：残業、休日出勤、他からの応援、外注化など
　○　所要能力＜保有能力のとき
　　　対策：就業時間短縮、人員削減、他への応援、外注業務の内製化など
　負荷平準化における手法としては、**山積み・山くずし法**があります。また、計画通りの生産を実現するためには、**リードタイム**（加工時間＋段取り時間＋停滞時間＋移動時間＋作業時間）を安定化させることが重要です。

（6）　工数見積り

　負荷計画を行うためには、各作業の工数見積りが行われなければなりません。工数見積りには下記の方法が用いられます。

（a）　類推見積り

　類推見積りは、過去に実施した類似の作業実績のデータを使って行う見積りです。

（b）　パラメトリック見積り

　パラメトリック見積りは、係数見積りとも呼ばれ、過去のデータをもとに得られたパラメーター（係数）を使って行う見積りです。

（c）　三点見積り

　三点見積りは、作業期間を悲観的な見積（P）と最も可能性がある見積（M）、楽観的な見積（O）の3種類行い、それらを加重平均して現実的な作業期間を算出する方法で、その計算式は次のようになります。

$$三点見積法 = \frac{(P+4M+O)}{6}$$

（7）　PERT

　PERT（Program Evaluation and Review Technique）は、1950年代にアメリカ海軍がミサイル開発プロジェクトのために開発したスケジューリング手法で、それぞれの工程の所要時間からネットワーク図を作成していきます。具体的に、過去に出題された問題に示された**図表1.3**の所要時間条件を使って、ネッ

図表 1.3　某プロジェクトの作業とその関係

作業名	所要時間	先行作業
A	2	なし
B	5	なし
C	7	A、B
D	4	A、B
E	1	D
F	6	B

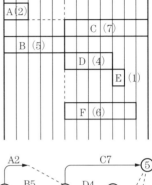

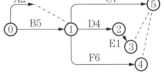

図表 1.4　某プロジェクトのガ
　　　　　ントチャートとアロ
　　　　　ーダイアグラム

トワーク図を作成してみます。

　この例で、ネットワーク図をガントチャートとアローダイアグラムで表す
と、**図表 1.4** のようになります。

（8）　CPM

　CPM（Critical Path Method）は、1950 年代に建設計画を行う目的で作成され
た手法で、スケジュールのフレキシビリティを重視して考えられた工程管理手
法です。第一に、計画されたネットワーク作業の作業順番どおり（前進計算）
に、最短作業期間を計算していき、最も早い開始日（最早開始日）と最も早い
終了日（最早終了日）を計算から求めます。次に、作業順序の逆（後退計算）
で、最も遅い開始日（最遅開始日）と最も遅い終了日（最遅終了日）を計算し
ます。それらの差によってフロートを計算して、どのネットワーク作業がスケ
ジュール上でフレキシビリティを持っているか、またはクリティカルパスであ
るかを判断する手法です（**図表 1.5** 参照）。

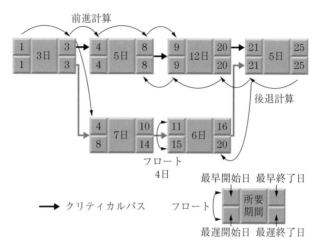

図表 1.5　クリティカルパス法

　なお、**フロート**とは最早開始日と最遅開始日の差で、結果としてプロジェクトの終了日を遅らせることがなく、当該作業を遅らせることができる余裕日のことです。プロジェクト全体の余裕日を**トータルフロート**と呼ぶこともあります。また、2つの作業関係だけを取り上げて、継続作業を遅らせることなく先行作業を遅らせることができる余裕日を、**フリーフロート**と呼ぶこともあります。また、**クリティカルパス**とは、プロジェクトのスケジュール上で、フロートがゼロ以下になっている作業チェーンのことをいいます。特にマイナスになっている場合は、スケジュールどおり作業を終わらせることができないことを意味していますので、必ず改善が必要となります。クリティカルパスに属している作業項目すべては、「クリティカル作業」と呼ばれ、その作業の1つまたは複数に改善を加える必要があります。改善の方法として一番多く用いられるのは、リソースの追加と能力が高いリソースへの変更です。そういった改善を実施してフロートを生み出した場合に、他のパスがクリティカルになることも多いので、現在のクリティカルパスにだけ目を奪われることがないように、十分注意して対応する必要があります。

（9）　生産統制

生産統制とは、日程計画にしたがって製造工程が正常に運営されているかを監視し、遅延が発生しそうな場合には、速やかに対策を講じるといった生産計画を達成するための進度管理全般をいいます。生産統制では、最初に作業手配を行いますが、作業手配は、必要となる資機材、工具、図面の手配などの作業準備を行い、作業割り当てを行って、作業指示を与えます。その後実績管理を行いますが、実績管理の主な項目として次のものがあります。

（a）　現品管理

現品管理は、JIS Z 8141 で、「資材、仕掛品、備品などの物について運搬・移動や停滞・保管の状況を管理する活動」と定義されています。現品管理は、現品の経済的な処理と数量や所在の確実な把握を目的としています。

（b）　余力管理

余力管理は、JIS Z 8141 で、「各工程又は個々の作業者について、現在の負荷状態と現有能力とを把握し、現在どれだけの余力又は不足があるかを検討し、作業の再配分を行って能力と負荷を均衡させる活動」と定義されています。なお、「余力」とは、能力と負荷との差をいいます。余力管理の目的は、作業者や設備の能力と負荷を調整して、待ち時間を減らし、過負荷を防止することにあります。なお、余力管理は工数管理ともいわれます。

（c）　進捗管理

進捗管理は、JIS Z 8141 で、「仕事の進行状況を把握し、日々の仕事の進み具合を調整する活動」と定義されています。進捗管理は、**進度管理**や**納期管理**ともいわれ、日程計画に基づく生産活動の実行を統制することです。

（10）　改善活動

改善活動は、業務を見直して今よりも良くしていく活動で、次のような言葉が使われています。

① **5S**：整理、整頓、清掃、清潔、しつけ
② **ECRS の原則**：下記の頭文字をとったものです。

29

1) Eliminate（排除）：不要な作業を排除する

2) Combine（結合）：別々の工程を1つにする

3) Rearrange（順序入れ替え）：作業順序を再構成する

4) Simplify（簡素化）：業務の簡素化を図る

③ 3ム：ムリ、ムラ、ムダ

(11) 開発プロセス

製品やシステムを開発する際には、さまざま手法が使われています。

(a) ウォーターフォール型開発

ウォーターフォール型は、要件定義→基本設計→詳細設計→コーディング→単体テスト→結合テスト→システムテストのように、上流工程から下流工程へ順番に開発を進めていく手法です。

(b) V字型モデル

ウォーターフォール型は、要件定義→基本設計→詳細設計→コーディング→単体テスト→結合テスト→システムテストと進む開発モデルですが、**V字型モデル**は、コーディングから後の作業を折り返して、詳細設計の内容を単体テストで、基本設計の内容を結合テストで、要件定義の内容をシステムテストで確認する手法です。

(c) スパイラル型開発

スパイラル型は機能ごとに要件定義→設計→開発→テストを繰り返し、完成度を徐々に上げていく手法であるので、やり直しは最小限になります。

(d) アジャイル型開発

アジャイル型は、小さい機能単位で計画→設計→実装→テストの繰り返しで開発を進めていく手法ですので、ユーザーや顧客のフィードバックを取り入れることができます。

(e) イテレーティブ型開発

イテレーティブとは「反復」という意味ですので、**イテレーティブ型**は、計画→設計→実装→テストを繰り返し行う開発手法です。

4. 原価管理

　原価管理では、標準原価を設定して、実際にかかった原価と比較して、その差異を分析し、適切な対策を講じて原価を低減することが目的となります。原価管理には、大きく分けて、仕様を決定する際に行われる原価企画と、仕様決定後に行われる原価維持と原価改善があります。

（1）　原価企画
　原価企画とは、広義には、新製品などの開発において、企画段階で製品のライフサイクルにわたる目標原価を設定して、全社的な活動によって、目標を達成させる活動です。また、狭義には、製品開発において目標原価を達成させる管理活動で、次のようなプロセスが実施されます。
① 製品企画段階で、製品のコンセプトと目標利益を明確にする
② 定められた目標利益から、それを実現するために**目標原価**を設定する
③ 目標原価は、製品の機能を構成する単位として、構造ごと、部品ごとに行う
④ 設計段階で、原価低減の検討を行い、設計変更と修正を繰り返す
⑤ 製造へ移行する際に、仕様変更への対応や製造開始後の改善策の検討を行う

（2）　原価計算
　原価計算は、企業などの活動を行うために消費される経営資源の消費額を認識および測定する方法で、財務諸表の作成や、販売価格の算出、原価管理、利益管理、経営意思決定などのために活用されます。原価計算の基本的な目的は、企業活動に利用される資源を有効かつ効率的に利用することです。原価計算は、製造業に限らずサービス業においても、重要な業務になっています。原価計算の種類にはいくつかありますが、そのうちのいくつかを下記に示します。

（a）　標準原価計算

　標準原価は、原価管理や原価低減の標準となる原価で、標準原価と実際原価との差異を分析することで、その差異への対策を考えて実行することにより、原価低減を実現します。そのため、標準原価は、実際に原価低減が期待できる範囲内である必要があります。

（b）　実際原価計算

　実際原価計算では、実績を基に原価を計算しますが、大きくは次の３つのステップで計算されます。

　①　費目別原価計算

　　勘定科目の費用を、材料費、労務費、経費に分類し、それぞれをさらに、直接費と間接費に分類します。

　②　部門別原価計算

　　費目別原価計算で分類された費用を、組織上の製造部門費に配賦します。

　③　製品別原価計算

　　直接材料費、直接労務費、直接経費、製造部門費を、製品別に原価計算します。

（c）　予定原価計算

　予定原価計算は、前年の実績などを基に、１つの製品を製造するのに予想される予定原価を、予定単価や予定消費量などを設定して算出します。そのため、合理的な予定原価の算出方法は、過去の実際原価から予定原価を設定する方法になります。

（3）　活動基準原価計算（ABC）

　活動基準原価計算（ABC：Activity Based Costing）は、活動ごとに発生した原価を正しく把握して振り分ける原価計算の方法です。伝統的な原価計算では、多量生産品に間接費を多く配賦するため、少量生産品には製造間接費が少なく配賦されるという、製造間接費の製品別の配賦方法の問題がありますが、**製造間接費**の割合が増大してきたことが、活動基準原価計算が開発された背景

となっています。そのため、活動基準原価計算は、間接費を適切に製品に負担させるので、伝統的な原価計算と比べると、少量生産品に製造間接費を多く配賦する結果になります。なお、活動基準原価計算は、金融業やサービス業でも利用されています。

　活動基準原価計算は活動に注目することから生まれましたが、活動基準原価計算では、生産活動の単位を**アクティビティ**と呼び、製造間接費をこのアクティビティ別に集計します。この集計されたものを**コストプール**と呼びます。なお、アクティビティは、目的に応じて、設計段階や製造段階といった段階ごとに捉えたり、成型工程や溶接工程などの工程ごとに捉えたりできます。

　活動基準原価計算では、製品にかかっているコストを正確に把握するために、間接費の配賦計算をできるだけ実態に合わせる必要があります。その配賦基準を**コストドライバー**といいます。コストドライバーの例として、部品数、段取り回数、検査回数、仕様書枚数、開発者数などがありますが、コストドライバーを割り当てる基準として、下記の2つの方法があります。

① 　資源（リソース）ドライバー：各活動が消費した資源のコストを活動ごとに割り当てる基準
② 　活動（アクティビティ）ドライバー：各製品やサービスが消費した活動を各製品やサービスに割り当てる基準

なお、アクティビティのみに注目しても、付加価値を生む活動であるかどうかの分析が可能で、原価低減のための有効な情報は得られます。

（4）　管理会計

　企業会計は、財務会計と管理会計に大別されますが、**管理会計**は、組織の経営層が経営判断を行うために活用されるものです。管理会計の分析手法の1つに、**損益分岐点分析**があります。**損益分岐点**とは、総収益と総費用が一致し、損益発生の分かれ目となる売上高をいいます。それをグラフで示すと**図表1.6**のようになります。

　損益分岐点売上高を式で示すと次のようになります。

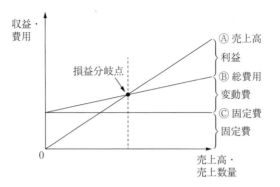

図表 1.6 損益分岐点

損益分岐点売上高＝変動費＋固定費＝変動費率×販売数量＋固定費

　なお、**変動費**とは、売上高や販売数量などの増減に応じて比例的に変化する費用で、具体的には材料費、外注費、販売手数料などがあります。また、**固定費**は、売上高や販売数量などの増減に関係なく総額で一定期間変化なく発生する費用で、家賃、人件費、リース料、水道光熱費などがあります。

　損益分岐点分析を行うために重要となるのが、限界利益になります。限界利益は次の式で表せます。

　　限界利益＝売上－変動費＝固定費＋利益

これを図で表したものが**図表 1.7** になります。

図表 1.7　売上高と限界利益

売上高	変動費	変動費
	限界利益	固定費
		利益

　図表 1.6 のグラフを見るとわかるとおり、固定費が増加したり変動費率が上がった場合、および販売単価を下げたり場合は、損益分岐点はグラフの右側に移動します。

（5）　マテリアルフローコスト会計（MFCA）

　マテリアルフローコスト会計は、製造プロセスにおいて、製品を製造するために要したマテリアル（原材料、副資材、エネルギー等）のうち、ロスとなったマテリアルを無駄なコストとして算出する会計手法です。算出されたコストを「負の製品コスト」として明確化し、経営者に対して廃棄物削減を動機付ける点にマテリアルフローコスト会計の特徴があります。

---

5. 財務会計

　前項で示したとおり、企業会計は、財務会計と管理会計に大別されます。**財務会計**とは、企業などの組織が株主や債権者、関係官庁などの外部利害関係者に財務情報を提供するためのものです。

（1）　財務諸表

　財務諸表とは、投資家などの企業外部の利害関係者に、企業の財政状況などに関する情報を開示するために定期的に作成される書類で、具体的には、貸借対照表、損益計算書、キャッシュ・フロー計算書、利益処分計算書などがあります。

　財務諸表は、**企業会計原則**に基づいて作成されるべきとされていますが、企業会計原則の一般原則は次のように定められています。

企業会計原則　一般原則

① 　真実性の原則

　企業会計は、企業の財政状態及び経営成績に関して、真実な報告を提供するものでなければならない。

② 　正規の簿記の原則

　企業会計は、すべての取引につき、正規の簿記の原則に従って、正確な会計帳簿を作成しなければならない。

③ 資本利益区別の原則

資本取引と損益取引とを明瞭に区別し、特に資本剰余金と利益剰余金とを混同してはならない。

④ 明瞭性の原則

企業会計は、財務諸表によって、利害関係者に対し必要な会計事実を明瞭に表示し、企業の状況に関する判断を誤らせないようにしなければならない。

⑤ 継続性の原則

企業会計は、その処理の原則及び手続を毎期継続して適用し、みだりにこれを変更してはならない。

⑥ 保守主義の原則

企業の財政に不利な影響を及ぼす可能性がある場合には、これに備えて適当に健全な会計処理をしなければならない。

⑦ 単一性の原則

株主総会提出のため、信用目的のため、租税目的のため等種々の目的のために異なる形式の財務諸表を作成する必要がある場合、それらの内容は、信頼しうる会計記録に基づいて作成されたものであって、政策の考慮のために事実の真実な表示をゆがめてはならない。

なお、上記②と④については、企業会計の目的が、企業の財務内容を明らかにして、企業の状況に関する利害関係者の判断を誤らせないことにあるため、重要性の乏しいものについては、厳密な会計処理によらないで、他の簡便な方法によることも容認されています。さらに、財務諸表には重要な会計方針を注記しなければならないとされています。会計方針では、企業や損益計算書および貸借対照表の作成に当たって、その財政状態と経営成績を正しく示すために採用した会計処理の原則や手順、表示の方法に関することを表明します。

（2）　貸借対照表（B／S）

　貸借対照表（B／S）は、一定時点（通常は決算日）における資産、負債、資本の財政状態を表すもので、組織の健全性を分析する基礎資料となるものです。貸借対照表はバランスシート（B／S）ともいい、**図表 1.8** に示すように、借方と貸方を一致させるように作成します。

図表 1.8　貸借対照表

借方	貸方
資産	負債
流動資産① 固定資産	流動負債⑤ 固定負債⑥
有形固定資産②	純資産（資本）
無形固定資産③ 　投資その他の資産④ 繰延資産	株主資本 その他の包括利益累計額 新株予約権

　以上のうち、①～⑥の具体例を下記に示します。

①　流動資産

　　現金及び預金、受取手形及び売掛金、リース債権及びリース投資資産、有価証券、商品及び製品、仕掛品、原材料及び貯蔵品、繰延税金資産など

②　有形固定資産

　　建物及び構築物、機械装置及び運搬具、土地、リース資産、建設仮勘定など

　　なお、「建物及び構築物」の中には**減価償却費**が含まれますが、減価償却費は費用でありながら支出を伴わないため、その分が内部に留保される効果が生じます。

③　無形固定資産

　　のれん、リース資産など

④　投資その他の資産

　　投資有価証券、長期貸付金、退職給付に係る資産、繰延税金資産など

⑤　流動負債

支払手形及び買掛金、短期借入金、リース債務、未払法人税等、繰延税金負債、資産除去債務など

⑥　固定負債

社債、長期借入金、リース債務、繰延税金負債、退職給付に係る負債、資産除去債務など

（3）　損益計算書（P／L）

損益計算書（P／L）は、一定期間（通常は1年の会計期間）における収益、費用、利益の内容を、経営成績として明らかにするもので、**図表**1.9の項目を公表します。

図表1.9　損益計算書

項目	備考
売上高	1年間でどのくらい売ったか
売上原価	材料や仕入れなどに使った費用
売上総利益	粗利＝売上高－売上原価
販売費及び一般管理費	広告宣伝費や営業人件費など
営業利益	売上総利益から販売費を引いた利益
営業外収益	本業以外で得た利益
営業外費用	本業以外にかかった費用
経常利益	営業利益に営業外の損益を足し引きした利益
特別利益	想定外の一時的な利益
特別損失	想定外の一時的な損失
税引前当期利益	経常利益に想定外の損益を足し引きした利益
法人税等	納税額
当期純利益	税引き前当期利益から税金を引いて残った利益

（4）　キャッシュ・フロー計算書（C／F）

　キャッシュ・フロー計算書（C／F）とは、企業の会計期間におけるキャッシュ・インフロー（収入）とキャッシュ・アウトフロー（支出）が、営業活動、投資活動、財務活動に区分して記載される計算書で、**図表 1.10** に示す項目を公表します。

図表 1.10　キャッシュ・フロー計算書

項目	備考
営業キャッシュ・フロー （営業活動によるキャッシュ・フロー）	本業によって上がってくるキャッシュ（営業収入、減価償却費[1]、原材料費等の支出、人件費の支出など）
投資キャッシュ・フロー （投資活動によるキャッシュ・フロー）	設備や有価証券への投資や売却により増減するキャッシュ（有価証券の取得支出・売却収入、有形固定資産の取得支出・売却収入、投資有価証券取得支出・売却収入など）
財務キャッシュ・フロー （財務活動によるキャッシュ・フロー）	借金や返済によって増減するキャッシュ（短期借入の収入・返済支出、長期借入の収入・返済支出、社債発行収入・償還支出など）
現金及び現金同等物に関わる換算差額	為替による差損益
現金及び現金同等物の増減額	1 年間で現金が全体でどれだけ増減したか
現金及び現金同等物の期首残高	1 年前の現金の額
現金及び現金同等物の期末残高	1 年たった後の現金の額

＊1：減価償却費は、「非現金支出費用」であるため、利益に加え戻されて記載される。

　財務諸表に関しては、「財務諸表等の用語、様式及び作成方法に関する規則」があり、それぞれの活動によるキャッシュ・フローの表示方法が定められています。

第113条	営業活動による キャッシュ・フ ローの表示方法	営業利益又は営業損失の計算の対象となった取引に 係るキャッシュ・フロー並びに投資活動及び財務活 動以外の取引に係るキャッシュ・フローを、その内 容を示す名称を付した科目をもって掲記しなければ ならない。
第114条	投資活動による キャッシュ・フ ローの表示方法	有価証券の取得による支出、有価証券の売却による 収入、有形固定資産の取得による支出、有形固定資 産の売却による収入、投資有価証券の取得による支 出、投資有価証券の売却による収入、貸付けによる 支出、貸付金の回収による収入その他投資活動に係 るキャッシュ・フローを、その内容を示す名称を付 した科目をもって掲記しなければならない。
第115条	財務活動による キャッシュ・フ ローの表示方法	短期借入れによる収入、短期借入金の返済による支 出、長期借入れによる収入、長期借入金の返済によ る支出、社債の発行による収入、社債の償還による 支出、株式の発行による収入、自己株式の取得によ る支出その他財務活動に係るキャッシュ・フロー を、その内容を示す名称を付した科目をもって掲記 しなければならない。

なお、自由に使える現金がどれだけあるかを示す指標としてフリー・キャッ
シュ・フローがあります。フリー・キャッシュ・フローは、次の式で求められ
ます。

フリー・キャッシュ・フロー

＝「営業キャッシュ・フロー」＋「投資キャッシュ・フロー」

注：製造業などで固定資産の投資が多い場合には、「投資キャッシュ・フロー」が
マイナス値となります。

なお、キャッシュ・フローの増減の考え方は**図表 1.11** のとおりです。

図表 1.11　キャッシュ・フローの増減

項目	増減項目
営業キャッシュ・フロー	売上債権の増加（−）、減少（＋） 棚卸資産の増加（−）、減少（＋） 購入債務の増加（＋）、減少（−）
投資キャッシュ・フロー	固定資産の増加（−）、減少（＋） 有価証券の増加（＋）、減少（−）
財務キャッシュ・フロー	長期借入金の増加（＋）、減少（−） 増資（＋）、自社株買い（−） 配当金支払い（−）

6.　設備管理

　設備やシステムの故障率は、その設備やシステムを使用した時間によっても変化していきますので、時期に合わせた設備管理が求められます。一般的に、機器やシステムは導入初期に高い故障率を示しますので、その期間を**初期故障期**と呼んでいます。その期間を過ぎると、故障率はある一定値以下に収まりますので、その期間を**偶発故障期**と呼んでいます。さらに、機器やシステムが長く使われた後には、劣化によって再び故障率が増加していきます。その期間を

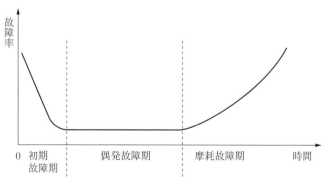

図表 1.12　バスタブカーブ

41

摩耗故障期と呼んでいます。そのような現象を図で表すと、**図表 1.12** のように
なりますが、その形状から、この現象を**バスタブカーブ**と呼んでいます。

　設備やシステムにおいては、その保全が事故や故障の予防に大きな効果をも
たらします。保全の役割は基本的に 2 つあり、最初が、設備やシステムの機能
を適切に維持する役割で、次が、システムに発生した故障や欠陥を修復すると
いう役割になります。

（1）　設備管理

　設備管理を行う際には設備総合効率を用います。**設備総合効率**については、
JIS Z8141 で言葉の定義がなされており、「設備の使用効率の度合いを表す指
標」と示されており、次の式を用います。

設備総合効率＝時間稼働率×性能稼働率×良品率

　設備総合効率を上げるには、次のような方策があります。

① 　設備故障から復旧までの時間を減らすなどして設備の停止時間を減らし
　　て時間稼働率を上げる。

② 　稼働時間内の加工数を増やすなどして性能稼働率を上げる。

③ 　不適合品の発生数を減らすなどして良品率を上げる。

（2）　設備計画

　設備計画は、経営戦略の一環として、事業計画に基づいて策定されるもので
す。設備計画において策定される設備計画を目的別に分類すると、下記の 4 つ
になります。

① 　老朽化した設備を取り替える取替投資

② 　生産能力の拡大を図る拡張投資

③ 　原価引き下げや性能アップを図る製品投資

④ 　リスク減少投資や厚生投資などの戦略的投資

　設備計画の経済性手法としては、「資金回収期間法」、「原価比較法」、「投資
利益率法」がありますが、異なる時点での資金の収支を比較する必要があるた

め、等価換算して計算をする必要があります。

（3）　設備保全

　保全については、JIS Z 8141 で言葉の定義がなされており、「故障の排除及び設備を正常・良好な状態に保つ活動の総称」と示されています。その備考に、保全活動を分類すると、**図表 1.13** のようになると説明されています。

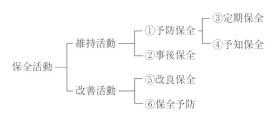

図表 1.13　JIS Z 8141 に示された保全活動の体系

また、それぞれの保全活動の意味は次のように説明されています。

① **予防保全**

　故障に至る前に寿命を推定して、故障を未然に防止する方式の保全

② **事後保全**

　設備に故障が発見された段階でその故障を取り除く方式の保全

③ **定期保全**

　従来の故障記録、保全記録の評価から周期を決め、周期ごとに行う保全方式

④ **予知保全**

　設備の劣化傾向を設備診断技術などによって管理し、故障に至る前の最適な時期に最善の対策を行う予防保全の方式

⑤ **改良保全**

　故障が起こりにくい設備への改善、又は性能向上を目的とした保全活動

⑥ **保全予防**

　設備、系、ユニット、アッセンブリ、部品などについて、計画・設計段階

から過去の保全実績又は情報を用いて不良や故障に関する事項を予知・予測し、これらを排除するための対策を織り込む活動

また、これら以外に、JIS Z 8141 および JIS Z 8115 では、次のような保全も示されています。

ⓐ **日常保全**

設備の性能劣化を防止する機能を担った日常的な活動。劣化進行速度をゆるやかにするための日常的な諸活動の総称（JIS Z 8141）

ⓑ **経時保全**

アイテムが予定の累積動作時間に達したとき、行う予防保全（JIS Z 8115）

ⓒ **状態監視保全**

状態監視に基づく予防保全（JIS Z 8115）

ⓓ **時間計画保全**

定められた時間計画に従って遂行される予防保全（JIS Z 8115）

なお、事後保全においては、次のような対応の方法があります。

Ⓐ **緊急保全**

重要な設備やシステムで、通常は予防保全で故障が発生しないように注意しているものが、突発的に故障した際に直ちに行う保全

Ⓑ **通常事後保全**

仮に故障しても代替機などが用意されていて、代替できる設備やシステムに対して、故障後に行う保全

7. 計画・管理の数理的手法

計画・管理においては、さまざまな手法が用いられますので、その中からいくつかを紹介します。

（1）　シミュレーション

　現実の問題では、不確定要素が含まれる場合が多くありますので、そのまま検討しようとするとコストや時間がかかってしまいます。その場合に用いられるのが、コンピュータを使って模擬的なモデルを再現する**シミュレーション**です。シミュレーションで精緻なモデルを想定すると費用も時間もかかりますので、そのような場合には近似的なモデルを使う方法がとられます。シミュレーションには、微分方程式や差分方程式等で表現されるモデルを扱う**連続型シミュレーション**や、特定のイベントの生起によって引き起こされる、待ち行列タイプ等のモデルを扱う**離散型シミュレーション**などがあります。なお、シミュレーションを行う場合には、それが解決しようとする問題にふさわしいモデルかどうかをチェックするとともに、プログラムで表現されたモデルが作成者の意図どおりであることをチェックする必要があります。

　シミュレーションにはいろいろな方法がありますが、業務管理で最も一般的に利用されるのが、**モンテカルロ・シミュレーション**です。モンテカルロ・シミュレーションの名称は、モナコの都市モンテカルロに由来しています。その手法は、乱数や物理的にランダムなメカニズムを使った実験によって、数学的な近似解を求めるために行われるコンピュータシミュレーションの1つです。このシミュレーションで精度の高い近似解を求めるには、シミュレーションの試行回数を大幅に増加させなければなりませんので、高速のコンピュータが必要となり、多くの費用がかかるのが欠点となります。しかし、スケジュールの

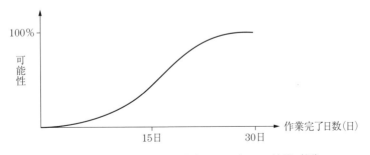

図表 1.14　モンテカルロ・シミュレーション結果（例）

ような、それほど高い精度を必要としない事項のシミュレーションを実施するには適した手法です。モンテカルロ・シミュレーションの結果は、**図表 1.14** のグラフに示すような、作業が完了する可能性のカーブとして示されます。

（2） 最適化手法

　最適化手法として数理計画法がありますが、**数理計画法**は、ある変数に関する目的関数を最大または最小にする最適化の手法です。与えられた条件は制約条件、最大化または最小化すべき関数を目的関数といいます。制約条件が線形不等式または線形等式、目的関数が線形関数である問題を**線形計画問題**といいます。変数が連続的なものは 2 次元平面上のグラフを描くことにより容易に最適解を求めることができます。一方、テレビや自動車などの製品の生産計画などの場合には、生産量が整数値でなければなりませんので、そういった問題は**整数計画問題**となり、解くのが難しくなります。

　また、他の個人の満足を減じることなしには、どの個人の満足を増加することができないような状態を**パレート最適**といいます。複数の目的関数を最大化または最小化するような**多目的最適化**ではパレート最適を考える必要がでてきます。その場合の最良解の決定は意思決定者の選好によらざるを得なくなります。

（3） 階層化意思決定法（AHP）

　階層化意思決定法（**AHP**：Analytic Hierarchy Process）は、階層的な構造を使って代替案の評価を行う手法で、複数の階層の評価要因の重要度係数と評価値を使って代替案を定量的に評価して、意思決定をする手法です。**図表 1.15** では、2 階層の要因で 3 つの案を検討する例を示します。

　図表 1.15 で、W_1、W_2、W_{11}、W_{12}、W_{21}、W_{22} は重要度係数で、$W_1 + W_2 = 1$、$W_{11} + W_{12} = 1$、$W_{21} + W_{22} = 1$ でなければなりません。また、A_1、A_2、B_1、B_2、C_1、C_2 などは評価値になります。これらの数字を使って、個々の案の総合評価値を求めます。図表 1.15 の例の A 案の総合評価値（Sa）は次の式で求められます。

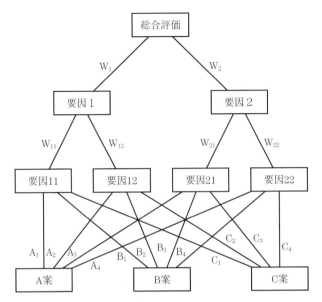

図表 1.15　階層化意思決定法（AHP）

$$Sa = W_1 W_{11} A_1 + W_1 W_{12} A_2 + W_2 W_{21} A_3 + W_2 W_{22} A_4$$

　この式からわかるとおり、階層化意思決定法は、いくつかの代替案について
の複数の評価基準に対して一対比較行列を作成し、その重要度を数値化して最
も望ましい代替案を決める手法です。また、複数の人間が連携して意思決定を
する場合には、重要度係数を統合したり、評点を相談したりして決めるなどの
方法によって、階層化意思決定法を使用することができます。

（4）　問題解決手法

　総合技術監理が必要な業務においては、俯瞰的視点から総合的な判断を求め
られる場面が多くなります。そのため、担当者には問題解決能力が求められま
すので、問題解決手法に関する知識が必要です。そういった手法のうちから、
いくつかを下記に示します。

（a）　デルファイ法

　デルファイ法とは収束アンケート法とも呼ばれており、複数の専門家に対し

て何回か同じテーマについてアンケートを繰り返し行う方法で、最終的に回答が収束していくことを利用した手法です。デルファイ法には匿名性があるため、特定の関係者の影響力が排除できるというメリットを持っています。具体的な手順は次の通りです。

① 優れた複数の専門家を選び、予測テーマについて個別にアンケートを実施する
② アンケート結果を集計する
③ その結果を、アンケートに回答してくれた専門家にフィードバックする
④ 再度同じテーマについて、同じ専門家にアンケートを行う

以後、②～④を繰り返し実施します。この手順を図示すると、**図表** 1.16 のよ

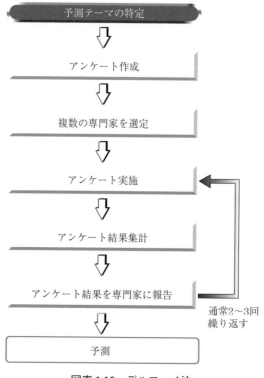

図表 1.16　デルファイ法

うになります。

　こういったアンケートを繰り返し行う方法で、回答がある方向や特定の事項に収束していくことを利用し、調査事項の予測を行います。デルファイ法は、共同判断型の技術予測として広く用いられており、通常は、3回のアンケートで結果がまとまることが多いといわれています。

(b)　ブレインストーミング法

　ブレインストーミング法は、創造性を開発するための集団的思考技術の1つです。あるテーマに対して、グループの参加者がくつろいだ雰囲気の中で自由奔放にアイデアを出し合うことが重要となりますので、下記の4つのルールがあります。

①　他の人のアイデアを批判しない
②　自由奔放なアイデアを歓迎する
③　質よりも多くのアイデアを出す
④　他人のアイデアを活用して発展させる

49

　具体的なブレインストーミングの手法として、少人数のグループで話し合いながら情報を抽出し、分類・構造化していく、「集団情報構造化法」が広く用いられています。この手法は、問題点を明らかにするというだけではなく、グループメンバーのコミュニケーション能力を高める効果も持っています。

　ブレインストーミング法で出されたアイデアを整理していく際に用いられる手法として特性要因図があります。**特性要因図**は、**魚の骨ダイアグラム**とも呼ばれ、各種の要因によって引き起こされる現象を、**図表 1.17** のような魚の骨の形状に示し、その結果から要因を分析して判断を行う手法です。

　また、ブレインストーミング法で抽出された言語データを、それらの親和性によって統合し、グループに分けて整理・分類する手法として、**図表 1.18** に示す**親和図**があります。「親和図」は、混とんとした問題の構造や要因を明らかにして、問題を解決する手法といえます。

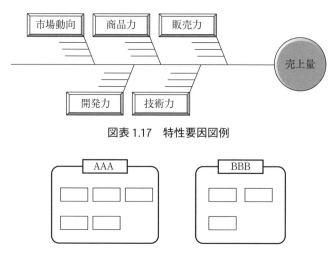

図表 1.17　特性要因図例

図表 1.18　親和図

(c)　過程決定計画図

　過程決定計画図（PDPC：Process Decision Program Chart）は、問題解決のための手順を有向グラフの形に表したもので、危機的状況に陥ったとき、将来起こり得ると考える重要な局面と、その結果を可能な範囲で想定し、それらの局面や結果が生じる過程を矢印線で示すことによって、要所云々で的確な判断ができるようにあらかじめ準備をするための手法です。過程決定計画図の例を**図表 1.19**に示します。

(d)　ゲーム理論

　ゲーム理論は、意思決定をする主体が複数存在する状況を数学的に取り扱う方法論で、ゲームにおけるプレイヤーの行動様式をモデルにしたものです。ゲーム理論は、想定するプレイヤーの行動様式の違いにより、非協力ゲームと協力ゲームとに大きく分けることができます。非協力ゲームは、プレイヤー間の話し合いがなくそれぞれ独立に戦略を決定するか、話し合いがあったとしても拘束力がない状態を扱うものです。一方、協力ゲームは、プレイヤー間に話し合いがあることが前提で、話し合いで得られた合意に拘束力がある状態を扱います。

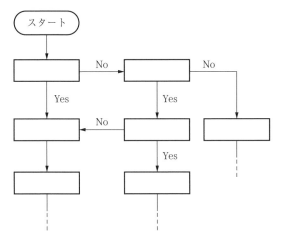

図表 1.19　過程決定計画図例

(e)　VE（バリューエンジニアリング）

VE（Value Engineering）とは、製品やサービスの価値を、果たすべき機能とそれにかけるコストの関係で把握して価値の向上を図る手法をいいますので、VE における価値は、「価値＝機能÷コスト」というモデルで表現されます。VEにおける機能は、使用機能（効果、性能など）と魅力機能（デザイン、色彩など）に分類することができ、機能は一般に、その働きは何かであるので、「…を…する」（照明機能例：部屋を明るくする）という表現で定義されます。なお、VE の基本ステップは、機能定義→機能評価→代替案作成となります。

第 2 章

人的資源管理

技術者は組織やチーム内で仕事をする場面が多くありますので、人的資源管理は非常に重要な職務である点は間違いありません。この章では、人の行動と組織、労働関係法と労務管理、人材活用計画、人材開発に分けて説明を行います。

1. 人の行動と組織

人の行動と組織は密接に関係しています。それらを理解して、適切な関係を作り上げていかなければ、人的資源の有効な活用や管理は難しくなります。

（1） 組織開発

組織開発とは、①組織の健全性、②効果性、③自己革新力の3つを高めるために、当該組織を理解した上で、組織を発展・変革していくこととされています。組織を発展・変革していくためには、そこで働く当事者が自ら活動していくことも重要ですので、メンバーへの働き掛けも重要な活動になります。なお、実際の組織は千差万別ですので、健全性や効果性の高い組織開発を実施する場合には、その組織に合わせて手法をカスタマイズすることが大切です。伝統的な組織開発の取り組み手法として診断型組織開発がありますが、**診断型組織開発**は、最初に社員のニーズや問題意識の確認を行い、インタビューや観察

等の組織診断を行ってデータを収集し、これらを分析した結果を基に話し合いを行います。一方、2000年代になって、新たな手法として対話型組織開発が登場します。**対話型組織開発**は、診断を行わずにメンバー全員の対話を通じて現状を把握する手法です。組織開発における対話は議論とは異なり、相手を説得したり、強引に合意を得ることが目的ではなく、協働的に、組織の健全性や効果性を高める最適解を探るのが目的となります。この手法の一つとして**アプリシエイティブ・インクワイアリー**があります。アプリシエイティブとは、「価値を見出す」という意味で、インクワイアリーは「問いかけ」という意味ですので、問いかけにより価値見出す手法です。

　組織開発において重要となる概念として、「コンテント」と「プロセス」があります。そのうち、**コンテント**は「What」、具体的には、何を話しているか、何に取り組んでいるのかという内容的な側面を指しており、**プロセス**は「How」、具体的には、どのように課題に取り組んでいるか、どのように仕事が進められているかの側面を指しています。

（2）　インセンティブ

　インセンティブとは、人間が持つ欲求を刺激することによって、やる気を引き出す誘因で、人を管理する上では、非常に重要な要素となるものです。インセンティブには下記の5つがあるとされています。

①　物質的インセンティブ

　物質的インセンティブとは、結果に対して、給与や賞与、報奨金などの金銭的な報酬で、個人の欲求を満たすタイプのインセンティブをいいます。

②　評価的インセンティブ

　評価的インセンティブとは、個人が行った行動に対して、表彰などの評価や公の賞賛を表明することによって、自分も評価されたいという欲求を刺激することをいいます。

③　人的インセンティブ

　人的インセンティブとは、職場内の人的な関係者との良い関係を築いて個

人の欲求を満たすことをいいます。具体的には、尊敬する上司の下で働けるとか、雰囲気の良い職場で仕事ができるといった満足度をいいます。

④　理念的インセンティブ

　理念的インセンティブとは、自分の仕事への自信や達成意欲が高められるようなインセンティブをいいます。

⑤　自己実現インセンティブ

　自己実現インセンティブとは、自分の能力を十分に発揮できたり、自己の可能性を拡げられているという実感が持てるインセンティブをいいます。

　なお、人の行動パターンには次の 3 つがあるとされていますので、それぞれの人の指向や特性に応じて、上記①～⑤の 5 つのインセンティブを組み合わせた対応をする必要があります。

ⓐ　経済的行動：利害を優先した行動

ⓑ　情緒的行動：感情に支配された行動

ⓒ　管理的行動：合理的な思考に従った行動

（3）　組織コミットメント

　組織コミットメントは、所属する組織に対する帰属意識や関係性を表す概念で、次の 3 つの要素で構成されています。

①　情緒的コミットメント

　情緒的コミットメントは、組織の目標や価値観が自分と同じだからという一体感を感じ、自ら組織に貢献しようとするコミットメントです。実際には、会社に入ってすぐに希望している仕事がもらえないことは多いので、情緒的コミットメントは、入社後に一旦組織との一体感が低下したのちに、自分に与えられた仕事に満足して上がっていく傾向を示します。

②　功利的コミットメント

　功利的コミットメントは、この会社から毎月給与をもらっているからとか、この会社での業務のために培った技能の価値を失いたくないから、この組織から離れることにより生じる代償などを考えてするコミットメントです。

③　規範的コミットメント

　規範的コミットメントは、会社への恩などの忠誠心のような基準で考える
コミットメントです。

　なお、損得勘定の功利的コミットメントを抑え、組織との一体感を感じる情
緒的コミットメントと、組織に尽くすべきという規範的コミットメントを高め
ていくと、有益な従業員が定着するといわれています。

（4）　組織構造

　事業を行う上では**組織構造**が大きな影響を及ぼします。主な組織形態として
は、次のようなものがあります。

（a）　職能別組織

　職能別組織とは、製造や販売、購買などの部門を職能別に組織して、専門ス
キルを高めることを主眼にした組織形態です。この組織形態では、専門家の養
成は容易になりますが、縦割り型の組織となるため、全体最適よりも部門最適
を優先する傾向が強まり、意思決定が遅れる危険性があります。

（b）　事業部制組織

　事業部制組織とは、製品や市場別に業務の遂行権限と利益責任を持たせ、事
業部が独立した組織として機能するようにした組織形態です。この組織形態で
は、意思決定が迅速化されるとともに、成果が明確にできるようになります
が、複数の事業部でのセクショナリズムが発生したり、同じ市場に重複参入し
たりするため、投資が二重化するような弊害をもたらす危険性があります。

（c）　マトリクス組織

　マトリクス組織とは、機能別組織の構成員が、その組織に所属するととも
に、特定の事業を遂行する部門にも所属するような組織形態です。この組織形
態では、社員の交流が柔軟に行われるとともに、業務ノウハウの共有化も図れ
ます。一方、命令系統が複雑となるため、責任があいまいになる危険性を持っ
ています。

(d)　ネットワーク組織

ネットワーク組織は、個人や小組織を自律したものとして認め、それらが柔軟に結びつくことで目的を達成する組織形態で、異業種や異分野が融合したような業務には適していますが、事業活動が不安定で不確実な結果となる危険性もあります。

(e)　ピラミッド組織

ピラミッド組織は、上意下達の指揮命令系統をはっきりさせ、それぞれの役割に専念できる専門化と分業により、効率を高めた合理的な組織運営を行う組織形態です。

(f)　ティール組織

ティール組織は、目的のために個人も組織も進化を続ける組織形態で、指示系統がなく、メンバー一人ひとりが自分たちのルールや仕組みを理解して、独自に工夫をしながら意思決定していく組織です。

(g)　達成型組織

達成型組織は、組織メンバーが目的を達成するために機械のパーツのように働く組織形態で、革新的なアイデアが出やすい反面、メンバーが疲弊する危険性を持っています。

（5）　人の行動モデル

人が自発的に積極的な行動を起こすためには、それぞれの個人に対する**動機付け**が必要となります。動機付け論としては、基本的に組織均衡論や欲求論、期待理論などが含まれる基礎論的理論と、人間関係アプローチや人間資源アプローチなどの実践論的理論の2つがあります。「基礎論的理論」とは、個人がどんな場合に組織に参加するのか、組織はどのようにして存在できるのかを述べたものです。また、「実践論的理論」は、個人はより大きな満足を求めて組織に参加すると考えて作られる理論です。

(a)　マグレガーのX理論とY理論

実践論的理論である人間資源的アプローチの手法としては、米国の法学・文

学博士ダグラス・マグレガーの「X理論」と「Y理論」があります。マグレガーは、人間行動を本能によって分類しており、管理者の目から見て労働者のタイプを次の2つに分けました。

① マグレガーのX理論

マグレガーのX理論は、人間は本質的に仕事が嫌いであり、強制や命令を常に行わなければ、十分な力を発揮することはできないとする考え方です。責任についても、人は回避したがり、野心よりも自分の安全をより強く求めていると考えます。

② マグレガーのY理論

マグレガーのY理論は、人間は本来勤勉であり、納得できる目標や興味を持つような仕事を与えれば、自ら率先して問題解決に努力し、自分で責任を持つとする考え方です。

(b) マズローの欲求5段階説

基礎論的理論の代表として、**マズローの欲求5段階説**があります。アブラハム・マズローはアメリカの心理学者であり、人間の成長性、全体性、創造性を強調した心理学を提唱しました。彼は、人間の欲求や動機を階層的に捉え、その頂点に自己実現があるとしています。そして、階層的に下位の欲求が満たされたときに、人はその次の欲求に目を向けると説いています。その5つの欲求は**図表2.1**の通りです。

① 生理的（物理的）欲求

人間が最初に感じる欲求は、生理的に必要を感じる食物や飲み物に対する欲求であり、この欲求が何ものよりも優先されます。

② 安全・安定への欲求

生理的欲求が満たされると、身体的危険や経済的不安を免れようと、自己や家族に対する安全・安定の欲求を感じるようになります。

③ 社会的（連帯）欲求

生活の安全が保証された後には、自己や家族の外へと欲求が向かって行きます。それが社会的欲求です。具体的には、友人との友好関係や愛情を得た

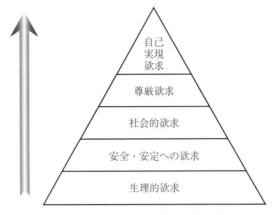

図表 2.1 マズローの欲求 5 段階説

いという欲求となります。

④ 尊厳（自我）欲求

尊厳欲求とは、自己を外に向かって表現するために必要な地位や、功名に対する欲求です。人は社会的欲求が満たされた後には、その地位に対する欲求が大きくなるということです。

⑤ 自己実現欲求

これまでに述べた 4 つの欲求が満たされたときに、人は自己の経験や知識を活かして創造的な活動など、何事かを成し遂げたいと感じるようになります。これは、人間としての至高の欲求といえるでしょう。

(c) ハーズバーグの二要因理論（動機付け衛生理論）

米国の経営学者フレデリック・ハーズバーグが提唱した**ハーズバーグの二要因理論**は、基礎論的理論の 1 つであり、組織が与える動機を、衛生要因（または不満足要因）と動機付け要因（または満足要因）に分けて考えています。

衛生要因とは、給与、処遇、作業条件、会社の方針など、仕事をするための外的要因のことで、不満を予防するためのものです。

動機付け要因は、①仕事の達成感、②達成した仕事を他者に認められること、③仕事への充実感、④仕事への自発的責任感、⑤仕事を通して人間的に成

長する、という 5 つの要因で、積極的にやる気を起こさせるものです。

　この理論では衛生要因を整備したうえで、動機付け要因や権限移譲などにより刺激を与えると組織は活性化すると説いています。

（6）　リーダーシップ

　組織が成果を上げるために重要な要素となるのが、リーダーの資質や行動になります。リーダーの行動スタイルの面からリーダーシップを検討したのが、**リーダーシップ行動論**になります。リーダーシップ行動論の 1 つとして PM 理論があります。**PM 理論**は、リーダーシップを、目標達成機能（P：Performance）と集団維持機能（M：Maintenance）の 2 つの要素で構成されるとして、リーダーシップのタイプを**図表 2.2** に示すように分類したものです。

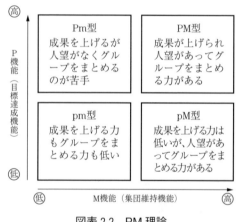

図表 2.2　PM 理論

　また、リーダーシップには、ハーシーとブランチャードが提唱した SL（Situational Leadership）理論があります。**SL 理論**は、やさしく言い換えると、状況に合わせたリーダーシップということで、部下の成熟度に応じてリーダーシップのスタイルが変わるとしています。具体的には指示的行動（指示の度合い）と協労的行動（一緒にやる度合い）の 2 つの軸の組み合わせで、4 つのスタイルがあります。部下の成熟度によって、①→②→③→④と変化していきま

す。

① 　高指示低協労：細かく指示して、細かに監督する

② 　高指示高協労：自分の考えを説明し、疑問に答える

③ 　高協労低指示：指示は最低限にとどめ、自分で意思決定する環境を整備
　してやる

④ 　低協労低指示：権限や責任を委譲し、監督も穏やかにする

　最近では、サーバントリーダーシップという新しいリーダー像が注目されて
います。**サーバントリーダーシップ**とは、「リーダーである人は、まず相手に
奉仕し、その後相手を導くものである」というリーダーシップ哲学です。

（7）　科学的管理法

　科学的管理法は、米国のフレデリック・W・テイラーが 1911 年に発表したも
ので、作業者の作業分析や動作分析を行うことによって、生産性を最大化する
方法論です。それまでの手法は、働き手の自主性とインセンティブを柱にした
管理手法でしたが、科学的管理法では、自主性を発揮し、懸命に仕事に取り組
むとともに、工夫を凝らすとされています。そのため、科学的管理法では、マ
ネジャーは、科学的な観点から人材の採用や訓練、指導などを行い、働き手と
マネジャーは仕事と責任をほぼ均等に分け合うとされています。

2.　労働関係法と労務管理

　労働関係法に関しては、日本国憲法第 27 条と第 28 条を基に体系づけられて
います。憲法第 27 条は、労働権に関する条文で、次の 3 項からなっています。
第 1 項は、労働権に関する条文で、第 2 項は労働条件基準に関する条文になり
ます。

> 第 27 条
>
> 　すべて国民は、勤労の権利を有し、義務を負ふ。
>
> 2　賃金、就業時間、休息その他の勤労条件に関する基準は、法律でこれ
> を定める。
>
> 3　児童は、これを酷使してはならない。

　また、憲法第 28 条は労働基本権に関する条文で、「勤労者の団結する権利及び団体交渉その他の団体行動をする権利は、これを保障する。」と示されています。いわゆる**労働三権**（**団結権**、**団体交渉権**、**団体行動権**（争議権））を示しています。

（1）　労働基準法

　労働基準法は労働条件基準に関する法令で、第 1 条では、「労働条件は、労働者が人たるに値する生活を営むための必要を充たすべきものでなければならない。」と示されています。これまでに出題された内容を整理すると、次のような項目になります。

（a）　均等待遇

　第 3 条では、「使用者は、労働者の国籍、信条又は社会的身分を理由として、賃金、労働時間その他の労働条件について、差別的取扱をしてはならない。」という、労働者に対する均等待遇を定めています。

（b）　男女同一賃金の原則

　第 4 条においては、「使用者は、労働者が女性であることを理由として、賃金について、男性と差別的取扱いをしてはならない。」と規定しています。

（c）　労働者の定義

　第 9 条では、「この法律で「労働者」とは、職業の種類を問わず、事業又は事務所に使用される者で、賃金を支払われる者をいう。」と定義されています。

(d)　労働条件の明示

第15条では、労働者を雇用する際に、条件の提示とその方法を規定しています。

第15条

　使用者は、**労働契約の締結に際し、労働者に対して賃金、労働時間その他の労働条件を明示しなければならない。**この場合において、賃金及び労働時間に関する事項その他の厚生労働省令で定める事項については、厚生労働省令で定める方法により明示しなければならない。

　なお、「厚生労働省令で定める方法により明示」とは、労働基準法施行規則第5条第4項において「規定する事項が明らかとなる書面の交付とする。」と示されています。

　また、同法第13条では、「この法律で定める基準に達しない労働条件を定める労働契約は、その部分については無効とする。この場合において、無効となった部分は、この法律で定める基準による。」としていますので、労働条件に対して最低の基準があるということになります。

　また、第106条では、「使用者は、この法律及びこれに基づく命令の要旨、就業規則（中略）を、常時各作業場の見やすい場所へ掲示し、又は備え付けること、書面を交付することその他の厚生労働省令で定める方法によって、労働者に周知させなければならない。」と規定しています。

(e)　賃金の支払

　労働者への報酬である賃金の支払方法については、第24条で、「賃金は、通貨で、直接労働者に、その全額を支払わなければならない。」と定められています。ただし、法令や労働協約に別段の定めがある場合には、通貨以外のものでの支払いができます。また、法令や労働組合等との書面での協定がある場合には、賃金の一部を控除して支払うことができます。

　なお、支払の時期については、第24条第2項に「賃金は、毎月1回以上、一

定の期日を定めて支払わなければならない。」とされています。

(f)　休業手当

　使用者都合の休業が発生した場合には、第26条で、労働者に対して休業中の
賃金の支払が規定されています。

第26条

　使用者の責に帰すべき事由による休業の場合においては、使用者は、休
業期間中当該労働者に、その平均賃金の100分の60以上の手当を支払わな
ければならない。

(g)　労働時間

　労働時間に関しては、第32条で次のように定められています。

第32条

　使用者は、労働者に、休憩時間を除き1週間について40時間を超えて、
労働させてはならない。

2　使用者は、1週間の各日については、労働者に、休憩時間を除き1日
について8時間を超えて、労働させてはならない。

　なお、「1日8時間および1週40時間」を**法定労働時間**いいます。

(h)　変形労働時間制度

　実際には、さまざまな変形労働が存在することを考慮して、次のような内容
を定めています。

①　1ヶ月単位の変形労働時間制

　1ヶ月単位の**変形労働時間制**については、第32条の2で、「1箇月以内の一
定の期間を平均し1週間当たりの労働時間が第32条第1項の労働時間を超え
ない定めをしたときは、同条の規定にかかわらず、その定めにより、特定さ
れた週において同項の労働時間又は特定された日において同条第二項の労働

時間を超えて、労働させることができる。」とされています。

② 　フレックスタイム制

　フレックスタイム制については、第 32 条の 3 で、「その労働者に係る始業及び終業の時刻をその労働者の決定に委ねることとした労働者については、(中略) 清算期間として定められた期間を平均し 1 週間当たりの労働時間が第 32 条第 1 項の労働時間を超えない範囲内において、同条の規定にかかわらず、1 週間において同項の労働時間又は 1 日において同条第 2 項の労働時間を超えて、労働させることができる。」とされています。

③ 　1 年単位の変形労働時間制

　1 年単位の**変形労働時間制**については、第 32 条の 4 で、「清算期間として定められた期間を平均し 1 週間当たりの労働時間が 40 時間を超えない範囲内において、(中略) 1 週間において 40 時間の労働時間又は 1 日において 8 時間の労働時間を超えて、労働させることができる。」とされています。

④ 　1 週間単位の非定期的変形制

　第 32 条の 5 で、「日ごとの業務に著しい繁閑の差が生ずることが多く、かつ、(中略) 各日の労働時間を特定することが困難であると認められる厚生労働省令で定める事業について、(中略) 第 32 条第 2 項の規定にかかわらず、1 日について 10 時間まで労働させることができる。」とされています。

⑤ 　労働時間等に関する規定の適用除外

　第 41 条では、「労働時間、休憩及び休日に関する規定は、次の各号の一に該当する労働者については適用しない。」と規定されており、次の労働者が示されています。

　ⓐ 　別表第 1 第 6 号（林業を除く。）又は第 7 号に掲げる事業に従事する者

　ⓑ 　事業の種類にかかわらず監督若しくは管理の地位にある者又は機密の事務を取り扱う者

　ⓒ 　監視又は断続的労働に従事する者で、使用者が行政官庁の許可を受けたもの

65

(i) 休憩

　休憩時間に関しては、第34条に時間が定められており、休憩時間の質についても規定されています。

第34条

　使用者は、労働時間が6時間を超える場合においては少くとも45分、8時間を超える場合においては少くとも1時間の休憩時間を労働時間の途中に与えなければならない。

2　前項の休憩時間は、一斉に与えなければならない。ただし、当該事業場に、労働者の過半数で組織する労働組合がある場合においてはその労働組合、労働者の過半数で組織する労働組合がない場合においては労働者の過半数を代表する者との書面による協定があるときは、この限りでない。

3　使用者は、第1項の休憩時間を自由に利用させなければならない。

　なお、「労働時間等の設定の改善に関する特別措置法」第2条第1項で、「事業主は、その雇用する労働者の労働時間等の設定の改善を図るため、業務の繁閑に応じた労働者の始業及び終業の時刻の設定、健康及び福祉を確保するために必要な終業から始業までの時間の設定、年次有給休暇を取得しやすい環境の整備その他の必要な措置を講ずるように努めなければならない。」という、いわゆる「勤務間インターバル制度」が設けられています。

(j) 休日

　休日に関しては、取得間隔について第35条に定められています。

第35条

　使用者は、労働者に対して、毎週少くとも1回の休日を与えなければならない。

2　前項の規定は、4週間を通じ4日以上の休日を与える使用者について

は適用しない。

(k)　時間外及び休日の労働

いわゆる**三六協定**といわれる**労使協定**を締結する根拠となる条文の内容が、下記の第 36 条になります。

第 36 条

　使用者は、当該事業場に、労働者の過半数で組織する労働組合がある場合においてはその労働組合、労働者の過半数で組織する労働組合がない場合においては労働者の過半数を代表する者との書面による協定をし、厚生労働省令で定めるところによりこれを行政官庁に届け出た場合においては、第 32 条から第 32 条の 5 まで若しくは第 40 条の労働時間（「労働時間」）又は前条の休日に関する規定にかかわらず、その協定で定めるところによって労働時間を延長し、又は休日に労働させることができる。

3　前項第 4 号の労働時間（対象期間における 1 日、1 箇月及び 1 年のそれぞれの期間について労働時間を延長して労働させることができる時間又は労働させることができる休日の日数）を延長して労働させることができる時間は、当該事業場の業務量、時間外労働の動向その他の事情を考慮して通常予見される時間外労働の範囲内において、限度時間を超えない時間に限る。

4　前項の限度時間は、1 箇月について 45 時間及び 1 年について 360 時間とする。

　第 4 項に示された限度時間は、所定労働時間ではなく、法定労働時間を超えた時間です。なお、所定労働時間は、労働契約や就業規則で定められた始業時間から終業時間までの時間（休息時間を除く）をいいます。

　なお、労働時間の把握に関しては、労働安全衛生法第 66 条 8 の 3 で、「事業者は、（中略）、厚生労働省令で定める方法により、労働者の労働時間の状況を

把握しなければならない。」と規定されています。把握の方法としては、厚生労働省が策定した「労働時間の適正な把握のために使用者が講ずべき措置に関するガイドライン」の第4項(2)で「使用者が、自ら現認することにより確認し、適正に記録すること」と「タイムカード、ICカード、パソコンの使用時間の記録等の客観的な記録を基礎として確認し、適正に記録すること」が示されています。

(l)　時間外、休日及び深夜の割増賃金

時間外等に労働者に労働を指示した場合には、第37条で割増賃金の額が定められています。

第37条

使用者が、第33条又は前条第1項の規定により労働時間を延長し、又は休日に労働させた場合においては、その時間又はその日の労働については、通常の労働時間又は労働日の賃金の計算額の<u>2割5分以上5割以下の範囲内</u>でそれぞれ政令で定める率以上の率で計算した割増賃金を支払わなければならない。ただし、当該延長して労働させた時間が1箇月について<u>60時間を超えた場合</u>においては、その超えた時間の労働については、<u>通常の労働時間の賃金の計算額の5割以上の率</u>で計算した割増賃金を支払わなければならない。

(m)　専門業務型裁量労働制

専門業務型裁量労働制は、第38条の3に定められた制度です。この制度の対象となる業務としては、第38条の3の1号で「業務の性質上その遂行の方法を大幅に当該業務に従事する労働者の裁量にゆだねる必要があるため、当該業務の遂行の手段及び時間配分の決定等に関し使用者が具体的な指示をすることが困難なものとして厚生労働省令で定める業務のうち、労働者に就かせることとする業務」と示されています。具体的な業務としては、労働基準法施行規則第24条の2の2に次のようなものが挙げられています。

① 　新商品や新技術の研究開発、人文科学や自然科学に関する研究の業務

② 　情報処理システムの分析や設計の業務

③ 　衣服、室内装飾、工業製品、広告等の新たなデザインの考案の業務

　他

(n)　企画業務型裁量労働制

企画業務型裁量労働制は、第38条の4に定められた制度です。この制度の対象となる業務としては、第38条の4の1号で「事業の運営に関する事項についての企画、立案、調査及び分析の業務で、当該業務の性質上これを適切に遂行するにはその遂行の方法を大幅に労働者の裁量に委ねる必要があるため、当該業務の遂行の手段及び時間配分の決定等に関し使用者が具体的な指示をしないこととする業務」とされています。

(o)　年次有給休暇

労働者に対しては、**年次有給休暇**を与えることが第39条で規定されています。

第 39 条

　使用者は、その雇入れの日から起算して6箇月間継続勤務し全労働日の8割以上出勤した労働者に対して、継続し、又は分割した10労働日の有給休暇を与えなければならない。

また、同条第7項で、「使用者は、第1項から第3項までの規定による有給休暇の日数のうち5日については、基準日から1年以内の期間に、労働者ごとにその時季を定めることにより与えなければならない。」と規定されており、年次休暇の取得義務が示されています。ただし、第39条第10項で、「労働者が業務上負傷し、又は疾病にかかり療養のために休業した期間及び育児休業、介護休業等育児又は家族介護を行う労働者の福祉に関する法律第2条第1号に規定する育児休業又は同条第2号に規定する介護休業をした期間並びに産前産後の女性が第65条の規定によって休業した期間は、第1項及び第2項の規定の適用

については、これを出勤したものとみなす。」と規定されています。

(p)　就業規則

　就業規則は、第89条に「常時10人以上の労働者を使用する使用者は、次に掲げる事項について就業規則を作成し、行政官庁に届け出なければならない。」とされており、下記の事項が内容として規定されています。

① 始業及び終業の時刻、休憩時間、休日、休暇並びに労働者を2組以上に分けて交替に就業させる場合においては就業時転換に関する事項
② 賃金（臨時の賃金等を除く。）の決定、計算及び支払の方法、賃金の締切り及び支払の時期並びに昇給に関する事項
③ 退職に関する事項（解雇の事由を含む。）
④ 安全及び衛生に関する定めをする場合においては、これに関する事項
他

　また、第90条で「使用者は、就業規則の作成又は変更について、当該事業場に、労働者の過半数で組織する労働組合がある場合においてはその労働組合、労働者の過半数で組織する労働組合がない場合においては労働者の過半数を代表する者の意見を聴かなければならない。」と規定されています。さらに、第106条で、就業規則等は「常時各作業場の見やすい場所へ掲示し、又は備え付けること、書面を交付することその他の厚生労働省令で定める方法によって、労働者に周知させなければならない。」と規定されています。

　なお、就業規則の変更については、労働契約法第10条で「使用者が就業規則の変更により労働条件を変更する場合において、変更後の就業規則を労働者に周知させ、かつ、就業規則の変更が、労働者の受ける不利益の程度、労働条件の変更の必要性、変更後の就業規則の内容の相当性、労働組合等との交渉の状況その他の就業規則の変更に係る事情に照らして合理的なものであるときは、労働契約の内容である労働条件は、当該変更後の就業規則に定めるところによるものとする。」と規定されています。

（q）　解雇

　解雇に関しては、第 19 条で、「使用者は、労働者が業務上負傷し、又は疾病にかかり療養のために休業する期間及びその後 30 日間並びに産前産後の女性が第 65 条（産前産後）の規定によって休業する期間及びその後 30 日間は、解雇してはならない。」と規定されています。

（2）　労働組合法

　労働組合法の目的は、第 1 条に「労働者が使用者との交渉において対等の立場に立つことを促進することにより労働者の地位を向上させること、労働者がその労働条件について交渉するために自ら代表者を選出することその他の団体行動を行うために自主的に**労働組合**を組織し、団結することを擁護すること並びに使用者と労働者との関係を規制する労働協約を締結するための団体交渉をすること及びその手続を助成すること」と示されています。

（a）　交渉権限

　交渉権限については、第 6 条に「労働組合の代表者又は労働組合の委任を受けた者は、労働組合又は組合員のために使用者又はその団体と労働協約の締結その他の事項に関して交渉する権限を有する。」と定められています。なお、団体交渉の交渉事項に法律で明確に定義されているものはありませんが、一般的に、労働条件や待遇などの義務的団体交渉事項と、それ以外の任意的団体交渉事項の 2 種類があります。

（b）　不当労働行為

　第 7 条では、「使用者は、次の各号に掲げる行為をしてはならない。」として、**不当労働行為**に関して下記の内容が示されています。

① 労働者が労働組合の組合員であること等を理由に労働者を解雇や不利益な取扱いをすること
② 労働者が労働組合に加入しない、または労働組合から脱退することを雇用条件とすること
③ 雇用する労働者の代表者と団体交渉をすることを正当な理由がなくて拒

むこと

④ 労働者が労働組合を結成、運営することを支配、またはこれに介入すること

⑤ 労働組合の運営のための経費の支払につき経理上の援助を与えること

⑥ 労働者が労働委員会に対し不当労働行為の申立てをしたことを理由に解雇すること

(c) 労働協約

労働協約の効力の発生に関しては、第14条に「労働組合と使用者又はその団体との間の労働条件その他に関する労働協約は、書面に作成し、両当事者が署名し、又は記名押印することによってその効力を生ずる。」と定められています。また、労働協約の期間に関しては、第15条に「労働協約には、3年をこえる有効期間の定をすることができない。」と規定されています。さらに、第17条で、「1の工場事業場に常時使用される同種の労働者の4分の3以上の数の労働者が一の労働協約の適用を受けるに至つたときは、当該工場事業場に使用される他の同種の労働者に関しても、当該労働協約が適用されるものとする。」と規定されています。

(d) 労働委員会

労働委員会は第19条に、「労働委員会は、使用者を代表する者、労働者を代表する者及び公益を代表する者各同数をもつて組織する。」と規定されており、同条第2項で、「労働委員会は、中央労働委員会及び都道府県労働委員会とする。」と規定されています。

(3) 労働関係調整法

労働関係調整法の目的は、第1条に「この法律は、労働組合法と相俟って、労働関係の公正な調整を図り、労働争議を予防し、又は解決して、産業の平和を維持し、もって経済の興隆に寄与すること」と示されています。労働関係調整法では、次の3つの手続きが示されています。

(a)　あっせん

　あっせんに関しては、第 12 条に「労働争議が発生したときは、**労働委員会**の会長は、関係当事者の双方若しくは一方の申請又は職権に基いて、斡旋員名簿に記されている者の中から、斡旋員を指名しなければならない。」とされています。なお、解決策の受諾は任意となっています。

　あっせんは、「個別労働関係紛争の解決の促進に関する法律」に基づいて行われる制度で、その目的は、第 1 条に「この法律は、労働条件その他労働関係に関する事項についての個々の労働者と事業主との間の紛争（労働者の募集及び採用に関する事項についての個々の求職者と事業主との間の紛争を含む。）について、あっせんの制度を設けること等により、その実情に即した迅速かつ適正な解決を図ること」と規定されています。

(b)　調停

　調停は、「関係当事者の双方から、労働委員会に対して、調停の申請がなされたとき」や「関係当事者の双方又は一方から、労働協約の定めに基づいて、労働委員会に対して調停の申請がなされたとき」等に行われると第 18 条第 1 号に示されています。労働委員会による労働争議の調停は、「使用者を代表する調停委員、労働者を代表する調停委員及び公益を代表する調停委員から成る調停委員会を設け、これによって行ふ。」と第 19 条で規定されています。なお、解決策の受諾は任意となっています。

(c)　仲裁

　仲裁は、「関係当事者の双方から、労働委員会に対して、仲裁の申請がなされたとき」と「労働協約に、労働委員会による仲裁の申請をなさなければならない旨の定がある場合に、その定に基いて、関係当事者の双方又は一方から、労働委員会に対して、仲裁の申請がなされたとき」に行われると第 30 条に示されています。労働委員会による労働争議の仲裁は、「3 人以上の奇数の仲裁委員をもって組織される仲裁委員会を設け、これによって行う。」と第 31 条で規定されており、仲裁裁定は、「労働協約と同一の効力を有する。」と第 34 条で規定されています。

(d) その他の調整手続き

　労働審判制度は**労働審判法**に基づいて行われる制度で、その目的は、労働審判法第１条に「この法律は、労働契約の存否その他の労働関係に関する事項について個々の労働者と事業主との間に生じた民事に関する紛争に関し、裁判所において、裁判官及び労働関係に関する専門的な知識経験を有する者で組織する委員会が、当事者の申立てにより、事件を審理し、調停の成立による解決の見込みがある場合にはこれを試み、その解決に至らない場合には、労働審判を行う手続を設けることにより、紛争の実情に即した迅速、適正かつ実効的な解決を図ること」と示されています。

　個別労働紛争解決制度は、「個別労働関係紛争の解決の促進に関する法律」（個別労働紛争解決促進法）に基づいて行われる制度で、その目的は、第１条に「この法律は、労働条件その他労働関係に関する事項についての個々の労働者と事業主との間の紛争（労働者の募集及び採用に関する事項についての個々の求職者と事業主との間の紛争を含む。）について、あっせんの制度を設けること等により、その実情に即した迅速かつ適正な解決を図ること」と示されています。なお、あっせんの手続きは非公開となっていますので、プライバシーは守られます。また、第４条では、「当事者に対する助言及び指導」が示されており、「都道府県労働局長は、個別労働関係紛争に関し、当該個別労働関係紛争の当事者の双方又は一方からその解決につき援助を求められた場合には、当該個別労働関係紛争の当事者に対し、必要な助言又は指導をすることができる。」と規定されています。また、第５条の「あっせんの委任」では、「都道府県労働局長は、前条第一項に規定する個別労働関係紛争について、当該個別労働関係紛争の当事者の双方又は一方からあっせんの申請があった場合において当該個別労働関係紛争の解決のために必要があると認めるときは、紛争調整委員会にあっせんを行わせるものとする。」と規定されています。

（4）　雇用の分野における男女の均等な機会及び待遇の確保等に関する法律（男女雇用機会均等法）

　男女雇用機会均等法の目的は、第 1 条に「この法律は、法の下の平等を保障する日本国憲法の理念にのっとり雇用の分野における男女の均等な機会及び待遇の確保を図るとともに、女性労働者の就業に関して妊娠中及び出産後の健康の確保を図る等の措置を推進すること」と示されています。

（a）　基本的理念

　第 2 条では、基本的理念が次のように示されています。

> 第 2 条
> 　この法律においては、労働者が性別により差別されることなく、また、女性労働者にあっては母性を尊重されつつ、充実した職業生活を営むことができるようにすることをその基本的理念とする。
> 2　事業主並びに国及び地方公共団体は、前項に規定する基本的理念に従って、労働者の職業生活の充実が図られるように努めなければならない。

（b）　性別を理由とする差別の禁止

　具体的な禁止内容は、第 5 条および第 6 条に示されています。

> 第 5 条
> 　事業主は、労働者の募集及び採用について、その性別にかかわりなく均等な機会を与えなければならない。
> 第 6 条
> 　事業主は、次に掲げる事項について、労働者の性別を理由として、差別的取扱いをしてはならない。
> 　一　労働者の配置（業務の配分及び権限の付与を含む。）、昇進、降格及び教育訓練
> 　二　住宅資金の貸付けその他これに準ずる福利厚生の措置であって厚生

労働省令で定めるもの

　三　労働者の職種及び雇用形態の変更

　四　退職の勧奨、定年及び解雇並びに労働契約の更新

　なお、雇用の分野における男女の均等な機会及び待遇の確保等に関する法律施行規則第13条では、「深夜業に従事する女性労働者に対する措置」が定められており、「事業主は、女性労働者の職業生活の充実を図るため、当分の間、女性労働者を深夜業に従事させる場合には、通勤及び業務の遂行の際における当該女性労働者の安全の確保に必要な措置を講ずるように努めるものとする。」とされています。

(c)　性別以外の事由を要件とする措置

　第7条では、労働者の性別以外の事由を要件とするもののうちで、男性と女性の比率その他の事情を勘案して、実質的に性別を理由とする差別となるおそれがある事項を、業務の性質に照らして特に必要である場合や、事業の運営の状況に照らして雇用管理上特に必要である場合、その他の合理的な理由がある場合以外はしてはならないと規定しています。

　厚生労働省では、この第7条の要件を**間接差別**としており、具体的には、雇用の分野における男女の均等な機会及び待遇の確保等に関する法律施行規則第2条に、下記の3つを上げています。

　①　身長、体重、体力などを要件とする

　②　総合職の募集・採用・昇進・職種変更で、転居を伴う転勤に応じることを要件とする

　③　昇進で、労働者が勤務する事業場と異なる事業場に配置転換された経験があることを要件とする

(d)　**女性労働者**に係る措置に関する特例

　第8条によると、女性のみを対象または有利に取り扱うことは妨げてはいません。

> **第 8 条**
>
> 　前 3 条の規定は、事業主が、雇用の分野における<u>男女の均等な機会及び</u>待遇の確保の支障となっている事情を改善することを目的として<u>女性労働者に関して行う措置を講ずることを妨げるものではない。</u>

　女性のみを対象としたり、女性を有利に取り扱う措置を講じたりすることを**ポジティブアクション**としており、法令違反とはなりません。ポジティブアクションの例としては、営業職に女性がほとんど配置されていないとか、課長以上の管理職は大半が男性であるなどの場合に、その差を解消しようとするための積極的な取組みなどが挙げられます。

(e)　婚姻、妊娠、出産等を理由とする不利益取扱いの禁止等

　第 9 条は、婚姻、妊娠、出産等を対象にした禁止行為が定められています。

> **第 9 条**
>
> 　事業主は、<u>女性労働者が婚姻し、妊娠し、又は出産したことを退職理由</u>として予定する<u>定めをしてはならない。</u>
>
> 2　事業主は、<u>女性労働者が婚姻したことを理由として、解雇してはならない。</u>
>
> 3　事業主は、その雇用する女性労働者が妊娠したこと、出産したこと、労働基準法第 65 条第 1 項の規定による休業を請求し、又は同項若しくは同条第 2 項の規定による休業をしたことその他の妊娠又は出産に関する事由であって厚生労働省令で定めるものを理由として、当該女性労働者に対して解雇その他不利益な取扱いをしてはならない。
>
> 3　<u>妊娠中の女性労働者及び出産後 1 年を経過しない女性労働者に対して</u>なされた<u>解雇は、無効とする。</u>ただし、事業主が当該解雇が前項に規定する事由を理由とする解雇でないことを証明したときは、この限りでない。

この条文は、労働派遣が行われている場合には、派遣先にも適用されます。

(f) 職場における性的な言動に起因する問題に関する雇用管理上の措置

第11条では、**セクシャルハラスメント**をなくすために事業主が取らなければならない対策を示しています。

第11条

　事業主は、職場において行われる性的な言動に対するその雇用する労働者の対応により当該労働者がその労働条件につき不利益を受け、又は当該性的な言動により当該労働者の就業環境が害されることのないよう、当該労働者からの相談に応じ、適切に対応するために必要な体制の整備その他の雇用管理上必要な措置を講じなければならない。

この条文は、労働派遣が行われている場合には、派遣先にも適用されます。

なお、セクシャルハラスメントについては、厚生労働省が下記の「事業主が職場における性的な言動に起因する問題に関して雇用管理上講ずべき措置等についての指針」(第2項抜粋)を公表しています。

2　職場におけるセクシュアルハラスメントの内容

(1) 職場におけるセクシュアルハラスメントには、職場において行われる性的な言動に対する労働者の対応により当該労働者がその労働条件につき不利益を受けるもの(以下「対価型セクシュアルハラスメント」という。)と、当該性的な言動により労働者の就業環境が害されるもの(以下「環境型セクシュアルハラスメント」という。)がある。なお、職場におけるセクシュアルハラスメントには、同性に対するものも含まれるものである。また、被害を受けた者(以下「被害者」という。)の性的指向又は性自認にかかわらず、当該者に対する職場におけるセクシュアルハラスメントも、本指針の対象となるものである。

(2) 「職場」とは、事業主が雇用する労働者が業務を遂行する場所を指し、

当該労働者が通常就業している場所以外の場所であっても、当該労働者が業務を遂行する場所については、「職場」に含まれる。取引先の事務所、取引先と打合せをするための飲食店、顧客の自宅等であっても、当該労働者が業務を遂行する場所であればこれに該当する。

(3)　「労働者」とは、いわゆる正規雇用労働者のみならず、パートタイム労働者、契約社員等いわゆる非正規雇用労働者を含む事業主が雇用する労働者の全てをいう。また、派遣労働者については、派遣元事業主のみならず、労働者派遣の役務の提供を受ける者についても、労働者派遣事業の適正な運営の確保及び派遣労働者の保護等に関する法律（昭和60年法律第88号）第47条の2の規定により、その指揮命令の下に労働させる派遣労働者を雇用する事業主とみなされ、法第11条第1項及び第11条の2第2項の規定が適用されることから、労働者派遣の役務の提供を受ける者は、派遣労働者についてもその雇用する労働者と同様に、3(1)の配慮及び4の措置を講ずることが必要である。なお、法第11条第2項、第172条第2項及び第18条第2項の労働者に対する不利益な取扱いの禁止については、派遣労働者も対象に含まれるものであり、派遣元事業主のみならず、労働者派遣の役務の提供を受ける者もまた、当該者に派遣労働者が職場におけるセクシュアルハラスメントの相談を行ったこと等を理由として、当該派遣労働者に係る労働者派遣の役務の提供を拒む等、当該派遣労働者に対する不利益な取扱いを行ってはならない。

(4)　「性的な言動」とは、性的な内容の発言及び性的な行動を指し、この「性的な内容の発言」には、性的な事実関係を尋ねること、性的な内容の情報を意図的に流布すること等が、「性的な行動」には、性的な関係を強要すること、必要なく身体に触ること、わいせつな図画を配布すること等が、それぞれ含まれる。当該言動を行う者には、労働者を雇用する事業主（その者が法人である場合にあってはその役員。以下この(4)において同じ。）、上司、同僚に限らず、取引先等の他の事業主又はその雇用する労働者、顧客、患者又はその家族、学校における生徒等もなり得

る。

(5) 「対価型セクシュアルハラスメント」とは、職場において行われる労働者の意に反する性的な言動に対する労働者の対応により、当該労働者が解雇、降格、減給等の不利益を受けることであって、その状況は多様であるが、典型的な例として、次のようなものがある。

　イ　事務所内において事業主が労働者に対して性的な関係を要求したが、拒否されたため、当該労働者を解雇すること。

　ロ　出張中の車中において上司が労働者の腰、胸等に触ったが、抵抗されたため、当該労働者について不利益な配置転換をすること。

　ハ　営業所内において事業主が日頃から労働者に係る性的な事柄について公然と発言していたが、抗議されたため、当該労働者を降格すること。

(6) 「環境型セクシュアルハラスメント」とは、職場において行われる労働者の意に反する性的な言動により労働者の就業環境が不快なものとなったため、能力の発揮に重大な悪影響が生じる等当該労働者が就業する上で看過できない程度の支障が生じることであって、その状況は多様であるが、典型的な例として、次のようなものがある。

　イ　事務所内において上司が労働者の腰、胸等に度々触ったため、当該労働者が苦痛に感じてその就業意欲が低下していること。

　ロ　同僚が取引先において労働者に係る性的な内容の情報を意図的かつ継続的に流布したため、当該労働者が苦痛に感じて仕事が手につかないこと。

　ハ　労働者が抗議をしているにもかかわらず、事務所内にヌードポスターを掲示しているため、当該労働者が苦痛に感じて業務に専念できないこと。

　なお、同指針第4項に「事業主が職場における性的な言動に起因する問題に関し雇用管理上講ずべき措置の内容」が示されており、下記の4項目が挙げら

れています。

① 事業主の方針等の明確化及びその周知・啓発

② 相談（苦情を含む。以下同じ。）に応じ、適切に対応するために必要な体制の整備

③ 職場におけるセクシュアルハラスメントに係る事後の迅速かつ適切な対応

④ ①から③までの措置と併せて講ずべき措置

（5）　高年齢者等の雇用の安定等に関する法律（高年齢者雇用安定法）

高年齢者雇用安定法の目的は、第1条に「定年の引上げ、継続雇用制度の導入等による高年齢者の安定した雇用の確保の促進、高年齢者等の再就職の促進、定年退職者その他の高年齢退職者に対する就業の機会の確保等の措置を総合的に講じ、もって高年齢者等の職業の安定その他福祉の増進を図るとともに、経済及び社会の発展に寄与すること」と示されています。

（a）　高年齢者と高年齢者等の定義

対象となる高年齢者と高年齢者等の定義は、第2条に次のように示されています。

第2条

この法律において「高年齢者」とは、厚生労働省令で定める年齢以上の者をいう。

2　この法律において「高年齢者等」とは、高年齢者及び次に掲げる者で高年齢者に該当しないものをいう。

一　中高年齢者である求職者（次号に掲げる者を除く。）

二　中高年齢失業者等（厚生労働省令で定める範囲の年齢の失業者その他就職が特に困難な厚生労働省令で定める失業者をいう。）

なお、高年齢者の年齢は、高年齢者等の雇用の安定等に関する法律施行規則

81

の第1条に「55歳」と示されています。また、中高年齢者の年齢は、同規則の第2条に「45歳」と示されています。

(b)　事業主の責務

　事業主の責務は、第4条に規定されており、次の努力義務が課せられています。

　　①　雇用する高年齢者について、その意欲及び能力に応じてその者のための雇用の機会の確保等が図られるよう努めるものとする。

　　②　雇用する高年齢者について、その意欲及び能力に応じて就業することにより職業生活の充実を図ることができるようにするため、その高齢期における職業生活の設計について必要な援助を行うよう努めるものとする。

(c)　定年を定める場合の年齢

　事業主が定める定年の条件は、第8条に「事業主がその雇用する労働者の定年の定めをする場合には、当該定年は、60歳を下回ることができない。」と示されています。

(d)　高年齢者雇用確保措置

第9条
　定年（65歳未満のものに限る。以下この条において同じ。）の定めをしている事業主は、その雇用する高年齢者の65歳までの安定した雇用を確保するため、次の各号に掲げる措置（以下「高年齢者雇用確保措置」という。）のいずれかを講じなければならない。

　一　当該定年の引上げ
　二　継続雇用制度（現に雇用している高年齢者が希望するときは、当該高年齢者をその定年後も引き続いて雇用する制度をいう。）の導入
　二　当該定年の定めの廃止
　2　継続雇用制度には、事業主が、特殊関係事業主との間で、当該事業主の雇用する高年齢者であってその定年後に雇用されることを希望するものをその定年後に当該特殊関係事業主が引き続いて雇用することを約す

> る契約を締結し、当該契約に基づき当該高年齢者の雇用を確保する制度
> が含まれるものとする。

　なお、**特殊関係事業主**については、高年齢者等の雇用の安定等に関する法律
施行規則第 4 条の 3 に、次の者と示されています。

① 　事業主の子法人等

② 　事業主を子法人等とする親法人等

③ 　事業主を子法人等とする親法人等の子法人等

④ 　事業主の関連法人等

⑤ 　事業主を子法人等とする親法人等の関連法人等

(e)　募集及び採用についての理由の提示等

　第20条第1項では、「事業主は、労働者の募集及び採用をする場合において、
やむを得ない理由により一定の年齢（65 歳以下のものに限る。）を下回ること
を条件とするときは、求職者に対し、厚生労働省令で定める方法により、当該
理由を示さなければならない。」と規定されています。また、第 2 項では、「厚
生労働大臣は、前項に規定する理由の提示の有無又は当該理由の内容に関して
必要があると認めるときは、事業主に対して、報告を求め、又は助言、指導若
しくは勧告をすることができる。」と規定されています。

　なお、平成 29 年 1 月から、65 歳以上の労働者も「高年齢保険者」として雇
用保険法の適用対象となりました。

（6）　育児休業、介護休業等育児又は家族介護を行う労働者の福祉に　　関する法律（育児・介護休業法）

　育児・介護休業法は、労働権に関する法令で、育児や介護を行う労働者の職
業生活と家庭生活の両立が図れるようにすることを支援するための法律です。

(a)　目的

　育児・介護休業法の目的は、第 1 条に次のように示されています。

第1条

　この法律は、育児休業及び介護休業に関する制度並びに子の看護休暇及び介護休暇に関する制度を設けるとともに、子の養育及び家族の介護を容易にするため所定労働時間等に関し事業主が講ずべき措置を定めるほか、子の養育又は家族の介護を行う労働者等に対する支援措置を講ずること等により、子の養育又は家族の介護を行う労働者等の雇用の継続及び再就職の促進を図り、もってこれらの者の職業生活と家庭生活との両立に寄与することを通じて、これらの者の福祉の増進を図り、あわせて経済及び社会の発展に資することを目的とする。

　ここでは、事業者が育児休業及び介護休業に関する制度を設けることを定めています。なお、対象家族は、「配偶者（婚姻の届出をしていないが、事実上婚姻関係と同様の事情にある者を含む。）、父母及び子（これらの者に準ずる者として厚生労働省令で定めるものを含む。）並びに配偶者の父母をいう。」と第2条第4号に定義されています。

(b)　育児休業の申出

　第5条では、育児休業を申し入れることができる時期が定められています。

第5条

　労働者は、その養育する一歳に満たない子について、その事業主に申し出ることにより、育児休業をすることができる。ただし、期間を定めて雇用される者にあっては、その養育する子が一歳6か月に達する日までに、その労働契約が満了することが明らかでない者に限り、当該申出をすることができる。

(c)　不利益取扱いの禁止

　第10条では、事業主に対して、「労働者が育児休業申出等をし、若しくは育

児休業をしたこと又は出生時育児休業申出等（著者略記）を理由として、当該労働者に対して解雇その他不利益な取扱いをしてはならない。」と定めています。

(d)　介護休業

介護休業に関しては、第11条第1項と第2項で次のように示されています。

第11条

労働者は、その事業主に申し出ることにより、介護休業をすることができる。ただし、期間を定めて雇用される者にあっては、第3項に規定する介護休業開始予定日から起算して93日を経過する日から6月を経過する日までに、その労働契約が満了することが明らかでない者に限り、当該申出をすることができる。

2　前項の規定にかかわらず、介護休業をしたことがある労働者は、当該介護休業に係る対象家族が次の各号のいずれかに該当する場合には、当該対象家族については、同項の規定による申出をすることができない。

一　当該対象家族について3回の介護休業をした場合

二　当該対象家族について介護休業をした日数が93日に達している場合

なお、第26条で、「事業主は、その雇用する労働者の配置の変更で就業の場所の変更を伴うものをしようとする場合において、その就業の場所の変更により就業しつつその子の養育又は家族の介護を行うことが困難となることとなる労働者がいるときは、当該労働者の子の養育又は家族の介護の状況に配慮しなければならない。」と規定されています。

(e)　子の介護休暇と所定外労働の制限

子の看護休暇は第16条の2「小学校就学の始期に達するまでの子を養育する労働者は、その事業主に申し出ることにより、一の年度において5労働日を限度として、負傷し、若しくは疾病にかかった当該子の世話又は疾病の予防を図

るために必要なものとして厚生労働省令で定める当該子の世話を行うための休暇を取得することができる。」と規定されています。また、第16条の8で、「事業主は、三歳に満たない子を養育する労働者であって、当該事業主と当該労働者が雇用される事業所の労働者の過半数で組織する労働組合があるときはその労働組合、その事業所の労働者の過半数で組織する労働組合がないときはその労働者の過半数を代表する者との書面による協定で、次に掲げる労働者のうちこの項本文の規定による請求をできないものとして定められた労働者に該当しない労働者が当該子を養育するために請求した場合においては、所定労働時間を超えて労働させてはならない。」と規定されています。さらに、第19条では、「事業主は、小学校就学の始期に達するまでの子を養育する労働者であって次の各号のいずれにも該当しないものが当該子を養育するために請求した場合においては、午後十時から午前五時までの間（「深夜」という。）において労働させてはならない。」と規定されています。さらに、第23条第2項で、「事業主は、その雇用する労働者のうち、その三歳に満たない子を養育する労働者であって育児休業をしていないものに関して、厚生労働省令で定めるところにより、労働者の申出に基づき所定労働時間を短縮することにより当該労働者が就業しつつ当該子を養育することを容易にするための措置を講じなければならない。」と規定されています。

(f) 介護休暇

第16条の5第1項で、「要介護状態にある対象家族の介護その他の厚生労働省令で定める世話を行う労働者は、その事業主に申し出ることにより、一の年度において5労働日を限度として、当該世話を行うための休暇を取得することができる。」と規定されています。なお、第16条の6で、「事業主は、労働者からの前条第1項の規定による申出があったときは、当該申出を拒むことができない。」と規定されています。

また、第25条では、「事業主は、職場において行われるその雇用する労働者に対する育児休業、介護休業その他の子の養育又は家族の介護に関する厚生労働省令で定める制度又は措置の利用に関する言動により当該労働者の就業環境

が害されることのないよう、当該労働者からの相談に応じ、適切に対応するために必要な体制の整備その他の雇用管理上必要な措置を講じなければならない。」と規定されています。

（7）　障害者の雇用の促進等に関する法律（障害者雇用促進法）

　障害者雇用促進法第37条第2項に雇用の義務や障害者雇用納付金制度の対象となる障害者が規定されており、「身体障害者、知的障害者、精神障害者（精神障害者保険福祉手帳の交付を受けているものに限る。）をいう」と示されています。

　第38条第1項には、「雇用に関する国及び地方公共団体の義務」が定められており、「勤務する対象障害者である職員の数が、当該機関の職員の総数に、**障害者雇用率**を下回らない率であって政令で定めるものを乗じて得た数未満である場合には、対象障害者である職員の数がその率を乗じて得た数以上となるようにするため、対象障害者の採用に関する計画を作成しなければならない。」と規定されています。なお、障害者の雇用の促進等に関する法律施行令第2条で、障害者雇用率は100分の2.6と定められています。また、同法第38条第2項に「職員の総数の算定に当たっては、短時間勤務職員は、厚生労働省令で定める数の職員に相当するものとみなす。」と規定されていますので、パートやアルバイトも含まれます。また、同法第43条で、「一般事業主の雇用義務等」が定められており、「法定雇用障害者数」以上であるようにしなければならないと規定されています。なお、第50条第1項で「調整基礎額に当該年度に属する各月ごとの初日におけるその雇用する対象障害者である労働者の数の合計数を乗じて得た額が同条第一項の規定により算定した額を超える事業主に対して、その差額に相当する額を当該調整基礎額で除して得た数を単位調整額に乗じて得た額に相当する金額を、当該年度分の**障害者雇用調整金**として支給する。」と規定されています。一方、第53条第1項で「事業主から、毎年度、**障害者雇用納付金**を徴収する」と規定されており、第2項で「事業主は、納付金を納付する義務を負う。」とされています。納付金の額については、第54条第

1項で「調整基礎額に、当該年度に属する各月ごとにその初日におけるその雇用する労働者の数に基準雇用率を乗じて得た数の合計数を乗じて得た額とする。」と規定されています。

（8） 労働者派遣事業の適正な運営の確保及び派遣労働者の保護等に関する法律（労働者派遣法）

　労働者派遣法の目的は、第1条に「職業安定法と相まって労働力の需給の適正な調整を図るため労働者派遣事業の適正な運営の確保に関する措置を講ずるとともに、派遣労働者の保護等を図り、もって派遣労働者の雇用の安定その他福祉の増進に資すること」と示されています。

　派遣労働者の雇用主は派遣元会社になりますので、賃金の支払いや社会保険の加入についての責務は派遣元にあります。また、請負契約の場合には、発注者が請負労働者に直接命令を行うことはできませんが、労働者が派遣先で就労する場合には、派遣先の指揮命令を受けます。また、労働基準法関連法規の規定の義務は、派遣先が負うとされていますので、労働時間管理の義務は派遣先にあります。なお、派遣労働者に対し時間外労働や休日労働を行わせる場合には、派遣元の事業場で締結・届出された36協定が必要となります。

　派遣先が派遣労働者を依頼する場合には、「あらかじめ、派遣元事業主に対し、厚生労働省令で定めるところにより、当該労働者派遣に係る派遣労働者が従事する業務ごとに、比較対象労働者の賃金その他の待遇に関する情報その他の厚生労働省令で定める情報を提供しなければならない。」と規定されています（第26条第7項）。また、派遣先は、労働者派遣契約の締結に際し、当該労働者派遣契約に基づく労働者派遣に係る派遣労働者を特定することを目的とする行為をしないように努めなければならないとされています（第26条第6項）。派遣期間については、第35条の3に、「派遣元事業主は、派遣先の事業所その他派遣就業の場所における組織単位ごとの業務について、3年を超える期間継続して同一の派遣労働者に係る労働者派遣を行ってはならない。」とされています。

　また、派遣先の都合による労働者派遣契約の解除の場合には、第 29 条の 2 で「派遣労働者の新たな就業の機会の確保、労働者派遣をする事業主による当該派遣労働者に対する休業手当等の支払に要する費用を確保するための当該費用の負担その他の当該派遣労働者の雇用の安定を図るために必要な措置を講じなければならない。」とされています。さらに、第 30 条では、「特定有期雇用派遣労働者等の雇用の安定等」として、派遣元事業主に対して下記の内容が努力義務として規定されました。

① 派遣先への直接雇用の依頼

② 新たな派遣先の提供

③ 派遣元での（派遣労働者以外としての）無期雇用

④ その他安定した雇用の継続を図るための措置

　なお、第 40 条では、「適正な派遣就業の確保等」が定められており、セクシャルハラスメントなどの防止や就業環境の維持、派遣先労働者が利用している診療所や給食施設などの利用に対して、必要な措置を講じることを定めています。なお、第 40 条の 2 第 2 項で、派遣可能期間は 3 年とされており、同第 4 項で「派遣先は、派遣可能期間を延長しようとするときは、（中略）、過半数労働組合等の意見を聴かなければならない。」と規定されています。また、第 40 条の 9 第 1 項で、「派遣先は、労働者派遣の役務の提供を受けようとする場合において、当該労働者派遣に係る派遣労働者が当該派遣先を離職した者であるときは、当該離職の日から起算して 1 年を経過する日までの間は、当該派遣労働者に係る労働者派遣の役務の提供を受けてはならない。」と規定されています。ただし、60 歳以上の定年によって退職した人は除かれます。

（9）　その他労働関係法の目的

　過去の出題を見ると、法律の目的だけを問う問題もありますので、実際に問われた法律の内容を下記に示します。

(a)　最低賃金法

　最低賃金法は、賃金の低廉な労働者について、賃金の最低額を保障すること

89

により、労働条件の改善を図り、労働者の生活の安定、労働力の質的向上及び事業の公正な競争の確保に資するとともに、国民経済の健全な発展に寄与することが目的とされています。最低賃金については、地域別最低賃金が時間単位で決められ、使用者は、最低賃金の適用を受ける労働者に対しては、その最低賃金額以上の賃金を支払わなければなりません。派遣労働者の最低賃金は、派遣先の事業場の所在地で決められます。

(b) 労働契約法

労働契約法は、個別の労働関係の安定に資することを目的とした法律です。第10条で、「使用者が就業規則の変更により労働条件を変更する場合において、変更後の就業規則を労働者に周知させ、かつ、就業規則の変更が、労働者の受ける不利益の程度、労働条件の変更の必要性、変更後の就業規則の内容の相当性、労働組合等との交渉の状況その他の就業規則の変更に係る事情に照らして合理的なものであるときは、労働契約の内容である労働条件は、当該変更後の就業規則に定めるところによるものとする。」と規定されています。また、第18条では、「有期労働契約の期間の定めのない労働契約への転換」が規定されており、「同一の使用者との間で締結された2以上の有期労働契約の契約期間を通算した期間が5年を超える労働者が、当該使用者に対し、現に締結している有期労働契約の契約期間が満了する日までの間に、当該満了する日の翌日から労務が提供される期間の定めのない労働契約の締結の申込みをしたときは、使用者は当該申込みを承諾したものとみなす。」と定められています。

(c) 短時間労働者及び有期雇用労働者の雇用管理の改善等に関する法律
　　（パートタイム・有期雇用労働法）

パートタイム・有期雇用労働法第6条では、事業主は、短時間・有期雇用労働者を雇い入れたときは、速やかに、昇給の有無、退職手当の有無、賞与の有無、相談窓口を文章の交付などにより明示しなければならないと規定されています。また、第7条で、「事業主は、短時間労働者に係る事項について就業規則を作成し、又は変更しようとするときは、当該事業所において雇用する短時間労働者の過半数を代表すると認められるものの意見を聴くように努めるものと

する。」と規定されています。さらに、待遇面については、第 8 条で「事業主は、その雇用する短時間・有期雇用労働者の基本給、賞与その他の待遇のそれぞれについて、当該待遇に対応する通常の労働者の待遇との間において、当該短時間・有期雇用労働者及び通常の労働者の業務の内容及び当該業務に伴う責任の程度、当該職務の内容及び配置の変更の範囲その他の事情のうち、当該待遇の性質及び当該待遇を行う目的に照らして適切と認められるものを考慮して、不合理と認められる相違を設けてはならない。」と規定されています。福利施設の利用に関しても、第 12 条で、「事業主は、通常の労働者に対して利用の機会を与える福利厚生施設であって、健康の保持又は業務の円滑な遂行に資するものとして厚生労働省令で定めるものについては、その雇用する短時間・有期雇用労働者に対しても、利用の機会を与えなければならない。」と規定されています。

使用者と短時間・有期雇用労働者間で紛争等が生じた場合には、第 25 条で、「都道府県労働局長は、第 23 条に規定する紛争（短時間・有期雇用労働者と事業主との間の紛争）について、当該紛争の当事者の双方又は一方から調停の申請があった場合において当該紛争の解決のために必要があると認めるときは、個別労働関係紛争の解決の促進に関する法律第 6 条第 1 項の紛争調整委員会に調停を行わせるものとする。」と規定されています。

(d) 女性の職業生活における活躍の推進に関する法律（女性活躍推進法）

女性活躍推進法では、第 8 条の「一般事業主行動計画の策定等」で、「常時雇用する労働者の数が 100 人を超える事業主は、事業主行動計画策定指針に即して、一般事業主行動計画を定め、厚生労働省令で定めるところにより、厚生労働大臣に届け出なければならない。」とされており、一般事業主行動計画で、下記の事項を定めなければなりません。

① 計画期間

② 女性の職業生活における活躍の推進に関する取組の実施により達成しようとする目標

③ 実施しようとする女性の職業生活における活躍の推進に関する取組の内

容及びその実施時期

　また、第9条で「基準に適合する一般事業主の認定」が規定されており、えるぼし認定が公表されています。**えるぼし認定**は、①採用、②継続就業、③労働時間等の働き方、④管理職比率、⑤多様なキャリアコースで評価が行われます。認定の段階は3段階あり、基準を満たしている評価項目数に応じて段階が上がっていきます。

(e)　次世代育成支援対策推進法

　次世代育成支援対策推進法第3条で基本理念が示されており、「次世代育成支援対策は、父母その他の保護者が子育てについての第一義的責任を有するという基本的認識の下に、家庭その他の場において、子育ての意義についての理解が深められ、かつ、子育てに伴う喜びが実感されるように配慮して行われなければならない。」とされています。また、第13条では、「基準に適合する一般事業主の認定」が規定されており、子育てサポート企業と厚生労働省が認定した企業は、**くるみん認定**を受けることができます。

(10)　賃金管理

　賃金管理とは、賃金の総額を一定の基準に基づいて労働者個人に配分していくための管理です。賃金管理は、大きく分けて、**総額賃金管理**と**個別賃金管理**があります。総額賃金管理で用いる指標には次のようなものがあります。

(a)　労務費率

　製造や生産のために使われた費用を**労務費**といいますが、その労務費を売上高で割ったものを**労務費率**といい、次の式で表します。

　　　　労務費率＝労務費／売上高

　なお、労務費率は、建設業等において労災保険料を計算する際に用いられます。

(b)　労働分配率

　労働分配率は、企業が生み出した付加価値のうちで労働に分配される割合をいい、式で表すと次のようになります。

　　　　労働分配率＝人件費（賃金総額）／付加価値額

　景気拡大局面には付加価値が拡大し人件費の伸びを上回るので、労働分配率は低下します。逆に、景気後退局面では付加価値額が低下しますが、企業は雇用を維持するので、労働分配率は上昇します。なお、労働分配率は、「資本金 1 千万円以上 1 億円未満の企業」では 80 ％程度であるのに対して、「資本金 10 億円以上の企業」では 60 ％程度になっています。

(c)　労働生産性

　労働生産性は、就業者 1 人当たりが働いて生み出した付加価値額の割合ですので、次の式で表せます。

　　　　労働生産性＝付加価値額／就業者数

　労働生産性は、国の経済活動の効率性を図るデータとしても用いられています。

(d)　賃金総額

　賃金総額は次の式で求められます。

　　　　賃金総額＝労働分配率×労働生産性×従業員数

　G7 サミット参加国における 2022 年の 1 人当たりの名目 GDP を比較すると、高い方から、アメリカ、カナダ、ドイツ、イギリス、フランス、イタリア、日本となっています。

(11)　働き方改革

　働き方改革は、働く人々が、個々の事情に応じて多様で柔軟な働き方を、自分で選択できるようにするための改革です。

(a)　ワーク・ライフ・バランス

　ワーク・ライフ・バランスは日本語では「仕事と生活の調和」と訳され、仕事と生活の調和推進官民トップ会議において平成 19 年 12 月に策定された「仕事と生活の調和（ワーク・ライフ・バランス）憲章」では、これが実現した社会の姿を次のように定義しています。

　ワーク・ライフ・バランスが実現された社会とは、「国民一人ひとりがやりが

いや充実感を感じながら働き、仕事上の責任を果たすとともに、家庭や地域生活などにおいても、子育て期、中高年期といった人生の各段階に応じて多様な生き方が選択・実現できる社会」で、下記の3つが実現できるとしています。

① 就労による経済的自立が可能な社会

② 健康で豊かな生活のための時間が確保できる社会

③ 多様な働き方・生き方が選択できる社会

(b) テレワーク

テレワークとは、情報通信機器を利用して会社以外の場所で仕事を行う働き方であり、育児等との仕事の両立や感染症発生時の対策として有効と考えられています。また、ワーク・ライフ・バランスの実現や優秀な人材の確保、生産性の向上などにも効果があるとされています。テレワークに関しては、厚生労働省が、「テレワークの適切な導入及び実施の推進のためのガイドライン」を公表していますので、その内容を抜粋します。

テレワークの形態としては、**在宅勤務**、サテライトオフィス勤務、モバイルワークの3種類があります。テレワークを実現するためには、書類を電子化してネットワークで共有できるようにする必要がありますし、テレビ会議等を利用するなど、仕事のやり方を変革する必要があります。また、労働条件の明示、労働時間の把握、業績評価の方法などの規定も定める必要があります。テレワークにおいても、一定の条件を満たせば、みなし労働時間制を利用できます。また、「労働基準法上の労働者については、テレワークを行う場合においても、労働基準法、最低賃金法、労働安全衛生法、労働者災害補償保険法等の労働基準関係法令が適用される。」と示されています。最低賃金法では、事業場の所在地を含む地域について決定された、地域別最低賃金において定める最低賃金額が適用されますので、テレワークを行う労働者の属する事業場がある都道府県の最低賃金が適用されます。なお、テレワークを行う場合も、テレワーカーが労働者である以上、通常の就業者と同様に労災保険の適用を受けます。

テレワークにおいては、通常の労働時間制度、変形労働時間制、フレックスタイム制とともに、事業場外みなし労働時間制、裁量労働制もテレワークがで

きると示されています。テレワークにおける労働者の労働時間を把握する方法
については、客観的な記録による把握と労働者の自己申告による把握があります
が、客観的な記録による把握の方法として次の2つの方法が示されています。

① 　労働者がテレワークに使用する情報通信機器の使用時間の記録等によ
り、労働時間を把握すること

② 　使用者が労働者の入退場の記録を把握することができるサテライトオフ
ィスにおいてテレワークを行う場合には、サテライトオフィスへの入退場
の記録等により労働時間を把握すること

テレワークにおいては、特有の事象の取り扱いが生じますので、そういった
点もこのガイドラインでは示しています。

① 　中抜け時間

中抜け時間については、労働基準法上、使用者は把握することとしても、
把握せずに始業及び終業の時刻のみを把握することとしてもよい。

② 　勤務時間の一部についてテレワークを行う際の移動時間

テレワーク中の労働者に対して、使用者が具体的な業務のために急きょオ
フィスへの出勤を求めた場合など、使用者が労働者に対し業務に従事するた
めに必要な就業場所間の移動を命じ、その間の自由利用が保障されていない
場合の移動時間は、労働時間に該当する。

③ 　休憩時間の取扱い

労働基準法第34条第2項は、原則として休憩時間を労働者に一斉に付与す
ることを規定しているが、テレワークを行う労働者について、労使協定によ
り、一斉付与の原則を適用除外とすることが可能である。

④ 　時間外・休日労働の労働時間管理

テレワークの場合においても、使用者は時間外・休日労働をさせる場合に
は、三六協定の締結、届出や割増賃金の支払が必要となり、また、深夜に労
働させる場合には、深夜労働に係る割増賃金の支払が必要である。

⑤ 　長時間労働対策

テレワークにおける長時間労働等を防ぐ手法としては、ⓐメール送付の抑

制等、ⓑシステムへのアクセス制限、ⓒ時間外・休日・所定外深夜労働についての手続、ⓓ長時間労働等を行う労働者への注意喚起、などがあると示しています。

テレワークでは、私物の端末を使う **BYOD**（Bring Your Own Device）を行う場合もありますので、通信回線や端末費用を事業者が負担する手法が必要となります。そういった場合には、費用負担について就業規則に規定する必要があります。また、テレワークではオフィス外部で情報端末を使用するため、情報機器の利用形態に合わせた情報セキュリティポリシーの見直しが必要となります。シンクライアント型端末は、ほとんどの機能がサーバーで処理され、入出力程度の機能しか持たない端末ですので、データを持ち出すことなく作業が可能ですから、セキュリティ対策としては有効と考えられています。

(12)　パワーハラスメント

最近では、**ハラスメント**が問題になっていますが、厚生労働省は令和5年2月に「事業主が職場における優越的な関係を背景とした言動に起因する問題に関して雇用管理上講ずべき措置等についての指針」を公表しています。その第2項で、次のような事項を示しています。

> 2　職場におけるパワーハラスメントの内容
> (1)　職場におけるパワーハラスメントは、職場において行われる①優越的な関係を背景とした言動であって、②業務上必要かつ相当な範囲を超えたものにより、③労働者の就業環境が害されるものであり、①から③までの要素を全て満たすものをいう。（以下省略）
> (2)　「職場」とは、事業主が雇用する労働者が業務を遂行する場所を指し、当該労働者が通常就業している場所以外の場所であっても、当該労働者が業務を遂行する場所については、「職場」に含まれる。
> (3)　「労働者」とは、いわゆる正規雇用労働者のみならず、パートタイム労働者、契約社員等いわゆる非正規雇用労働者を含む事業主が雇用する

労働者の全てをいう。(以下省略)

(4)　「優越的な関係を背景とした」言動とは、当該事業主の業務を遂行するに当たって、当該言動を受ける労働者が当該言動の行為者とされる者に対して抵抗又は拒絶することができない蓋然性が高い関係を背景として行われるものを指し、(以下省略)

(5)　「業務上必要かつ相当な範囲を超えた」言動とは、社会通念に照らし、当該言動が明らかに当該事業主の業務上必要性がない、又はその態様が相当でないものを指し、(以下省略)((6)項省略)

また、第2項(7)に**パワーハラスメント**の類型として次の6つを示しています。

①　身体的な攻撃(暴行・傷害)

②　精神的な攻撃(脅迫・名誉棄損・侮辱・ひどい暴言)

③　人間関係からの切り離し(隔離・仲間外し・無視)

④　過大な要求(業務上明らかに不要なことや遂行不可能なことの強制・仕事の妨害)

⑤　過小な要求(業務上の合理性なく能力や経験とかけ離れた程度の低い仕事を命じることや仕事を与えないこと)

⑥　個の侵害(私的なことに過度に立ち入ること)

なお、第4項では「事業主が職場における優越的な関係を背景とした言動に起因する問題に関し雇用管理上講ずべき措置の内容」として以下のような事項が示されています。

Ⓐ　事業主の方針等の明確化及びその周知・啓発

管理監督者、就業規則、対処方針等の明確化と周知・啓発など

Ⓑ　相談(苦情を含む)に応じ、適切に対応するために必要な体制の整備

窓口の周知、担当者の定め、相談制度、外部機関への相談対応委託など

Ⓒ　職場におけるパワーハラスメントに係る事後の迅速かつ適切な対応

事実関係の迅速化国、被害者への適正な措置、行為者への適正な措置、再発防止措置など

Ⓓ　Ⓐから©までの措置と併せて講ずべき措置

　　プライバシー保護、相談者等への不利益な措置をしない旨の周知・啓発な
　ど

　パワーハラスメントが発生したと判断されると、行為者には、刑事罰（名誉
棄損、侮辱罪、脅迫罪、暴行罪、傷害罪等）が課せられる場合もありますし、
民法 709 条の不法行為責任で訴えられる場合もあります。また、会社に対して
も、民法 415 条の債務不履行責任や民法 715 条の使用者責任などが課せられる
場合があります。

3.　人材活用計画

　企業や組織においては、人的資源は非常に重要な要素となるため、人材活用
計画は組織の盛衰に係る重要なものです。また、雇用される個人にとっても、
人生計画やキャリアの実績の面で重大な関心がある事項となります。

（1）　人間関係管理

　1920 年代にウェスタンエレクトリック社のホーソン工場で、ハーバード大学
のメイヨーとリスバーガーが、作業環境と生産性の関係を調べた、いわゆる**ホ
ーソン実験**を行いました。その結果、作業能率は、照明などの作業条件より
も、作業集団の雰囲気や感情に影響されることが判明しました。そのことか
ら、**人間関係管理**において、**非公式組織**の存在とその影響力が発見されました。

　このように、組織においては、その組織の目的を達成するために形成される
公式組織以外に、個人同士の接触を通じて自然発生的に形成される非公式組織
があります。そういった非公式組織の中には、公式組織と密接な関係を持つも
のもあり、組織の決定や組織メンバーの行動に大きな影響を及ぼす場合があり
ます。また、組織メンバーの長期的な接触から生じてくる**組織文化**が形成され
るのが一般的です。組織文化が形成されると、メンバー間で思考の均一化や非
公式な決まりなどが形成されるため、細かな説明がなくとも意思決定がスムー

ズに行われるようになります。場合によっては、オフィス環境や衣服などの表層的なものにも影響が及びます。その一方で、思考の硬直化という問題も生じます。そのため、市場環境の変化などに対しては、その発見や追従が遅れるという問題や、組織外からの新加入者との間で、理解の食い違いなどの問題が生じます。

　また、社会心理学者のソロモン・アッシュが1950年頃に行ったいわゆる**アッシュの同調実験**では、問いに対する正解・不正解が明らかな場合でも、自分以外の人が不正解を選択すると、それに同調して自分も不正解を選んでしまうという傾向を示しました。このように、自分一人では正確な判断ができる人でも、集団の中にいると、集団の判断に合わせて誤った判断をしてしまう傾向があることが明らかになりました。

　心理的安全性とは、1999年に提唱された心理用語で、「組織の中で自分の気持ちを誰に対しても安心して発言できる状態」をいいます。ですから、心理的安全性が高い状態であれば、組織の中で、自分が思いついたアイデアや提案を率直に発言できるようになります。

（2）　雇用管理

　雇用管理とは、従業員の採用から退職までの一連の人員管理をいい、採用管理、配置管理、退職管理などが含まれます。雇用管理で重要な点は、採用条件と選考方法を明確にして、従業員の適正配置を行い、公正な処遇を行うことです。

（a）　採用計画

　採用計画は、企業の盛衰に影響がある非常に重要な事項になります。採用に当たっては、**職務分析**を行い、必要な人材を明確にすることから始まります。また、採用の方法についてもさまざまな手法がありますので、それらの用語を下記に整理してみました。

①　職務記述書

　職務記述書とは、職務内容に関する義務や責任、職務の難易度、必要な知

識、技能、経験、専門能力などを記述したものです。

② 職務明細書

　職務明細書とは、知識、技能、経験、専門能力、適性、心身の特性など、職務に必要な人的特性を記述したものです。

③ インターンシップ

　インターンシップは、学生が在学中に一定期間企業等で研修生として働き、就業体験を行う仕組みです。最近は若い人の離職率が高くなっているため、学生と企業のミスマッチングを解消するための手段として期待されています。企業にとっても、時間をかけて人選ができるだけでなく、多くの人に企業を知ってもらえる機会ともなります。

④ 自己申告制度

　自己申告制度は、社員の職制や人事異動を判断するために、社員本人から会社に希望を申告させる制度です。

⑤ 社内公募制度

　社内公募制度は、新規事業を立ち上げる際や、異動や退職によって空きポストが生じた場合に、その要員を社内からの公募によって人材を集める仕組みです。

⑥ 紹介予定派遣

　紹介予定派遣とは、派遣先に直接雇用されることを前提に、一定期間派遣労働者として派遣先で労働し、企業と本人が同意した場合に採用される方式で、労働者派遣法で規定されています。

⑦ ジョブローテーション

　ジョブローテーションは、長期雇用を前提とした組織で人材育成を目的とした定期的な人事異動制度であり、複数の部署で業務を経験することで、会社全体の現状を理解できるようになります。また、社員自身が職場環境が違う中で適応していく能力の向上も期待できます。

(b)　職務設計

　職務設計とは、職務の義務や権限、責任などの職務内容を定めることであ

り、メンバーの動機付けと密接な関係があるため、マネジャーにとって重要な業務となります。すべての職務は、下記の5つの中核的職務特性で表現できるとされています。

① 技能の多様性：従業員は、その仕事を遂行するために活用できる技能や知識が多様であればあるほど、その仕事を有意義と感じる。

② 仕事の一貫性：従業員は、仕事全体の中で自分一人がどのくらいその職務を完結させられたかで、その仕事を有意義と感じる。

③ 仕事の有意味性：従業員は、自分の仕事が外部の人々にどれだけ影響を及ぼすか、他の人々の物理的あるいは心理的幸福にどれだけ役立っているかを知覚すればするほど、その仕事を有意義と感じる。

④ 自律性：従業員は、仕事のスケジュールや実施手順を決定する際にどれだけ自由な裁量が与えられているか、この自由裁量が大きければ大きいほど、仕事の成否への責任感が高まる。

⑤ フィードバック：従業員は、自分の仕事の成果について明確で直接的な情報を受け取ることができるフィードバックメカニズムが業務内に装備されていることで、実際の仕事の結果を知覚し、動機付けが高まる。

(c)　組織運用

組織の運用方法にはいくつかあります。よく言われるのは、職務に合わせて人を配置する欧米型の**職務主義**（ジョブ型）と、人に合わせて職務を配置する**属人主義**（メンバーシップ型）です。

ジョブ型は「仕事」に「人」を当てはめますので、採用は欠員の補充などの必要な時に必要な数だけ行います。配置に当たって重要なのは顕在能力になり、担当する「仕事」の内容が決まっているので、その職種で賃金が決められています。ジョブ型雇用では、その時代や業種の盛衰に合わせて必要な職務の取り合い（人の出入り）が起きますので、一般的にメンバーシップ型雇用より報酬が高く設定されやすいといわれています。なお、事業の変化が激しい場合には、新しい職務や特定の職務の人員増強などが必要となるので、ジョブ型雇用の方がメンバーシップ型雇用よりの対応が容易です。ただし、職務に合わせ

101

て採用を行うジョブ型雇用では、業務全般を習熟した次世代の経営者を育てるための施策が必要となります。なお、ジョブ型雇用における格付け制度では、下項に示す職務等級制度や役割等級制度が用いられます。

　一方、**メンバーシップ型**は、職務や勤務地、労働時間などが限定されない雇用契約で、メンバーシップ型では「人」を中心に管理するため、教育訓練は配置された職場における **OJT** 教育が中心になります。メンバーシップ型雇用では、適材適所による生産性向上、ローパフォーマーの活用促進、セクショナリズムの軽減などが期待できます。なお、新卒一括採用を継続している場合には、未経験の若い社員（下位等級）の採用をメンバーシップ型雇用で行い、その時代で必要な職務（上位等級）の人員をジョブ型雇用で行うなど、雇用区分を組み合わせて活用する場合が多くあります。

　組織を運営するためには、基幹的な業務を担当する**総合職**と、補助的な業務を受け持つ**一般職**を分ける場合があります。こういった人事制度を**複線型人事制度**といいますが、複線型人事制度の中には、ある一定の時期までは同じ基準で昇進を行い、その後、管理職、専門職、専任職を分ける**専門職制度**も活用されてきています。「専門職」とは、管理職と同等の能力を持ちながら、管理職としてではなく、高度の専門知識を生かした仕事をする人をいいます。また、「専任職」は、豊富な経験によって獲得した知識や技能を求められる職種に限定して仕事を担当する人をいいます。なお、一定地域内の配属や異動を条件とする**勤務地限定社員制度**も採用されてきています。

　最近では、社員を適材適所に配置し、将来のリーダーを育てていくために**タレントマネジメント**が重要視されています。タレントマネジメントを行うためには、自社が抱えている人材（タレント）がどんなスキルを持っているのかを把握する必要があります。そして、そのスキルを最大化させるための人材配置や教育が行えるような仕組みが求められます。

(d)　社員格付制度

　社員格付制度は、社員の序列を構造化して、業務権限や賃金を決める基本となるものです。

① 職能資格制度

職能資格制度は、職位と資格（ランク）という二重のヒエラルキーを昇進構造に持った制度です。報酬の基本部分は資格（ランク）にあるため、職位が上がっても、資格（ランク）が変わらなければ報酬は変わりません。職能資格制度の場合には、評価対象者の顕在能力だけではなく、潜在能力も評価しますので、能力開発のインセンティブを与える結果になります。職能資格制度は、基本的に経験年数によって資格が上がるため、通常は降格はありません。そのため、人件費が高くなる傾向があります。

② 職務等級制度

職務等級制度は、職務を必要なスキルや責任、業務の難易度で評価して、等級を決定して昇進や賃金を設定する制度です。そのため、評価は顕在能力で行われます。なお。職務等級制度は、職務のランクを職務記述書で定義しますので、異動や職務変化の際には職務記述書の再検討が必要となります。そのため、組織の柔軟性は損なわれます。一方、職務等級制度は、職務のランクが職務記述書で定義され、それに報酬がリンクしていますので、それがインセンティブとなってキャリア意識が高まります。

③ 役割等級制度

役割等級制度は、職能資格制度と職務等級制度の双方を取り込んだ制度で、役割の大きさに応じて等級（役割等級）を設定して、その役割で担当する社員の格付を行います。同一役割・同一賃金が基本となりますので、年齢や経験にとらわれずに、難度と期待度で報酬が決定されます。

最近では、組織の運用においては、ダイバーシティ・マネジメントの重要性が増しています。ダイバーシティとは多様性という意味であり、**ダイバーシティ・マネジメント**とは、性別、人種、雇用形態などが異なる多様な人材を適材適所で活用することです。そのためには、企業内の差別の解消や人権の確立が求められるだけではなく、個人の評価を丁寧に行うことや、人材のきめ細かい評価と効果的な活用のための方策が必要となります。また、ダイバーシティ・

マネジメントを推進する上で重要な施策として、ワーク・ライフ・バランスを重視して働き方改革を進めることや、テレワークなどの活用も求められていきます。

4. 人材開発

　組織が適切に機能していくためには、組織メンバーの能力を開発していく必要があります。企業の組織メンバーに求められる能力としては、一般的に下記の4つがあるといわれています。

　Ⓐ　対人能力

　　対人能力は、組織の中でメンバーとともに働ける能力で、コミュニケーション教育やロールプレイングなどの態度教育で育成されていきます。

　Ⓑ　職務遂行能力

　　職務遂行能力は、業務の目的を達成するための能力で、講義や見学などで知識を身につける知識教育や、知識を仕事に生かす実習などを行う技能教育などによって育成されていきます。

　Ⓒ　課題設定能力

　　課題設定能力は、業務遂行の中で自分が行うべき課題を設定できる能力で、課題研究法などで育成されていきます。

　Ⓓ　問題解決能力

　　問題解決能力は、業務中に発生する問題を解決できる能力で、ケーススタディ教育などで育成されていきます。

　なお、最近では、職務や役割において優秀な成果を発揮する行動特性を意味する**コンピテンシー**が注目されており、人材育成や評価基準に活用されています。

（1）　人事考課管理

人事考課管理とは、従業員の業務に対する貢献度や職務の遂行度などを、一定の評価に基づいて裁定することです。人事考課の目的は、従業員を公正に評価することによって、組織のモラル向上や社員のモチベーションを高めることにあります。そのため、下記の 2 点を重視すべきだといわれています。

Ⓐ　透明性

　人事考課に当たっては、評価基準やルールなどを公開するとともに、評価結果を被考課者に伝えることによって、従業員の納得性を高める必要があります。

Ⓑ　加点主義

　評価に当たって**減点主義**を採用すると、従業員は失敗をせずに無難に過ごすことを選択する傾向が出る危険性があります。そのため、革新的な業務に挑戦する意欲を刺激する**加点主義**を重視すべきとされています。

　なお、人事考課の評価は、OJT などの人的資源開発と連動させて、単なる査定手段としてだけではなく、能力開発に生かしていくことが求められています。

（a）　評価基準

　人事評価は、どういった人材を会社が欲しているのかという基本方針が、評価の基準となります。人事評価は、半年や 1 年などの一定期間の労働に対する評価を、下記の 3 指標で行います。

①　**情意効果**：勤務態度や仕務に対する意欲の評価
②　**成績考課**：一定期間の目標達成度や活動の評価
③　**能力考課**：難易度の高い仕事の達成度や要求レベルに対する評価

　評価に関しては、評価対象者から不満が出ないように、「公平の原則」、「客観性の原則」、「透明性の原則」という**人事考課の 3 原則**を徹底する必要があります。また、能力考課と情意効果はインプットの評価であり、成績考課はアウトプットの評価となります。これらの評価のうち、変動しやすい情意効果と成

績考課は短期で行い、変動が少ない能力考課はやや長期で行うのが一般的です。能力考課が行われれば、社員には長期的な視野に立って能力を高めようとするインセンティブが働きます。具体的な使い方として、賞与には情意効果と成績考課を反映し、昇給や昇進には、それら2つに加えて能力考課を反映させます。一般的に、上位ランクになるほど成果考課が重視されます。

　評価基準には絶対評価と相対評価があります。**絶対評価**は、部門などの単位で評価基準が作成されますが、項目の中には抽象的であったり、不適切な内容を含んでいたりする場合もあります。また、評価項目が多くなりすぎて、評価者がすべての項目を適切に評価できない場合もあります。一方、**相対評価**の場合には、評価対象となるグループのメンバーの全体的なレベルによって、ある個人の相対的な評価位置が高くなったり低くなったりする場合もありますので、なんらかの調整が必要になります。

(b)　**評価方法**

　評価基準などを決めたとしても、運用の方法によって従業員のモチベーションに大きな影響が生じることから、評価方法は重要な要素となります。最近広く行われているのは、目標管理による業績評価です。**目標管理制度**では、期初に従業員に自ら目標を設定させ、目標が適正かどうかを上司と相談し決定します。目標は、簡単すぎず難しすぎず、少し創意工夫をすれば達成できるレベルにするのが理想になります。そのため、上司は部下が示した目標の難易度を正しく判断する必要があります。目標管理による評価制度は、基本的に会社の経営戦略や経営方針に沿ったものである必要がありますので、それらを部門ごとの方針や目標に落としたのちに、個人の目標が設定されます。

　業績を評価する場合には、業績目標の達成度と難易度の2つの要素を組み合わせて行われます。実際の運用方法として、直接の上司による一次査定の後に、その上の上司による二次査定という二段階で行われるのが一般的になっています。評価者が適切な評価を行えないと、被評価者に不満が生じるので、それを避けるためには評価者訓練が効果的です。評価者訓練においては、評価の意義や目的だけでなく、評価の際に評価者に生じやすい先入観などのバイアス

の存在を知らせることも重要です。そういったことから、人事考課制度をより高めるために、上司だけではなく同僚や部下などの多方面から評価を行う**多面評価制度**も採用されています。<u>多面評価制度の目的は、人事評価の公正性や客観性の確保および人材育成</u>です。

(c)　成果主義

わが国では、年功序列賃金が過去に主流でしたが、成果主義が広く導入されるようになってきています。**成果主義**というのは、昇進や昇給の基準を仕事の成果に置くものです。成果主義では、成果が昇進や昇級に直結するので、短期に成果が結果に反映されるため、労働意欲が向上します。しかし、個人主義が蔓延したり、短期的な成果が期待できる分野に個人の興味が集中したりするなどの弊害もあります。また、長期的な教育制度は年功序列型に比べて難しくなります。成果主義においては、目標管理制度が根幹になります。

(d)　評価バイアス

人事評価は人が行うため、評価者には下記のような**評価バイアス**が生じます。

① ハロー効果

ハロー効果とは、人材を評価する際に、その人材の優れた点（劣った点）に注目することによって、他の点についても同様に高く（低く）評価してしまうバイアスをいいます。

② 中心化傾向

中心化傾向とは、相手との人間関係などを重視して無難な評価で済ましてしまうと、評価結果が中央値に偏ってしまうバイアスをいいます。

③ 寛大化傾向

寛大化傾向とは、部下の成果をしっかり把握していない場合や部下との関係を悪化させない等の理由で、甘い評価をしてしまうバイアスをいいます。その逆で、厳格化傾向をとる場合もあります。

④ 対比誤差

対比誤差とは、評価者が自分で実施した場合と比較して評価してしまうバイアスで、評価者が得意な分野は厳しく、苦手な分野は甘く評価してしまう

現象をいいます。

⑤　論理的誤差

　論理的誤差は、評価者が論理的に考えることによって、直接関係のない学歴や過去の失敗などを考慮して、異なる評価をしてしまうことをいいます。

⑥　遠近効果

　遠近効果とは、評価時期の近い成果を強く意識して評価し、時間が経った事項の評価が過少に評価される現象をいいます。

（２）　人的資源開発

　教育訓練の目的によって、知識教育、技能教育、態度教育があります。知識教育は、主に商品や技術、仕事の方法などについて、講義や見学会などの方法を使って行われ、技能教育は技能を伸ばす実習などの形式で行われます。また、態度教育では、仕事の姿勢や対人能力を向上させるために、グループ討議やロールプレイングの手法が用いられます。なお、組織メンバーが業務に関する能力を育てるためにさまざまな教育手法が実施されていますが、その中からいくつかを紹介します。

①　OJT（On the Job Training）

　OJT とは、実際の仕事を通して計画的に業務に必要な知識や経験、課題解決能力を従業員に身につけてもらう教育訓練で、職場内訓練とも呼ばれます。なお、OJT の場合には、知識の体系的な取得は難しく、その企業でのみ使える特殊能力を社員が身につけるために最も有効な教育訓練といえます。

②　OFF-JT（OFF the Job Training）

　OFF-JT は、社内での集合教育や通信教育の受講、社内外の講習会などの業務外での教育を通じて行われる教育訓練で、職場外訓練とも呼ばれます。OFF-JT では、社内外の講習会で専門家から知識や情報を得ることができるだけでなく、集合教育のため社員の一体感の醸成にも効果的です。

③　ロールプレイング

　業務では、お互いに相手の役割や立場を理解したうえで、自分の役割を果

たす必要があります。**ロールプレイング**は、他の人の役割を演じて、実際に立場の理解を深めていくための訓練技法です。

④　ブレインストーミング

　ブレインストーミングは、1つのテーマに対して参加者全員で多くの意見を出し合い、ディスカッションによって解決策を見つけ出していく手法です。多くの意見が出ることがより良いディスカッションになることから、質より量を重視し、思いついたアイデアを自由に出していく、他人の意見を批判しない、他人の意見で発想したアイデアを積極的に公表していくなどのルールがあります。（詳細は第1章第7項（4）（b）を参照）

⑤　ケーススタディ

　ケーススタディは、実際に起きた具体的な事例を分析・研究する中で、その背後に存在する原理や法則性を見つけ出していく事例研究法のことです。

⑥　ケースメソッド

　ケースメソッドは、実際にあった経営課題の事例を討論する中で、問題の分析から解決までを疑似体験し、実践的な問題解決能力および意思決定能力を身に付ける研修方法です。

⑦　ビジネスゲーム

　ビジネスゲームは、ゲームを通してビジネススキルや思考の成長を促すロールプレイング型の研修をいいます。

⑧　インバスケット

　インバスケットとは、「未処理の案件が入った箱」という意味で、どの職場にでも起こり得るような案件を、限られた時間内に、的確、迅速、かつ精度よく処理を行うことができるかどうかを測る研修をいいます。

⑨　自己啓発

　自己啓発は、社員が自ら設定した目標を達成するための方法等を計画し、実行する教育であり、自主的に参加する研究会やインターネットによる自学・自習などの方法があります。

⑩　メンター制度

　メンターとは、仕事上の指導者や助言者を意味し、新入社員などの精神的なサポートを行いながら指導や育成を行う方式をメンター制度といいます。厚生労働省の事業である「メンター制度導入・ロールモデルの普及マニュアル」が公表されています。なお、このマニュアルのタイトル前に「女性社員の活躍を推進するための」という前書きがあります。

メンター制度導入・ロールモデルの普及マニュアルで示されている内容（抜粋）

①　メンター制度は斜めからの支援といわれており、基本的にメンターは異なる職場の先輩社員がなる

②　メンター制度は社内制度の１つであることから、メンタリングも就業時間内に行うことが基本となる

③　メンタリングで話し合われた内容を口外しないというルールがある

④　メンターとメンティに対して事前の研修会を開催する

　このような、さまざまな教育訓練手法を用いながら、課題設定能力や職務遂行能力、対人能力を高め、問題解決能力を身につけていくことが期待されています。その結果、**コンピテンシー**（高い業績や成果につながる行動特性）を高めていくことが求められます。

（3）　QC サークル活動

　QC サークル活動とは、第一線の職場で働く人々が継続的に製品・サービス・仕事などの質の管理・改善を行う小集団活動をいいます。この小集団では、運営を自主的に行い、QC の考え方や手法などを活用して、創造性を発揮し、自己啓発や相互啓発を図る活動を進めることが大切です。この活動において、小集団活動メンバーの能力向上、自己実現、生きがいのある職場づくり、顧客満足の向上、社会への貢献を目指しています。QC サークルの編成については

柔軟に行い、長期的に固定的な編成で実施することは好ましくないとされています。なお、**QC サークル**は現場中心の活動になりますが、専門家の支援を受けることにより、検討内容を深めることは有効であるとされています。

QC サークル活動の基本理念は下記の 3 つになります。

①　人間の能力を発揮し、無限の可能性を引き出す　➡　自分のため

②　人間性を尊重して、生きがいのある明るい職場を作る　➡　仲間のため

③　企業の体質改善と発展に寄与する　➡　会社のため

なお、この活動に対して、経営者や管理者は、企業体質や発展に寄与させるために、人材育成や職場活性化の重要な活動と位置づけて、自ら **TQM**（Total Quality Management）などの全社的活動を実践するとともに、人間性を尊重して、全員参加を目指した指導や支援を行うことが求められます。なお、TQM は**総合品質管理**と訳され、企業活動における品質全般に対して、維持・向上を図っていくための考え方や取組みなどのことをいいます。TQMでは、製品だけではなく経営的課題も扱います。

一方、QC 活動における発表会は、価値や情報を共有し、相互に学習するという点で有効です。また、その評価もメンバーのモチベーションを上げるためには有効ですが、評価の方法によっては、発表に偏重した活動が行われる危険性もでてきます。

第 **3** 章

情報管理

　最近では、情報技術の発展によって業務の遂行手順や社会システムにも大きな変革がもたらされています。また、情報セキュリティなどの問題が新聞紙面をにぎわす事態も増えてきています。そういった点で情報が持つ価値が高まっているといえますので、情報管理は重要性を増しています。この章では、情報分析、コミュニケーションと合意形成、知的財産権と情報の保護と活用、情報通信技術動向、情報セキュリティに分けて説明を行います。

1. 情報分析

　情報分析では、どういった情報がどこにあり、それらをどう収集するか、どう整理するかを検討し、有効利用するために、効率的かつ統合的に運用する必要があります。また、扱う情報には、秘密情報や開示すべきでない情報と、開示できるまたは開示すべき情報が含まれていますので、それらを適切に識別して管理する必要もあります。

（1）　統計分析
　統計分析には多くの手法が用いられていますので、その中からいくつかを示します。

(a) 記述統計

記述統計は、収集したデータの平均や分散、標準偏差などを計算して、それらのデータが持っている傾向などを把握する手法です。数値データを分析する場合においても、データの代表値には、平均値、中央値、最頻値などがあります。

① 平均値

平均値は、個々の数値をすべて足し合わせた合計をデータ数で割ったものです。そのため、すべての値が反映されるというメリットがある反面、極端な値があった場合に、その値から大きな影響を受けます。

② 中央値

中央値は、データを小さい方から並べたときに真ん中にくるデータです。極端な値がデータに含まれていてもその影響を受けにくい反面、データ全体の変化や比較には適していません。

③ 最頻値

最頻値は、一番個数が多い階級に対する値です。極端な値がデータに含まれていてもその影響を受けにくい反面、個数が少ない場合には使えません。

なお、**四分位数**という分析の方法もあります。四分位数とは、データを小さい順番に並べて、小さいものから25％の位置にあるものを第一四分位数、50％の位置にあるものを第二四分位数（＝中央値）、75％の位置にあるものを第三四分位数といいます。

(b) 推測統計

推測統計とは、母集団から抽出した情報を用いて、母集団の情報を推測する手法をいいます。この手法で用いる用語には次のものがあります。

① 最尤推定量

最尤推定量（さいゆうすいていりょう）とは最も尤（もっと）もらしい推定量をいいます。データが正規分布に従うときは、データの平均は最尤推定量に最もふさわしいといえます。

② 信頼係数

　信頼係数とは、母数を区間推定するときに母数が信頼区間に含まれる確率です。

③ 信頼区間

　信頼区間は、全数調査ができないなどにより調査結果の精度を知るために、母集団の平均を統計的に推定する際などに設けられる区間のことです。信頼係数 95 ％の信頼区間とは、データの 95 ％がこの範囲にあることをいいます。平均は信頼係数 95 ％の信頼区間に含まれます。正規分布の場合、平均の ±2σ 内の区間に 95 ％が含まれますので、信頼係数 95 ％の信頼区間は分散 σ^2 が未知であっても定まります。なお、信頼係数 99 ％の信頼区間は、正規分布の場合、ほぼ平均の ±3σ 内の区間にあたります。

(c)　移動平均

　株価や気温などのように、不規則な変動が激しい時系列データの場合には傾向を掴みにくいので、傾向を読みやすくするため、一定の期間ごとにずらしながら平均をとる**移動平均**を用いることで変化を滑らかにして傾向を掴みます。

(d)　相関分析

　2 つ以上の変量の間で、一方が変化すると他の数値もそれに応じて変化する関係を統計的に分析する手法を**相関分析**といいます。変数の関係を見るために、横軸を x、縦軸を y とする散布図を描き、その増減が同じ方向の場合を「正の相関」といい、増減が逆になる場合を「負の相関」といいます。

(e)　回帰分析

　回帰分析は、結果となる数値と要因となる数値の関係を調べて、変数 x を用いて、変数 y を $y=f(x)$ の式に表すことをいいます。要因となる数値 x を「説明変数」、結果となる数値 y を「被説明変数」といい、「説明変数」が 1 つの場合を**単回帰分析**、複数の場合を**重回帰分析**といいます。

(f)　指数化

　複数の観測値がある場合に、特定の基準値を定めて、その他の数値が基準値からどの程度乖離しているかを比率で判断するようにすることを指数化とい

ます。一般的に、基準値を100として指数化します。

（g） 因子分析

因子分析は、観測された変数が、どのような潜在的な変数から影響を受けているのかを探る手法をいいます。

（h） 主成分分析

主成分分析は、複数の変数がありそれらが互いに相関を持っている場合などに、相関や分散共分散を利用して、複数の変数を統合して、データ全体の傾向や特徴を表せる新たな変数を生成する手法です。

（i） 最小二乗法

最小二乗法は、誤差の二乗の和を最小にすることで最も確からしい関係式を求める方法で、2変数の散布図の関係直線を引く線形回帰分析などに用いられます。

（j） 推定

推定とは、一部の標本から母集団の特性値（平均や分散など）を統計学的に推測する手法です。推定には、母集団の平均や分散などの特性値を1つの値で推定する点推定と、母集団が正規分布に従うと仮定できる場合に、標本のデータを用いて区間で推定する区間推定があります。

（k） 検定

検定は、母集団に関するある仮説が統計的に成り立つか否かを、標本のデータを用いて判断することです。なお、統計的仮説検定は、普通その仮説が成り立たないという仮説（帰無仮説）とそれを捨て去るに十分と考えられる確率の範囲を設定して検定する手法です。

（l） 数値データの尺度

アンケート調査などで得られる数値データの尺度には次の4つがあります。

① 名義尺度

名義尺度とは、区分や分類のみのために用いられる番号で、具体的には、電話番号や郵便番号などがあります。

② 順序尺度

順序尺度とは、数値の大小関係（順序）はあるものの、数値の間隔には意味のない尺度で、具体的には、地震の震度や 5 段階評価の成績などがあります。

③ 間隔尺度

間隔尺度は、目盛りが等間隔で、差に意味があるものをいいます。具体的には、温度や西暦などがあります。

④ 比例尺度

比例尺度は、長さや重さなど間隔と比率の両方に意味のある尺度で、具体的には、重量や長さなどがあります。

これらを図表にまとめると、**図表 3.1** のようになります。

図表 3.1　数値データの尺度

尺度	事例	尺度の特徴			代表的な値として適切な統計量の例
		大小比較	差分	比率	
名義尺度	郵便番号、電話番号	×	×	×	最頻値
順序尺度	5 段階評価による満足度	○	×	×	中央値
間隔尺度	温度（℃）、西暦	○	○	×	最頻値
比例尺度	身長、体重	○	○	○	平均値

（2）　ビッグデータ分析

最近では、情報技術の進展に伴い、多種多様な性質や形式をした多量のデータが生みだされてきており、それらを使った新たなビジネスが期待されています。そのようなビッグデータを活用していくためには、**ビッグデータ分析**が必要です。分析を行うためには、広く散在している多種多様なデータから必要となるものを**データ収集**する必要があります。取集したデータは**データウエアハウス**などに格納し、データの重複や誤記、表記の違いなどによって削除・修正または正規化する作業が行われます。そういったデータの加工を**データクレンジング**といいます。データの加工が完了した時点で、データ群に秘められてい

る規則性や傾向などの有用な知見を見つけ出す**データマイニング**が行われます。データマイニングの手法としては、事前に仮説を用意しない手法と仮説を用意する手法があります。仮説を用意しない場合には、人工知能を活用して**機械学習**を行わせる手法が用いられます。機械学習は、コンピュータがデータから反復的に学習し、自ら相関関係やパターンなどを発見していく技術です。また、仮説を用意する手法として統計分析が用いられます。

　データマイニングで活用される解析手法としては、次のようなものがあります。

　①　ロジスティック回帰分析

　　ロジスティック回帰分析は、Yes／Noや1／0などのデータからその事象の発生確率を予測する手法です。

　②　クラスター分析

　　クラスター分析は、さまざまな性質が混在しているなかから、対象の類似性によってクラスターと呼ばれるグループに分類し、その属性を分析する手法です。

　③　アソシエーション分析

　　アソシエーション分析は、顧客が商品を購入する際の購入パターンや履歴を分析することにより、商品やサービスの相関関係を抽出する手法です。具体的には、Aの商品を買った顧客が、同時にBの商品も買っているというような相関関係を分析できます。

　ビッグデータ分析した結果は、BIツールなどの**情報可視化**ツールを使って可視化していきます。

（3）　マーケティング分析

　マーケティングとは、企業等がグローバルな視野にたち、顧客との相互理解を得ながら、公正な競争を通じて行う市場創造のための総合的活動です。マーケティングの手段として、さまざまなデータを分析する**マーケティング分析**を

行います。マーケティング分析には次のような分析手法があります。

① SWOT 分析

　SWOT 分析は、内部環境としての自社の強み（Strength）・弱み（Weakness）および外部環境における機会（Opportunity）・脅威（Thread）の組合せの 4 領域について分析する手法で、その頭文字をとって SWOT 分析といいます。

② バリューチェーン分析

　バリューチェーンは「価値連鎖」という意味であり、バリューチェーン分析は、事業活動のどの工程で価値を出しているかを分析する手法です。この分析によって、自社や競合他社の強みを知ることができます。

③ 3C 分析

　3C 分析は、自社（Company）、顧客（Customer）、競合（Competitor）の 3 つの視点で分析する手法です。

④ 4C 分析

　4C 分析は、顧客価値（Customer Value）、コスト（Cost）、利便性（Convenience）、コミュニケーション（Communication）を分析する手法です。

⑤ PPM 分析

　PPM 分析は、プロダクト・ポートフォリオ・マネジメント分析の略で、製品（Product）についての資産の組合せ（Portfolio）を、市場成長率と相対的な市場占有率の視点で分析（Management）する手法です。

⑥ RFM 分析

　RFM 分析は、直近購買日（Recency）、購買頻度（Frequency）、購買金額（Monetary）の 3 つの指標でランク付けする手法です。

⑦ 4P 分析

　4P 分析は、製品（Product）、価格（Price）、流通（Place）、プロモーション（Promotion）の 4 つの視点で分析する手法です。

（4） ナレッジマネジメント

　企業や組織内には、さまざまな情報が外部から入ってくるとともに、内部で
も生成されています。それらの情報を適切に選別するとともに、体系的に整理
して、企業や組織の意思決定に活用することが求められています。しかし、企
業や組織内の情報の中には、文章や図表などで表現ができる**形式知**だけではな
く、経験に基づいており、言語化や形式化が難しい**暗黙知**があります。そうい
った個人の持つ知識を組織的に共有して、伝承していく**組織的知識創造**が企業
のイノベーションを生むために求められるようになってきました。なお、個人
の持つ知識には、個人のひらめきや経験、人脈などの個人に帰属している「個
人知」や、明確な形式知にはなっておらず、個人の感覚や勘などに基づく「埋
設知」もあります。そういったさまざまな情報を活用していくためには、工夫
が必要となります。

　個人の持つ形式知や暗黙知を組織全体で蓄積するとともに、共有化して有効
活用することで、組織全体の生産性や意思決定のスピードを向上させる手法と
して**ナレッジマネジメント**があります。ナレッジマネジメントは、広く他者に
理解されて初めて有効に活用されるものであるため、暗黙知を他人にもわかる
形式知にする必要があります。もしも、暗黙知を形式知に変換することが困難
な場合には、暗黙知の所有者を明らかにしておかなければなりません。なお、
ナレッジマネジメントを有効に機能させるためには、次のような観点で対応す
ることが重要といわれています。

①　活動に組織の責任者が深く関与する

②　組織内にナレッジマネジメントの重要性を認識させる

③　活動を担う専門の担当者や推進チームを置く

④　人事考課管理との連動などの組織構成員の積極的な参加を促す仕組みを
　　工夫する

⑤　情報システム運用の具体的な手順を定め、ユーザビリティを向上させる

こういった活動によって得られた情報を、タイミングよく「見える化」し、

関係者間で**知識共有化**（ナレッジシェア）して、迅速な意思決定や組織の行動につなげていくことが企業や組織にとって重要となります。そういった目的を達成するためのツールとしてデータウエアハウスがあります。データウエアハウスは、業務上発生した取引データなどを時系列で内容別に分類し、重複を統合しながら大量に保管する倉庫という意味です。そこに保管されたデータを**BI**（Business Intelligence）**ツール**を使って可視化し、意思決定に用います。意思決定の結果の中には、企業運営に関する財務諸表のような情報や、組織の活動報告などのように、適切な時期に適切な方法で開示されなければならない事項があります。また、最近では企業活動によって生じる環境への影響に関する情報についても、環境アカウタビリティの観点から環境報告書などとして公表していく企業が増えています。

　一方、技術情報やノウハウのような市場競争力に関する情報や、顧客や社員の個人情報などについては、非開示とするための仕組みが求められます。

　なお、最近ではWeb上で多くの人の知識を体系づけていく仕組みが活用されてきており。利用者にとって便利なものとなってきています。こういった形式で、多くの人が１つの目的に向かって知的作業を行い、個々の人が持っている知識を蓄積するとともに、ディスカッションによって情報を精査していくことで高い次元の知識としてなったものを、**集合知**といいます。

2. コミュニケーションと合意形成

　組織や個人との意思疎通や信頼関係の維持のためには、コミュニケーション力が求められます。情報管理においては、平常時と非常時の対応が異なることから、状況に応じた適切なコミュニケーション力が求められますし、それを広めるためのコミュニケーションツールも多彩になってきています。

（1）　コミュニケーション技法
　コミュニケーションの目的は、相互に自分の考えを伝え、それを適切に理解

してもらって、合意を得ることにあります。そのために、さまざまな**コミュニ ケーション技法**があります。

① ファシリテーション技法

ファシリテーション技法は、議論の舵取りをする手法です。具体的には、参加者が意見を言いやすい環境を作るとともに、議論が発散しないように整理しながら、結論に向かって収束するように導きます。

② コーチング技法

コーチング技法は、対話によって指導する相手の自己実現や目標の達成を図るためのもので、相手の話をよく聞いて、感じたことを伝えて理解を得るとともに、質問することで気づきや自発的な行動を促す手法です。

③ カウンセリング技法

カウンセリング技法は、さまざまなコミュニケーション技術を使って、相手の行動の変容を試みる手法です。具体的には、相手の話に耳を傾け、その内容に共感するとともに、内容を要約したり矛盾点を指摘・質問するなどして意識の変容を試みます。

④ ネゴシエーション技法

ネゴシエーション技法は、お互いの意見や方向性に相違が生じた場合に、議論によって合意や調整を図る技法をいいます。最終的に、Win-Win の関係を保ちながら決着するのが理想となります。

⑤ 合意形成技法

合意形成技法は、ステーク・ホルダーの意見の一致を図るための技法をいいます。

⑥ プッシュ型コミュニケーション

プッシュ型コミュニケーションとは、電子メールや手紙のように特定の相手に向けて情報を発信する方法です。ただし、それが読まれるかどうかは受信者に判断によります。

⑦ プル型コミュニケーション

プル型コミュニケーションは、受信者が自分の意思で、必要な時に、情報

にアクセスする手法であり、ウェブ・ポータル、イントラネット・サイト、eラーニングがそれにあたります。

（2）　アカウンタビリティ（説明責任）

　最近では、公衆の**知る権利**に対する技術者の**アカウンタビリティ（説明責任）**の重要性も認識されるようになってきています。科学技術の分野においても、科学技術の影響力が大きくなってきている一方、情報技術の進展によって公衆が科学技術に関する知識を得る方法が多様になり、専門家に対して知る権利を主張する場面が増えています。そういった背景から、技術者も適切なコミュニケーションの方法を考える必要があります。科学技術の分野においては、権利に関わる事項に対して守秘義務を守らなければならない内容もありますので、**情報開示**に関して**開示基準**を設ける必要があります。

　一方、行政に関しても、行政機関の保有する情報の公開に関する法律（**情報公開法**）が制定されましたが、同法第3条に開示請求権が規定され、**情報公開制度**が設けられました。この制度によって**開示請求**があった場合には、行政機関の長や独立行政法人等は、不開示情報が記載されている場合を除き、行政文書や法人文書を開示しなければならないとされました。不開示情報としては、次のものがあります。

① 特定の個人を識別できる情報（個人情報）
② 法人の正当な利益を害する情報（法人情報）
③ 国の安全、諸外国との信頼関係等を害する情報（国家安全情報）
④ 公共の安全、秩序維持に支障を及ぼす情報（公共安全情報）
⑤ 審議・検討等に関する情報で、意思決定の中立性等を不当に害する、不当に国民の間に混乱を生じさせるおそれのある情報（審議検討等情報）
⑥ 行政機関又は独立行政法人等の事務・事業の適正な遂行に支障を及ぼす情報（事務事業情報）

　上場企業は、株価に影響を与えうる経営上の重要な情報を、正確性に配慮し

つつも、速報性を重視して適時適切に公表する義務を証券取引所によって課せられています。このルールによる開示を**適時開示**（タイムリー・ディスクロージャー）と呼び、下記の事項が対象とされます。

  ⓐ 上場会社の決定事実

    発行する株式、自己株式の取得、剰余金の配当、新製品又は新技術の企業化など

  ⓑ 上場会社の発生事実

    災害に起因する損害または業務遂行の過程で生じた損害、主要株主又は主要株主である筆頭株主の異動、訴訟の提起又は判決等、新株式の発行、取引先との取引停止など

  ⓒ 上場会社の業績予想・配当予想の修正等

  ⓓ その他

  ⓔ 子会社等の情報

　また、技術分野では、最先端の分野になればなるほど未知の部分を内包しています。そのため、そこには必ずリスクが存在しています。例えば新薬を使用する場合に、副作用による弊害は無視できません。しかし、新薬を使用しなければ危険な状態にある患者に、現在の危険な状態よりも軽い障害を避けるという理由で、新薬の使用を実施しないという結論を出すのが適切でしょうか。そうした場合には、効能と副作用の両面を比べて、使用を決定するはずです。これは、個人だけではなく公の組織の判断においても行われています。プラスの効用とマイナスのリスクを比べて、社会的に受容するかどうかが決定されるはずです。これを**社会的受容**といいます。

（3）　デジタルコミュニケーションツール

　最近では、コミュニケーションに使えるツールも多彩になっていますので、それらを下記に示します。

① テレビ会議

テレビ会議は、離れた複数の場所にいる人たちが双方向通信を使って映像及び音声による会議が行えるシステムで、最近注目されているテレワークでも有力なツールとなっています。

② ファイル共有

ファイル共有は、ネットワークを介して電子ファイルを共有するシステムを指します。ファイルの保存先としての機能に加え、ファイルの版管理やアクセス権限の設定などの付加機能を持つものもあります。

③ ビジネスチャット

ビジネスチャットは、主にビジネス上のコミュニケーションのための利用を想定したチャットサービスです。チャットサーバーに接続するとメッセージがリアルタイムに表示されますので、複数の人とリアルタイムでコミュニケーションをとることができます。

④ 社内SNS

社内SNSは、企業や組織内だけで情報を共有できるSNSを利用したシステムです。目的としてコミュニケーションを活発化することも含まれ、参加者間の交流の促進のためにも利用されます。

⑤ グループウェア

グループウェアは、企業などの組織内において、コンピュータネットワークを活用した情報共有のためのシステムです。グループウェアには、スケジュール管理、設備予約など複数の機能が搭載されているものが多くあります。

（4）　コミュニケーション・マネジメント

プロジェクトマネジメントでもコミュニケーション・マネジメントは重要視されており、PMBOK ガイド第7版では、**コミュニケーション・マネジメント計画書**を「プロジェクト、プログラム、またはポートフォリオのマネジメント計画も構成要素の1つ。いつ、誰が、どのようにプロジェクトの情報を管理し、発信するかを記述したもの。」と定義しています。コミュニケーション・マネジ

125

メント計画書のインプットとなるものとして、組織のコミュニケーション要求事項や、教訓と過去の情報などがあります。プロジェクトにおいては、途中で変更が生じるのは避けられませんので、そういった変更が生じた際には、コミュニケーション・マネジメント計画書も変更されます。

（5） 緊急時の情報管理

　緊急事態とは、自然災害によって発生する事態だけではなく、危険物の紛失や製品への異物混入、情報リスクにより発生する事態など、さまざまな要因によるものがあります。緊急事態の形態によっては、緊急事態が発生していることを早期に発見できない場合もあります。そのため、緊急時に迅速な情報収集を行えるようになるためには、その組織や企業において具体的な緊急事態となる事象を事前に検討し、その事象をできるだけ早く発見するための仕組みを構築しておく必要があります。自然災害に関しては、**緊急速報サービス**として、対象エリアにいる契約者全員に情報伝達するエリアメールが携帯電話会社を介して発信されるようになっています。緊急地震速報、津波警報、気象に関する特別警報などが気象庁から発信されますし、災害・避難情報は各省庁や地方公共団体から発信されます。また、災害発生時の安否確認サービスも充実してきています。災害時には、防災行政無線も活用されますが、総務省は、『防災行政無線は、県及び市町村が「地域防災計画」に基づき、それぞれの地域における防災、応急救助、災害復旧に関する業務に使用することを主な目的として、併せて、平常時には一般行政事務に使用できる無線局』と説明しています。

　安否確認サービスは、従業員の安否状況の登録を従業員に依頼し、その集計を組織の管理者に知らせるものです。また、最近では、被害予測システムも活用されるようになってきています。**被害予測システム**とは、災害が発生した直後に、過去に発生した同様の災害のデータと照らし合わせて被害推計を行い、救出や救援などの迅速な対応につなげるシステムです。

　緊急事態が発生した場合には、通常業務と異なる状況において活動することになりますので、情報管理を行う前提も、通常業務と異なると考える必要があ

ります。具体的には、さまざまな形で物的な被害や、エネルギー、通信機能などのインフラ障害が発生する可能性があるため、現場に人を派遣していたのでは時間的に間に合わない場合もあります。そのため、緊急時に確実に機能し、迅速な情報収集が可能な**緊急時情報収集・共有システム**を事前に検討しておく必要があります。なお、緊急時には、1つの情報伝達手段だけでは情報が全員に伝わらない危険性がありますので、可能な限り多様な伝達手段を組合せることが求められます。また、固定電話の場合には、交換機が一定時間に処理できる能力を越える電話が集中することによる通信網の渋滞現象として輻輳が生じ、電話が繋がりにくくなることも想定されます。

　危機発生時には、事実を隠す意図がなくとも、情報を持っている組織が情報を開示しないことによって、社会的な信頼を失うような場合もありますので、あらかじめ不測の事態を想定して、必要となる情報の種類や、情報をどのように開示するかという、危機広報時の情報開示基準を事前に検討しておく必要があります。**危機広報**の目的には、大きく分けて、安全のためのものと安心のためのものがあります。そのうち、安全のための広報では迅速性が求められますが、内容の正確さの度合いによって表現方法に工夫が必要となります。一方、安心のための広報では、誤解や不安を与えないようにするために、適宜な広報が必要と考えなければなりません。具体的には、事実と違った風評や悪意を持ったデマなどによる悪影響を避けるために、誤解や不安を払しょくする広報も必要となります。これらの広報は、社会に対する説明責任の一部と考えなければなりません。なお、災害時においては、情報システムのセキュリティ水準を平常時と変更する対応も必要となります。

　情報システムの事業継続計画は、完全な計画を作るために長時間を費やすよりも、まずは可能な範囲で検討することが効果的です。

3. 知的財産権と情報の保護と活用

　情報技術の進展や知的財産権の重要性が高まっている現在では、個人の権利

127

に関する法規が多く存在しています。そういった法令のポイントについて下記
に示します。

（1）　知的財産権

　技術者にとって、**知的財産権**は非常に重要な要素となっています。また、現
在の技術を考える上でも将来の技術動向を決める上でも大きな影響を及ぼすも
のといえます。さらに、知的財産権については、その影響が国内だけにとどま
らず国際的な広がりを持つことから、国際法としての視点で考える必要があり
ます。知的財産に関しては、**知的財産基本法**が定められていますが、その第2

図表 3.2　知的財産権と権利存続期間

法律	存続期間	備考
特許法	出願の日から20年	医薬品などの特定分野の特許については、安全性確認などの法制度等によって実施できなかった場合には、5年を限度として延長が可能
実用新案法	出願の日から10年	出願から3年以内で、技術評価請求をしていないなどの一定の要件を満たしている場合、実用新案登録に基づく特許出願が可能
意匠法	設定登録の日から25年	意匠権の設定登録の日から3年以内の期間を指定して、その意匠を秘密にできる（秘密意匠）
半導体集積回路の回路配置に関する法律	設定登録の日から10年	回路配置の創作をした者またはその承継人は、その回路配置について回路配置利用権の設定の登録を受けることができる。
種苗法	品種登録の日から25年（30年）	木本植物以外：25年 木本植物（果樹、鑑賞樹等）：30年
著作権法	創作の時に始まり、著作者の死後70年を経過するまで	共同著作物：最終に死亡した著作者の死後70年 無名または変名の著作物：その著作物の公表後70年 団体名義の著作物：その著作物の公表後70年 映画の著作物：その著作物の公表後70年
商標法	設定登録の日から10年	更新登録の申請により更新することができる 使用されずに不要となった商標は整理する機会を設ける

条に知的財産が定義されており、『「知的財産」とは、発明、考案、植物の新品種、意匠、著作物その他の人間の創造的活動により生み出されるもの（発見又は解明がされた自然の法則又は現象であって、産業上の利用可能性があるものを含む。）、商標、商号その他事業活動に用いられる商品又は役務を表示するもの及び営業秘密その他の事業活動に有用な技術上又は営業上の情報をいう。』と示されています。

　具体的に知的財産権に関する法律と、権利の存続期間を**図表**3.2 に示します。

　また、知的財産権関連法規の体系を**図表** 3.3 に示します。

　知的財産権の行使においては、私的独占の禁止及び公正取引の確保に関する法律（独占禁止法）とからむ事項が多く存在します。これに関しては、**独占禁**

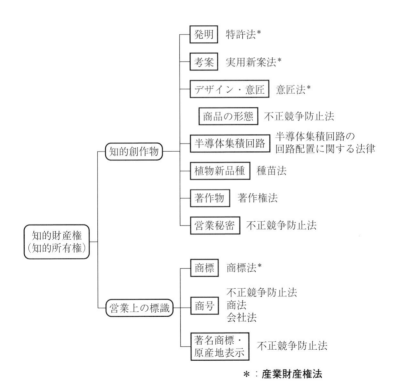

＊：産業財産権法

図表 3.3　知的財産権関連法規の体系

止法の第 21 条で「この法律の規定は、著作権法、特許法、実用新案法、意匠法又は商標法による権利の行使と認められる行為にはこれを適用しない。」と規定されています。

（2）　特許法

特許法の基本的な考え方は、発明をした人がその新技術を早い時期に公開するかわりに、その人に特許権という独占権を一定期間与えて保護すると同時に、特許権消滅後は公開された情報を使って、産業が一層発展することが期待されています。また、権利化した特許から得られる対価に興味を持った多くの人が、発明に興味を持って技術の発展がさらに加速されていくことも期待されています。特許法では、『先願主義』という考え方を採用しており、発明が創作された時期に拘らず、最初に特許庁に出願した者に対して特許権が付与されます。わが国の特許出願件数は、2012 年に約 34 万件でしたが、その漸減傾向となり、2021 年には約 29 万件となっています。

（a）　発明とは

発明とは、『自然法則を利用した技術的思想の創作のうちで高度なもの』と定義されています。このように、特許は自然法則を利用した創作であって、技術そのものではなく技術的思想に権利を与えるとされている点が重要です。さらに実際に特許として出願できるものは、産業上で利用ができる発明であり、新規性、進歩性のあるものとされていますので注意してください。

発明を分類すると、大きく「物の発明」と「方法の発明」の 2 つに分けられます。物の発明には、プログラム等の発明も含まれています。なお、特許法でプログラム等とは、「プログラムその他電子計算機による処理の用に供する情報であってプログラムに準ずるものをいう。」とされており、電気通信回線を通じた提供を含むとされています。方法の発明については、さらに「物の生産を伴う方法の発明」と「物の生産を伴わない発明」に分けられます。物の生産を伴わない発明とは、具体的には測定法や分析法などに関する発明をいいます。

○　出願から特許取得までの流れ

　特許の出願から特許取得までの流れを整理すると、**図表 3.4** のようになります。

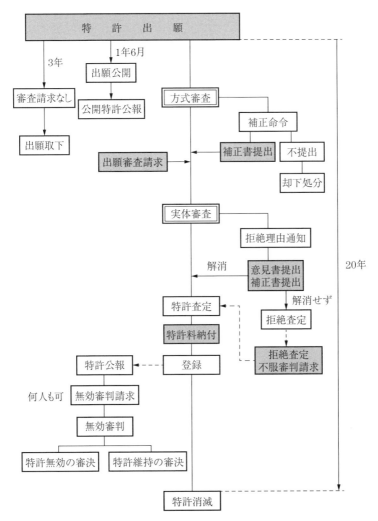

図表 3.4　出願から特許取得までの流れ

131

(b) ビジネス関連発明

ビジネス関連発明とは、ビジネス方法が情報通信技術を利用して実現した発明をいいます。こういったビジネス関連発明では、技術的新規性には乏しくとも、活用の仕方に新規性と進歩性があれば、特許の対象となります。最近のIoT や AI の活用分野においても、分析によって生まれた新たなデータを使って新たなサービスに利活用する場合や、新たなビジネスモデルを確立した場合には、ビジネス関連発明として特許の権利を得ることができます。

(c) ソフトウェアに対する対策

コンピュータソフトウェア分野は技術開発のスピードが非常に早いために、ソフトウェア関連発明の出願審査においては、先行文献の調査を充実させる必要が生じました。そのため、ソフトウェア関連発明の出願の審査に係る先行技術調査に用いるコンピュータソフトウェアデータベース（CSDB）が運営されています。

(d) 職務発明

使用者等が従業者等にあらかじめ職務発明規定等で、特許を受ける権利の帰属の意思表示をした場合には、特許を受ける権利が、発明したときから使用者に帰属します（第35条第3項）。それに対して、発明者には相当の金銭その他の経済上の利益を受ける権利があります（第35条第4項）。金銭以外の経済的利益としては、次のようなものが例として挙げられています。

① 使用者等負担による留学の機会の付与
② ストックオプションの付与
③ 金銭的処遇の向上を伴う昇進または昇格
④ 法令および就業規則所定の日数・期間を超える有給休暇の付与
⑤ 職務発明に係る特許権についての専用実施権の設定または通常実施権の許諾

（3）　実用新案法

実用新案法は、実体審査を省略して早期登録が行える制度になっていますの

で、実用新案は、出願後ただちに権利化できます。しかし、争いが生じた時点で審査が行われますので、その時点で無効とされる可能性は十分にあります。わが国の実用新案登録出願件数は、最近は、約6千件程度になっており、特許の出願件数約29万件と比べると数％程度と少なくなっています。

(a)　目的

この法律の目的は、第1条に次のように示されています。

> 　この法律は、物品の形状、構造又は組合せに係る考案の保護及び利用を図ることにより、その考案を奨励し、もって産業の発達に寄与することを目的とする。

(b)　対象物と要件

実用新案法で権利が付与されるのは考案です。**考案**とは、「自然法則を利用した技術的思想の創作」をいいます。

① 　産業上利用できる考案

② 　新規性、進歩性のある考案

③ 　物品の形状、構造または組合せ（ボルトとナットなどのようなもの）に係るもの

④ 　次に該当しないもの

・実用新案登録出願前に日本国内外で公然と知られた考案（公知）

・実用新案登録出願前に日本国外で公然と実施された考案（公用）

・公の秩序、善良の風俗、公衆の衛生に害をもたらすおそれがある考案

（4）　意匠法

意匠法は、これまでに示した特許法などとは違って、美感という判断基準で決められる知的所有権です。しかし、最近では機能的に大きな差がない製品分野においては、この意匠の差によって販売量が大きく左右されるケースも多くなっており、重要性を増している権利といえるでしょう。わが国の意匠登録の

出願件数は、最近は3万件前後で横ばいとなっています。

(a) 目的

　この法律の目的は、第1条に次のように示されています。

　この法律は、意匠の保護及び利用を図ることにより、意匠の創作を奨励し、もって産業の発達に寄与することを目的とする。

(b) 対象物と要件

　意匠とは、「物品や物品の部分の形状、模様、色彩またはこれらの結合で、視覚を通じて美感を起こさせるもの」をいいます。言い換えると次のような要件を備えたものです。

① 工業上利用できる意匠ですので、技術的な創作が現実として可能でなければなりませんし、図面に表現できるものでなければなりません。

② 物品または物品の部分の形状、模様、色彩、これらを組合せたもの

③ 美感を起こさせるものという要件がありますので、肉眼によって視覚でとらえられるものを対象とします。

④ 新規性、進歩性のある意匠の創作

　意匠登録をする場合には、物品の区分が定められていますので、その区分毎に登録をしなければなりません。また意匠には、組物の意匠として登録ができるものがあります。**組物の意匠**とは、同時に使用される2つ以上の物品で、組物全体として統一があるものです。この場合は、1つの意匠として意匠登録を受けることができます。

(c) 意匠登録の権利

　意匠権には次のような登録の方法もあります。

① **関連意匠**

　意匠登録出願人が、自分の意匠登録出願を本意匠として、それに類似する意匠を「関連意匠」として意匠登録を受けることができます。

② **秘密意匠**

　意匠登録の出願人は、<u>意匠権設定登録の日から 3 年以内の期間を指定して、期間中はその意匠を秘密にすること</u>ができます。

（5）　商標法

　商標法の第 2 条では、「**商標**とは、人の知覚によって認識することができるもののうち、文字、図形、記号、立体的形状若しくは色彩又はこれらの結合、音その他政令で定めるもの（以下「標章」という。）であつて、次に掲げるものをいう。」とされており、下記の 2 つを示しています。

① 業として商品を生産し、証明し、または譲渡する者がその商品について使用をするもの

② 業として役務を提供し、または証明する者がその役務について使用をするもの

　なお、平成 27 年 4 月の改正法施行によって、**図表 3.5** に示す商標が登録でき

図表 3.5　新たなタイプの商標

新たなタイプの商標	説明（具体例）
動き商標	文字や図形等が時間の経過に伴って変化する商標 （テレビやコンピュータ画面等に映し出される変化する文字や図形など）
ホログラム商標	文字や図形等がホログラフィーその他の方法により変化する商標 （見る角度によって変化して見える文字や図形など）
色彩のみからなる商標	単色または複数の色彩の組合せのみからなる商標 （商品の包装紙や広告用の看板に使用される色彩など）
音商標	音楽、音声、自然音等からなる商標であり、聴覚で認識される商標 （コマーシャルなどに使われるサウンドロゴやパソコンの起動音など）
位置商標	文字や図形等の標章を商品等に付す位置が特定される商標

出典：特許庁

るようになりました。わが国の商標登録の出願件数は、2012年に約12万件でしたが、その後増加傾向が続いており2021年に約18万件となっています。

（6） 著作権法

　著作権が、工業所有権と大きく違う点は、登録の必要がないことです。また著作権は、それを創作し、発表した時点で権利が得られます。

（a） 目的

　この法律の目的は、第1条に次のように示されています。

> 　この法律は、著作物並びに実演、レコード、放送及び有線放送に関し著作者の権利及びこれに隣接する権利を定め、これらの文化的所産の公正な利用に留意しつつ、著作者等の権利の保護を図り、もって文化の発展に寄与することを目的とする。

（b） 対象物

　この法律で対象としている著作物には、下記のものがあります。
① 小説、脚本、論文、講演その他の言語の著作物
② 音楽の著作物
③ 舞踊または無言劇の著作物
④ 絵画、版画、彫刻、その他の美術著作物
⑤ 建築の著作物
⑥ 地図または学術的な性質を有する図面、図表、模型その他の図形の著作物
⑦ 映画の著作物
⑧ 写真の著作物
⑨ プログラムの著作物
⑩ データベースの著作物

(c) 著作者の権利

広義の著作権は、著作者人格権、(狭義の)著作権、著作隣接権などの権利から成り立っています。

1) 著作者人格権

著作者人格権には、次の3つの権利があります。

① 公表権(未公開の著作物を提供する権利)

② 氏名表示権(著作物の原作品に実名や変名を表示する権利および表示しない権利)

③ 同一性保持権(著作物やその題号の同一性を保持する権利)

2) 著作権

著作者は、著作権として以下のような権利を持ちます。

① 複製権

② 上演権

③ 演奏権

④ 上映権

⑤ 公衆送信権

⑥ 言語著作物の口述権

⑦ 美術著作物や写真著作物の展示権

⑧ 映画の著作物やその複製物の頒布権

⑨ 映画著作物以外の原作品や複製物の譲渡権

⑩ 映画著作物以外の複製物の貸与権

⑪ 翻訳権等(翻訳、編曲、変形、脚色、映画化など)

(d) 制限規定

著作権法では、制限規定がありますので、そのうちのいくつかを示します。

① 私的使用のための複製(第30条)

個人的な使用や家庭内での使用のための複製は可能です。しかし、私的使用であっても、違法コピーをダウンロードすると刑事罰が科されます。

なお、第30条の4には、「著作物に表現された思想又は感情の享受を目的

としない利用」が規定されており、第2号で「情報解析（多数の著作物その他の大量の情報から、当該情報を構成する言語、音、影像その他の要素に係る情報を抽出し、比較、分類その他の解析を行うことをいう。）の用に供する場合」は認められているので、人工知能の機械学習での利用はできます。しかし、この条文にはただし書きがあり、「ただし、当該著作物の種類及び用途並びに当該利用の態様に照らし著作権者の利益を不当に害することとなる場合は、この限りでない。」とされています。

② 学校その他の教育機関における複製等（第35条）

　学校その他の教育機関（営利を目的として設置されているものを除く。）において教育を担任する者および授業を受ける者は、その授業の過程における利用に供することを目的とする場合には、その必要と認められる限度において、公表された著作物を複製等することができます。

③ 美術の著作物等の原作品の所有者による展示（第45条）

　美術の著作物や写真の著作物の原作品の所有者またはその同意を得た者は、これらの著作物をその原作品により公に展示することができます。ただし、美術の著作物の原作品を街路、公園その他一般公衆に開放されている屋外の場所や建造物の外壁等、一般公衆の見やすい屋外の場所に恒常的に設置する場合にはこの条項は適用されません。

④ プログラムの著作物の複製物の所有者による複製等（第47条の3）

　プログラムの著作物の複製物の所有者は、自ら当該著作物を電子計算機において利用するために必要と認められる限度において、当該著作物の複製または翻案をすることができます。

　なお、契約書に特段の定めがなく、委託開発したプログラムの著作権は、開発した企業が所有するのが一般的になっています。また、ソフトウェアのソースコードが無償で公開されているオープンソースソフトウェアの著作権は、著者が保有している点については注意が必要です。

　令和2年10月の改正法施行では、海賊版対策が強化されています。具体的に

は、リーチサイト（侵害コンテンツへのリンク情報等を集約したウェブサイト）等を運営する行為等を刑事罰の対象としました。また、違法にアップロードされたものだと知りながら侵害コンテンツをダウンロードする行為は、私的使用目的であっても違法としています。一方、ネット上の生配信等で、著作物が写り込んだ場合には、一定の条件を満たす場合には、権利侵害に当たらないとされました。

（7）　国際出願制度

　PCT 国際出願制度とは、1 つの出願願書を条約に従って提出することによって、PCT 加盟国であるすべての国に同時に出願したことと同じ効果を与える出願制度です。国際出願をすると、出願した発明に類似する発明が過去に出願された、または公知となったことがあるかの調査（国際調査）が、すべての国際出願に対して行われます。PCT 国際出願では、国際的に統一された出願願書を PCT 加盟国である自国の特許庁に対して、特許庁が定めた言語（日本国特許庁の場合は日本語もしくは英語）で作成し、1 通だけ提出すれば、その時点で有効なすべての PCT 加盟国に対して「国内出願」を出願したのと同じ扱いを得ることができます。そのため、PCT 国際出願は、自国の特許庁に対して母国語を用いて行います。ただし、国際出願を各国の国内手続に係属させるための手続を国内移行手続といいますが、国内移行手続を行う際には、権利を取りたい PCT 加盟国が認める言語に翻訳した翻訳文をその国の特許庁に提出する必要があります。なお、PCT 国際出願はあくまで国際的な出願の手続であり、国際出願した発明が、特許を取得したい国のそれぞれで特許として認められるかどうかは、最終的には各国特許庁の実体的な審査に委ねられています。PCT 国際出願の件数は、2012 年に約 19 万 6 千件でしたが、その後増加しており、2021 年には約 27 万 7 千件と高い水準を維持しています。

（8）　不正競争防止法

　不正競争防止法においても、知的所有権にからむ規定がなされています

(a) 目的

この法律の目的は、第1条に次のように示されています。

> この法律は、事業者間の公正な競争及びこれに関する国際約束の的確な実施を確保するため、不正競争の防止及び不正競争に係る損害賠償に関する措置等を講じ、もって国民経済の健全な発展に寄与することを目的とする。

(b) 不正競争対象

この法律で対象とされる行為には次のようなものがあります。

① 市場に広く知られている商品の商号、商標、標章、商品容器や包装と同一または類似のものを使った商品の販売、輸出入、展示する行為、または商品を表示して他人の商品や営業との混同を生じさせる行為

② 窃盗、詐欺、強迫などの不正手段によって営業秘密を取得したり、取得した営業秘密を使用したり、開示したりする行為

③ 不正行為によって取得されたことを知っている場合や、重大な過失によって知らなかった場合に、取得したその営業秘密を使用したり開示したりする行為

④ 営業秘密保有者から営業秘密を示された場合に、不正な利益行為によって保有者に損害を与える目的で、その営業秘密を使用したり開示したりする行為

⑤ 営業秘密が不正に開示されたことを知っていたり、重大な過失があって知らないで、その営業秘密を使用したり開示したりする行為

⑥ 影像や音、プログラムなどに営業的な判断でコピーさせないような制限をかけているものを、制限をはずす機能を持った装置やプログラムを使ってコピーし、それを販売するような行為や、コピーできるようにする装置やプログラムを販売するような行為

⑦ 不正の利益を得る目的で、他人の商標を表示したり、ドメイン名を使用

する行為

⑧　商品やサービスの原産地、品質、内容、製造方法、用途、数量について
誤認させるような表示をして販売等を行う行為

⑨　競争関係にある他社の営業上の信用を害するような虚偽の事実を告知し
たり、流布したりする行為

なお、景品表示法第5条「不当な表示の禁止」では、事実に基づかない一般
消費者に誤認される比較広告は禁止されていますが、客観的事実に基づく情報
を使った比較広告は禁止されていません。

(c)　対抗措置

この法律の対象となると判断された場合には、次のような対抗措置をとるこ
とができます。

①　差止請求権

不正競争によって営業上の利益を侵害、または侵害されるおそれがある人
は、利益侵害またはそのおそれがある人に対して、その行為の停止や予防を
請求できます。

②　損害賠償

故意や過失によって、不正競争で他人の営業上の利益を侵害した人は、こ
れによって生じた損害を賠償する責任があります。不正競争で営業上の利益
を侵害された人が受けた損害の賠償を請求する場合には、侵害者が物を譲渡
したときは、その数量に、侵害の行為がなければ販売できた物の利益額をか
けた額を損害額にできます。また、侵害者がその行為により利益を受けてい
るときは、その利益額を侵害された損害額と推定することができます。

③　信用回復の措置

故意や過失によって、不正競争で他人の営業上の信用を害した人に対して
は、その営業上の信用を害された人が請求する場合には、裁判所はその人の
営業上の信用を回復するのに必要な措置を取らせることができます。

（9） 個人情報保護法

個人情報を用いた行為により、消費者が被害を受けていることから、**個人情報保護法**が制定されました。最近は、個人情報の漏えい問題がクローズアップされているため、大きな話題になった法律の１つといえます。

（a） 目的

この法律の目的は、第１条に次のように示されています。

> この法律は、デジタル社会の進展に伴い個人情報の利用が著しく拡大していることに鑑み、個人情報の適正な取扱いに関し、基本理念及び政府による基本方針の作成その他の個人情報の保護に関する施策の基本となる事項を定め、国及び地方公共団体の責務等を明らかにし、個人情報を取り扱う事業者及び行政機関等についてこれらの特性に応じて遵守すべき義務等を定めるとともに、個人情報保護委員会を設置することにより、行政機関等の事務及び事業の適正かつ円滑な運営を図り、並びに個人情報の適正かつ効果的な活用が新たな産業の創出並びに活力ある経済社会及び豊かな国民生活の実現に資するものであることその他の個人情報の有用性に配慮しつつ、個人の権利利益を保護することを目的とする。

（b） 定義

本法律で対象とする、個人情報および個人情報取扱事業者などに関する言葉の定義は、次のようになされています。

① 個人情報

個人情報とは、生存する個人に関する情報で、当該情報に含まれる氏名、生年月日その他の記述等で作られる記録で特定の個人を識別することができるものや、個人識別符号が含まれるものです。なお、「生存する個人」には、日本国民に限定されず外国人も含まれますし、個人に関する情報であれば、文字情報だけではなく、映像情報や音声情報も含まれます。メールアドレスについては、個人が識別される場合には個人情報となりますが、そうではな

い場合には該当しません。

② 個人識別符号

個人識別符号とは、次のようなものをいいます。

・特定の個人の身体の一部の特徴を電子計算機で利用するために変換した文字、番号、記号その他の符号で、特定の個人を識別することができるもの

・個人に提供されるサービスの利用や個人に販売される商品の購入で割り当てられたり、個人に発行されるカード等に記載されるか、電磁的に記録された文字、番号、記号等の符号で、その個人ごとに異なるものとなるように割り当て・記載・記録されることで、特定の個人を識別することができるもの

なお、携帯番号やクレジットカード番号、メールアドレスそれ自体は、個人識別符号とはされていません。

③ 要配慮個人情報

要配慮個人情報は、本人の人種、信条、社会的身分、病歴、犯罪の経歴、犯罪により害を被った事実等、本人に対する不当な差別、偏見その他の不利益が生じないようにその取扱いに特に配慮を要するものとして、政令で定める記述等が含まれる個人情報をいいます。

④ 個人情報取扱事業者

個人情報取扱事業者は、個人情報データベース等を事業の用に供している者をいいますが、その中には、国の機関、地方公共団体、独立行政法人等、地方独立行政法人は含まれません。

⑤ 個人情報データベース等

個人情報データベース等とは、個人情報を含む情報の集合物で、次に掲げるものです（第16条第1項）。

・特定の個人情報を、電子計算機を用いて検索することができるように体系的に構成したもの

・特定の個人情報を容易に検索することができるように体系的に構成した

ものとして政令で定めるもの

　また、個人データは、「個人情報データベース等を構成する個人情報をいう」と第16条第3項に定義されています。

　個人情報取扱事業者が、開示、内容の訂正、追加又は削除、利用の停止、消去及び第三者への提供の停止を行うことのできる権限を有する個人データであって、その存否が明らかになることにより公益その他の利益が害されるものとして政令で定めるもの以外のものを**保有個人データ**といいます（第16条第4項）。なお、個人情報保護法施行令第5条「保有個人データから除外されるもの」で下記の事項が示されています。

- ・本人や第三者の生命、身体、財産に危害が及ぶおそれがあるもの
- ・違法や不当な行為を助長、または誘発するおそれがあるもの
- ・国の安全が害されるおそれ、他国や国際機関との信頼関係が損なわれるおそれ、他国や国際機関との交渉上不利益を被るおそれがあるもの
- ・犯罪の予防、鎮圧、捜査など、公共の安全と秩序の維持に支障がでるおそれのあるもの

⑥　匿名加工情報

　匿名加工情報は、特定の個人を識別することができないように個人情報を加工して得られる個人に関する情報で、元の個人情報を復元することができないようにしたものをいいます。方法としては、個人情報に含まれる個人識別性を持つ部分を削除する方法と、個人情報に含まれる個人識別符号の全部を削除する方法があります。

(c)　個人情報取扱事業者の義務

　個人情報取扱事業者の義務として、次のような内容が定められています。

①　利用目的の特定

　個人情報を取り扱うに当たっては、その利用の目的をできる限り特定し、利用目的を変更する場合には、変更前の利用目的と関連性を有すると合理的に認められる範囲を超えてならないとされています。なお、利用目的を変更した場合は、変更された利用目的について、本人に通知または公表しなけれ

ばなりません。なお、「通知」とは、本人に直接知らせるという意味で、文書を渡すだけではなく、口頭や自動応答装置等の利用や、電子メールやFAX などの送信も含まれます。一方、「公表」とは、広く一般に知らせるという意味で、自社ホームページへの掲載、自社店舗等へのポスター等の掲示やパンフレット配布、通販用カタログへの掲載などの方法があります。また、特定された利用目的の達成に必要な範囲を超えて個人情報を取り扱ってはならないとされていますし、偽りその他不正の手段によって個人情報を取得してはなりません。さらに、個人情報を取得した場合は、あらかじめその利用目的を公表している場合を除いて、速やかにその利用目的を、本人に通知または公表しなければなりません。

② 　第三者提供の制限

　同法第27条第1項では、「個人情報取扱事業者は、次に掲げる場合を除くほか、あらかじめ本人の同意を得ないで、個人データを第三者に提供してはならない。」と規定されており、合併その他の事由により他の個人情報取扱事業者から事業を承継することに伴って個人情報を取得した場合は、あらかじめ本人の同意を得ることなしには、承継前における個人情報の利用目的の達成に必要な範囲を超えて、その個人情報を取り扱ってはいけません。この事前の同意を得る手続きを**オプトイン**手続といいます。

　また、同法第27条第2項では、「個人情報取扱事業者は、第三者に提供される個人データ（要配慮個人情報を除く。）について、本人の求めに応じて当該本人が識別される個人データの第三者への提供を停止することとしている場合であって、次に掲げる事項について、個人情報保護委員会規則で定めるところにより、あらかじめ、本人に通知し、又は本人が容易に知り得る状態に置くとともに、個人情報保護委員会に届け出たときは、前項の規定にかかわらず、当該個人データを第三者に提供することができる。」と規定されています。これを**オプトアウト**手続といいます。オプトアウト手続の届出義務の主な対象者は名簿業者になり、名簿業者以外の事業者の場合には、個別の判断となります。

③　個人データに関する義務

　　個人データの利用目的の達成に必要な範囲内において、個人データを正確かつ最新の内容に保つとともに、利用する必要がなくなったときは、その個人データを遅滞なく消去するよう努めなければなりません。また、従業者に個人データを取り扱わせるに当たっては、その個人データの安全管理が図られるよう、従業者に対して必要かつ適切な監督を行わなければなりません。対象データの本人は、識別される保有個人データの内容が事実でないときは、その保有個人データの内容の訂正、追加、削除を請求することができます。請求を受けた場合には、個人情報取扱事業者は、利用目的の達成に必要な範囲内において遅滞なく必要な調査を行い、その結果に基づいて、その保有個人データの内容の訂正等を行わなければなりません。

(d)　マイナンバー法との関係

　　個人情報保護法と関係が深いものとしてマイナンバーがあります。マイナンバー入りの個人情報は、**特定個人情報**と定義されており、その収集、保管、提供などは法定された事項に限って許されます。事業者が従業員に個人番号の提供を求めることができるのは、社会保険や税に関する手続書類の作成事務を処理する必要がある場合に限られます。収集する際には、利用目的をあらかじめ定め、従業員に明示しなければなりません。目的外の利用は、たとえ従業員の同意があってもできません。マイナンバーの収集方法には、①マイナンバーカードの提示、②番号通知カードと身分証明書等の提示、③個人番号記載住民票を提示する方法があります。

　　事業者は、社会保険や税に関する手続書類に、従業員の個人番号や特定個人情報を記載して関係機関に提出します。そういった決められたもの以外に、社員番号に利用するなどの利用はしてはなりません。なお、社会保険や税などの手続き事務が必要な期間は特定個人情報を保管し続けることができますが、その必要がなくなった場合には、速やかに廃棄や削除をしなければなりません。

(10)　標準化戦略

　技術分野での国際化は待ったなしで進んでおり、規格や標準などの**標準化戦略**は、技術競争力を左右するようになっています。ISO9000 などで有名な ISO（国際標準化機構）では、品質に限らず環境分野を対象とする ISO14000 も制定しています。最近、この分野では日本は後追いの状況となりつつあります。国際規格の制定は、当然、技術者の設計への考え方に影響を及ぼすだけではなく、業務体制や制度についても実際に大きな変化をもたらしており、そういった状況を体感している技術者は多いと思います。

　このように、国際的な組織で制定された標準が、国内に入ってきて正式な標準となっていくような標準を**デジュール標準**といいます。「デジュール」とは法律上のとか公式のという意味です。なお、デジュール標準は、その標準に包含される知的財産権を誰にでもライセンスすることが義務付けられています。一方、公的な標準ではなく、パーソナルコンピュータの基本ソフトウェア（OS）である MS-Windows のように、市場で多くの人に受け入れられることで事後的に標準となったものを**デファクト標準**といいます。「デファクト」とは事実上のという意味であり、市場で多くの人に受け入れられることで事後的に標準となったものをいいます。デファクト標準は、特定の企業が権利を保有していますので、ライセンス相手やライセンス費は自由に決められます。なお、最近では、フォーラム標準も注目されています。「フォーラム」とは集会所という意味で、関心のある複数の企業などが自発的に集まって結成した組織の合意で作成されるのが**フォーラム標準**です。フォーラム標準は、フォーラムのメンバーが多いほど普及しますので、通常は、知的財産権をリーズナブルな価格で誰にでもライセンスします。

4.　情報通信技術動向

　社会生活やビジネスにおいては、情報ネットワークは重要なインフラとなっており、その重要性は増しています。そのため、そこで扱う情報の管理におい

ても最新の技術とセキュリティ管理が求められています。

（1） 情報システムの現状

　令和3年3月に第6期科学技術・イノベーション基本計画が公表されました。第5期計画では **Society 5.0** が提唱されましたが、第6期計画では、これを国内外の情勢変化を踏まえて具体化させていく必要があるとしています。なお、Society 5.0 は、狩猟社会（Society 1.0）、農耕社会（Society 2.0）、工業社会（Society 3.0）、情報社会（Society 4.0）に続く、「サイバー空間（仮想空間）とフィジカル空間（現実空間）を高度に融合させたシステムにより、経済発展と社会的課題の解決を両立する、人間中心の社会（Society）」とされています。

(a) 我が国が目指す社会（Society 5.0）

　本計画では、我が国が目指す社会を、「直面する脅威や先の見えない不確実な状況に対し、持続可能性と強靭性を備え、国民の安全と安心を確保するとともに、一人ひとりが多様な幸せ（well-being）を実現できる社会」と示しています。

- Ⓐ　国民の安全と安心を確保する持続可能で強靭な社会
- Ⓑ　一人ひとりの多様な幸せ（**ウェルビーイング**：well-being）が実現できる社会

本計画では、Society 5.0 の実現に必要なものとして次の3つを挙げています。

- ⓐ　サイバー空間とフィジカル空間の融合による持続可能で強靭な社会への変革
- ⓑ　新たな社会を設計し、価値創造の源泉となる「知」の創造
- ⓒ　新たな社会を支える人材の育成

　また、本計画では、Society 5.0 の実現に向けた科学技術・イノベーション政策として次の内容が挙げられています。

1) 国民の安全と安心を確保する持続可能で強靭な社会への変革
- ①　サイバー空間とフィジカル空間の融合による新たな価値の創出
- ②　地球規模課題の克服に向けた社会変革と非連続なイノベーションの推進

③　レジリエントで安全・安心な社会の構築

④　価値共創型の新たな産業を創出する基盤となるイノベーション・エコシステムの形成

⑤　次世代に引き継ぐ基盤となる都市と地域づくり（スマートシティの展開）

⑥　様々な社会課題を解決するための研究開発・社会実装の推進と総合知の活用

2)　知のフロンティアを開拓し価値創造の源泉となる研究力の強化

①　多様で卓越した研究を生み出す環境の再構築

②　新たな研究システムの構築（オープンサイエンスとデータ駆動型研究等の推進）

③　大学改革の促進と戦略的経営に向けた機能拡張

3)　一人ひとりの多様な幸せと課題への挑戦を実現する教育・人材育成

①　探究力と学び続ける姿勢を強化する教育・人材育成システムへの転換

(b)　情報システム投資

　情報システムは社会生活や経済活動には欠かせないものとなっています。そのため、情報システムへの設備投資は増加を続けています。当初は、情報システムのイニシャルコストのみが意識されていましたが、最近では、**総所有コスト**（TCO：Total Cost of Ownership）の面での検討が必要であると考えられるようになっています。総所有コストには次の4つの要素があります。

①　ハードウェアやソフトウェアの導入コスト

ハードウェア費用、ソフトウェア費用、情報システム構築費、保守費、ライセンス費、セキュリティ対策費など

②　情報システム部門の運用費用

システム部門の人件費、ユーザー教育費、ヘルプデスク費用、サポート費用、セキュリティ監視費用、サーバー稼働状態監視費用など

③　エンドユーザー部門の運用費用

インストールやセットアップ作業費、同僚のサポート費など

④　システムダウンなどの損害費用

　システムダウンによる業務上の損失額、トラブルシューティング費用など

(c)　IoT 技術の予測

　最近は、モノのインターネットとして **IoT**（Internet of Things）が注目されています。IoT のコンセプトとしては、あらゆるものがインターネットにつながり、情報のやり取りをすることで、モノのデータ化や情報の自動化が進み、新たな付加価値を生み出すという考え方です。なお、IoT がさらに進化したものとして、**IoE**（Internet of Everything）も注目されています。IoE のコンセプトは、ヒト・モノ・データ・プロセスを結び付け、これまで以上に密接で価値あるつながりを生みだすことです。IoT 機器は、ネットワークを介してシステムに影響を与える可能性がありますので、サイバー攻撃を受けた場合にその影響が当該機器にとどまらず、広く影響が波及する危険性があります。そのため、その対策が必要とされています。

（2）　情報関連用語

　試験では、情報関連用語が多く問われていますので、それらの用語について整理してみます。

(a)　WWW（World Wide Web）関連の用語

WWW 関連の用語を下記に示します。

①　CGI（Common Gateway Interface）

　CGI は、Web サーバー上で、Web サーバープログラムと外部のプログラムを連携させて動作させるための仕組みです。

②　HTML（Hyper Text Markup Language）

　HTML は、文章を中心に図や表などを表示するための言語です。インターネットの Web ページを作成するのにも用いられています、

③　URL（Uniform Resource Locator）

　URL は、インターネット上に存在するデータやサービスの位置を記述するためのデータ形式です。

④　Cookie

Cookie は、Web サーバーが、Web ブラウザを通じて、Web ページを閲覧したユーザーのコンピュータに一時的にデータを書き込んで、保存させる仕組みです。

⑤　ISP（Internet Service Provider）

ISP は、インターネット接続サービスを行う通信事業者の総称です。

⑥　API（Application Programming Interface）

API は、コンピュータプログラムが持つ機能や管理するデータを、外部の他のプログラムから呼び出して利用するための手順を定めたものです。

(b)　**インターネットの利用形態関連の用語**

インターネットに関しては、さまざまな用語が使われていますので、そのなかのいくつかを示します。

①　IP アドレス

IP アドレスは、TCP／IP ネットワークに接続されるコンピュータなどの機器に割り振られるアドレスで、IPv4 の場合には 32 ビットですので、43 億個のアドレスが使えます。しかし、最近ではアドレス不足が問題になってきたため、128 ビットの **IPv6** に移行しています。IPv6 では 43 億の 4 乗個のアドレスが使えます。

②　G2B（Government to Business）

G2B は電子商取引の類型の 1 つで、官公庁がインターネットなどのネットワークを用いて行う公共調達や入札、受発注業務などを意味しています。

③　G2C（Government to Citizen）

G2C は商取引を表す用語ではなく、行政サービスや手続きなどを電子化して、住民や国民がインターネットを通じて利用できるようにすることです。

④　B2C（Business to Consumer）

B2C は、企業と個人間の商取引、あるいは企業が個人向けに行う事業のことをいいます。具体的には、一般消費者向けの製品の製造販売、消費者向けのサービス提供、個人との金融機関取引などをいいます。

151

⑤　M2M（Machine to Machine）

　M2M は、機械と機械がネットワークを介して互いに情報をやり取りすることにより、自律的に高度な制御や動作を行うことです。情報機器間だけではなく、センサや処理装置による計測データの収集や遠隔監視なども含まれます。

⑥　P2P（Peer to Peer）

　P2P は、ネットワーク上で対等な関係にあるコンピュータが相互に接続され、直接ファイル等の情報を送受信する利用形態のことです。

⑦　ソーシャルメディア

　ソーシャルメディアは、ツイッターやブログ、動画共有サイトなどの、インターネット上で展開される個人の情報発信や個人間のコミュニケーション、人のつながりを促進するさまざまな仕掛けが作られたメディアのことです。

⑧　SaaS（Software as a Service）

　SaaS は、ユーザーが必要とするソフトウェアだけをネットワークを介してサービスとして配布し、利用できるようにしたソフトウェアの配布方式です。

⑨　PaaS（Platform as a Service）

　PaaS は、アプリケーションソフトが稼働するためのデータベースやプログラム実行環境などが提供されるサービスです。

⑩　クラウドコンピューティング

　クラウドコンピューティングは、インターネット上のさまざまなハードウェアやソフトウェアなどの資源をクラウド（雲）として捉え、ユーザーは、それらを意識することなく、サービスを享受する方式です。パブリッククラウドは、クラウドの標準的なサービスを不特定多数が共同で利用する形態で、プライベートクラウドは、利用者専用のクラウド環境をいいます。クラウドサービスを利用すると、利用者はインターネット接続環境を用意すれば、どの端末からでも様々なサービスを利用できるようになります。一方、

管理者は、システム構築、管理などに要していた手間や時間などを削減することができ、業務効率化とコストダウンが図れます。企業がクラウドサービスを利用する効果の例として、システム構築の迅速さ・拡張の容易さ、初期費用・運用費用の削減、可用性の向上、利便性の向上などが挙げられます。なお、クラウドサービスの中には個人が利用できるものもあります。ただし、十分なセキュリティ対策が施されたサービス業者を選択する必要があります。

⑪　エッジコンピューティング

　エッジコンピューティングは、従来のクラウドコンピューティングをネットワークのユーザー側エッジに拡張し、物理的に距離を短縮することで通信遅延を短縮する技術です。

⑫　SNS（Social Networking Service）

　SNSは、インターネットを通じて、人と人との交流を支援するサービスのことで、誰でも参加できる形式のものと、友人等の紹介が必要なものがあります。

⑬　ネットワーク仮想化

　ネットワーク仮想化は、これまで、ハードウェアで構成されていたサーバーなどのネットワーク機器をソフトウェアベースで再構築する仕組みです。

(c)　情報管理の用語

情報管理に関する用語について下記に示します。

①　ビッグデータ

　ビッグデータの定義はいくつも示されていますが、大量でかつ多くの種類や形式のデータが速いスピードでできており、従来のデータベース管理ツールやデータ処理アプリケーションでは処理が困難なデータのことをいうのが一般的です。

②　オープンデータ

　オープンデータは、誰でもが自由に入手でき、広く開かれた利用が許されたデータのことです。

③　データマイニング

　データマイニングは、蓄積した膨大なデータをコンピュータを使って解析し、役に立つ情報を発見する技術です。

④　スマートグリッド

　スマートグリッドは、大規模な発電所や再生可能エネルギーを含めた分散型電源の供給側と電力の需要側を、情報通信技術を使って制御して、最適化する技術です。

⑤　ウェブアクセシビリティ

　ウェブアクセシビリティは、年齢や身体的制約、利用環境などに拘らず、Web サイトにアクセスでき、サイト内のサービスを利用できるかどうかの度合いをいいます。

⑥　デジタルデバイド

　デジタルデバイドは、コンピュータやインターネットを利用できる人とそうでない人の間に生じる情報格差をいいます。

(d)　デジタル変革技術

①　デジタルトランスフォーメーション（DX）

　デジタルトランスフォーメーションは、デジタルの変革と訳され、デジタル技術の普及によって産業構造や社会基盤までが変革されるという意味です。

②　デジタルディスラプション

　デジタルディスラプションは、デジタル技術やそれを使った新たなビジネスモデルによって生じる、破壊的なイノベーションを意味します。

③　デジタルファブリケーション

　デジタルファブリケーションとは、デジタルデータを使って創造物を製作する技術のことです。具体的には、3D スキャナや 3D CAD などの機器を使って、自分のアイデアや、生物や物体のデータ等をデジタルデータ化した上で、デジタル工作機械を使って造形する手法をいいます。

④　デジタライゼーション

　デジタライゼーションとは、デジタル技術を用いて製品やサービスの効率

化や付加価値を高める手法をいいます。

⑤　デジタルツイン

　デジタルツインとは、現実空間の情報から収取したさまざまなデータを、まるで双子のようにコンピュータ上のサイバー空間内に再現する技術をいいます。

⑥　人工知能（AI）

　人工知能に関しては、平成元年8月にAIネットワーク社会推進会議（総務省）によって示された別紙1「AI利活用ガイドライン～AI利活用のためのプラクティカルリファレンス～」という資料があります。その資料の序文では、「AIは、利活用の過程でデータの学習等により自らの出力やプログラムを継続的に変化させる可能性があることから、開発者が留意することが期待される事項のみならず、利用者がAIの利活用において留意することが期待される事項も想定される。」と示しています。また、AI利活用原則の基本理念として、次の内容を示しています。

【基本理念】

・人間がAIネットワークと共生することにより、その恵沢がすべての人によってあまねく享受され、人間の尊厳と個人の自律が尊重される人間中心の社会を実現すること

・AIの利活用において利用者の多様性を尊重し、多様な背景と価値観、考え方を持つ人々を包摂すること

・AIネットワーク化により個人、地域社会、各国、国際社会が抱える様々な課題の解決を図り、持続可能な社会を実現すること

・AIネットワーク化による便益を増進するとともに、民主主義社会の価値を最大限尊重しつつ、権利利益が侵害されるリスクを抑制するため、便益とリスクの適正なバランスを確保すること

・AIに関して有していると期待される能力や知識等に応じ、ステークホルダ間における適切な役割分担を実現すること

・AIの利活用の在り方について、非拘束的なソフトローたる指針やベストプラクティスを国際的に共有すること

・AIネットワーク化の進展等を踏まえ、国際的な議論を通じて、本ガイドラインを不断に見直し、必要に応じて柔軟に改定すること

また、次のAI利活用原則を示しています。

1) 適正利用の原則

　AIサービスプロバイダ及びビジネス利用者は、AIによりなされた判断について、必要かつ可能な場合には、その判断を用いるか否か、あるいは、どのように用いるか等に関し、人間の判断を介在させることが期待される。（人間の判断の介在の一部を引用）

2) 適正学習の原則

　AIによりなされる判断は、事後的に精度が損なわれたり、低下することが想定されるため、想定される権利侵害の規模、権利侵害の生じる頻度、技術水準、精度を維持するためのコスト等を踏まえ、あらかじめ精度に関する基準を定めておくことが期待される。（AIの学習等に用いるデータの質への留意の一部を引用）

3) 連携の原則

　AIが連携することによって便益が増進することが期待されるが、AIサービスプロバイダ及びビジネス利用者は、自ら利用するAIがインターネット等を通じて他のAI等と接続・連携することにより制御不能となる等、AIがネットワーク化することによってリスクが惹起・増幅される可能性がある。（AIネットワーク化により惹起・増幅される課題への留意の一部を引用）

4) 安全の原則

　人の生命・身体・財産に危害を及ぼし得る分野でAIを活用する場合には、AIサービスプロバイダ及びビジネス利用者は、想定される被害の性

質・態様等を踏まえ、開発者からの情報をもとに、必要に応じた対応策を講ずることにより、AIがアクチュエータ等を通じて人の生命・身体・財産に危害を及ぼすことのないよう配慮することが期待される。（人の生命・身体・財産への配慮の一部を引用）

5)　セキュリティの原則

　AIサービスプロバイダ、ビジネス利用者及びデータ提供者は、学習モデルの生成及びその管理において、セキュリティに脆弱性が存在するリスクに留意することが期待される。また、消費者的利用者に対し、そのようなリスクが存在することを予め周知することが期待される。（AIの学習モデルに対するセキュリティ脆弱性の留意の一部を引用）

6)　プライバシーの原則

7)　尊厳・自律の原則

　AIサービスプロバイダ及びビジネス利用者は、消費者的利用者にはAIにより意思決定や感情が操作される可能性や、AIに過度に依存するリスクが存在することを踏まえ、必要な対策を講じることが期待される。（AIによる意思決定・感情の操作等への留意の一部を引用）

8)　公平性の原則

　AIサービスプロバイダ及びビジネス利用者は、AIに用いられる学習アルゴリズムにより、AIの判断にバイアスが生じる可能性があることに留意することが期待される。特に、機械学習においては、一般的に、多数派がより尊重され、少数派が反映されにくい傾向にあり（バンドワゴン効果）、この課題を回避するための方法が検討されている。（学習アルゴリズムによるバイアスへの留意の一部を引用）

9)　透明性の原則

10)　アカウタビリティの原則

⑦　画像認識

画像認識とは、パターン認識の一種で、画像データから対象物の特徴をつ

かみ、対象物が何かを識別する技術です。最近では、ディープラーニング等のAI技術の進展によって、画像認識の認識精度は向上してきており、製造業の不良品検査や物流の積み下ろし作業だけでなく、防犯の顔認証や医療の画像診断などにも応用されています。なお、画像認識に使用できるクラウドサービスも提供されるようになってきています。画像認識技術のうち、顔認識技術は、プライバシー保護の面から、一般の人が懸念を持っているため、情報の漏えい対策や画像データの保存を行わないなどの対策が行われて使用されています。

⑧　ブロックチェーン

　ブロックチェーンは、ネットワーク上にある多数のコンピュータを直接接続し、取引情報などを分散処理・記録する手法で、仮想通貨のビットコインの根幹をなす技術です。ブロックチェーンでは、データを保管するノードを多数配置し、**P2P**（Peer to Peer）ネットワークを使って取引履歴を分散管理しています。そのため、ネットワークの一部に不具合が生じてもシステムを維持することができますので、高可用性を実現できます。また、ブロックチェーンでは、ドキュメントやデータの発行者の確認は電子署名で行われており、途中での改ざんを確認する技術であるハッシュ関数によるハッシュ値を用いていますので、改ざん耐性は高くなっています。ただし、ブロックチェーンでは、データをP2Pネットワーク全体で共有するので、秘匿性は低くなります。

　ブロックチェーン技術を使った仕組みとして最近注目されているものとして**NFT**があります。NFTとは、Non-Fungible Token（非代替性トークン）の略で、偽造不可能な鑑定書・所有権証明書付きのデジタルデータと言い換えることができます。

⑨　スマートコントラクト

　スマートコントラクトは、プログラムに基づいて自動的に実行される契約であり、ブロックチェーン上でも、当事者間の取引をプログラムとしてブロックチェーン上に記載し、契約の執行条件が満たされたら自動的に契約が執

行される仕組みを作ることができます。

⑩　ドローン

　ドローンとは無人航空機のことで、航空法の第2条で、『「無人航空機」とは、航空の用に供することができる飛行機、回転翼航空機、滑空機、飛行船その他政令で定める機器であって構造上人が乗ることができないもののうち、遠隔操作又は自動操縦により飛行させることができるものをいう。』と定義されています。なお、ドローンの飛行条件として、以下の内容が規定されています。

　1)　日中（日出から日没まで）において飛行させる

　2)　無人航空機とその周辺を目視により常時監視する

　3)　人や物件（建物等）との間に30mの距離を保って飛行させる

　4)　多数の者が集合する催しが行われている場所の上空で飛行させない

　5)　火薬類、高圧ガス、引火性液体、凶器などの危険物を輸送しない

　6)　機体から物件を投下しない

⑪　RPA

　RPAとは、Robotic Process Automation の略で、これまで人のみが対応してきた作業やそれより高度な作業を、人に代わってロボットや人工知能が代替して実施するものです。

⑫　ITS

　ITSとは、Intelligent Transport System（高度道路交通システム）の略で、最先端の情報通信技術等を用いて、人と道路と車両とを一体のシステムとして構築することにより、ナビゲーションシステムの高度化、有料道路等の自動料金収受システムの確立、安全運転の支援、交通管理の最適化、道路管理の効率化等を図るものであると国土交通省は説明しています。

⑬　自動運転

　自動運転については、国土交通省自動車局より、「自動運転車の安全ガイドライン」が出されており、そのなかで、**図表**3.6 に示す自動運転化レベルが定義されています。

159

図表 3.6　自動運転化レベルの定義の概要

レベル	名称	定義概要	安全運転に係る監視、対応主体
運転者が一部又は全ての動的運転タスクを実行			
0	運転自動化なし	運転者が全ての動的運転タスクを実行	運転者
1	運転支援	システムが縦方向又は横方向のいずれかの車両運動制御のサブタスクを限定領域において実行	運転者
2	部分運転自動化	システムが縦方向及び横方向両方の車両運動制御のサブタスクを限定領域において実行	運転者
自動運転システムが（作動時は）全ての運転タスクを実行			
3	条件付運転自動化	システムが全ての動的運転タスクを限定領域において実行　作動継続が困難な場合は、システムの介入要求等に適切に応答	システム（作動継続が困難な場合は運転者）
4	高度運転自動化	システムが全ての動的運転タスク及び作動継続が困難な場合への応答を限定領域において実行	システム
5	完全運転自動化	システムが全ての動的運転タスク及び作動継続が困難な場合への応答を無制限に（すなわち、限定領域ないではない）実行	システム

出典：自動運転車の安全ガイドライン（国土交通省自動車局）

(e)　通信技術

通信技術に関する用語について下記に示します。

① 5G

5G は、高速・大容量化に加えて、低遅延や多数同時接続という特徴を持っています。低遅延の実現によって、自動運転への活用やドローンなどの管制への活用が期待されていますし、多数同時接続によって IoT（Internet of Things）や M2M（Machine to Machine）への活用が期待されます。

② Wi-Fi

Wi-Fi は、一般的なデータ受信速度が 600 Mbps 程度と高速通信が可能で、狭い範囲で通信が可能です。

③ Bluetooth

Bluetooth は、近距離無線通信のインターフェイス規格で、通信速度は 1 Mbps 程度と低速で、伝送距離は 10 m 程度です。

④ LPWA（Low Power Wide Area）

LPWA の通信速度は、数 kbps から数百 kbps 程度と携帯電話システムと比較して低速で、低消費電力ですが、数 km から数十 km もの通信が可能な広域性を有しています。そのため、低コストの IoT ネットを構築できます。

5. 情報セキュリティ

情報セキュリティのリスクは年々高まってきており、それによって企業や組織が受けるダメージも大きくなってきています。

（1）　情報セキュリティ関連法規

情報セキュリティ関連法規のうち、サイバーセキュリティ基本法、特定電子メールの送信の適正化等に関する法律について説明します。

（a）　サイバーセキュリティ基本法

サイバーセキュリティ基本法は、世界的規模で生じているサイバーセキュリティに対する脅威の深刻化に対し、情報の自由な流通を確保しつつ、サイバーセキュリティの確保を図るために、国や地方公共団体の責務等を明らかにしています。なお、サイバーセキュリティとは、「電磁的方式により記録、発信、伝送、受信される情報の漏えい、滅失、毀損の防止、情報の安全管理、情報通信ネットワークの安全性と信頼性の確保のために必要な措置が講じられ、その状態が適切に維持管理されていること」をいいます。それぞれの団体の責務は次のとおり定められています。

161

1) 国の責務（第4条）

　基本理念にのっとり、サイバーセキュリティに関する総合的な施策を策定し、実施する責務

2) 地方公共団体の責務（第5条）

　基本理念にのっとり、国との適切な役割分担を踏まえて、サイバーセキュリティに関する自主的な施策を策定し、実施する責務

3) 重要社会基盤事業者の責務（第6条）

　基本理念にのっとり、そのサービスを安定的かつ適切に提供するため、サイバーセキュリティの重要性に関する関心と理解を深め、自主的かつ積極的にサイバーセキュリティの確保に努めるとともに、国や地方公共団体が実施するサイバーセキュリティに関する施策に協力するよう努める

4) サイバー関連事業者その他の事業者の責務（第7条）

　基本理念にのっとり、その事業活動に関し、自主的かつ積極的にサイバーセキュリティの確保に努めるとともに、国や地方公共団体が実施するサイバーセキュリティに関する施策に協力するよう努める

5) 教育研究機関の責務（第8条）

　基本理念にのっとり、自主的かつ積極的にサイバーセキュリティの確保、サイバーセキュリティに係る人材の育成やサイバーセキュリティに関する研究、その成果の普及に努めるとともに、国や地方公共団体が実施するサイバーセキュリティに関する施策に協力するよう努める

6) 国民の努力（第9条）

　基本理念にのっとり、サイバーセキュリティの重要性に関する関心と理解を深め、サイバーセキュリティの確保に必要な注意を払うよう努める

(b) 特定電子メールの送信の適正化等に関する法律

　特定電子メールの送信の適正化等に関する法律の目的は、「一時に多数の者に対してされる特定電子メールの送信等による電子メールの送受信上の支障を防止する必要性が生じていることにかんがみ、特定電子メールの送信の適正化のための措置等を定めることにより、電子メールの利用についての良好な環境

の整備を図り、もって高度情報通信社会の健全な発展に寄与すること」と第1
条に示されています。なお、「特定電子メール」を、「電子メールの送信をする
者（営利を目的とする団体及び営業を営む場合における個人に限る。）が自己
又は他人の営業につき広告又は宣伝を行うための手段として送信をする電子メ
ール」と定義しています。

第2章の「特定電子メールの送信の適正化のための措置等」では、次のよう
な事項を定めています。

1)　特定電子メールの送信の制限（第3条）

　　送信者は、次に掲げる者以外に対し、特定電子メールの送信をしてはなり
ません。また、送信者は、特定電子メールの送信をしないように求める旨の
通知を受けたときは、その通知に示された意思に反して、特定電子メールの
送信をしてはなりません。

　　・あらかじめ、特定電子メールの送信をするように求める旨または送信を
　　　することに同意する旨を送信者または送信委託者に対し通知した者
　　・総務省令や内閣府令で定めるところにより自己の電子メールアドレスを
　　　送信者または送信委託者に対し通知した者
　　・特定電子メールを手段とする広告または宣伝に係る営業を営む者と取引
　　　関係にある者
　　・総務省令や内閣府令で定めるところにより、自己の電子メールアドレス
　　　を公表している団体または個人（個人にあっては、営業を営む者に限
　　　る。）

　　メールでの情報配信を承諾する行為を**オプトイン**、不参加または脱退する
行為を**オプトアウト**といいます。

2)　表示義務（第4条）

　　送信者は、特定電子メールの送信の際は、その受信者が使用する通信端末
機器の映像面に、次に掲げる事項が正しく表示されるようにしなければなり
ません。

　　・送信者の氏名または名称

・特定電子メールの送信をしないように求める旨の通知を受けるための電子メールアドレス、または電気通信設備を識別するための文字、番号、記号

　3）　送信者情報を偽った送信の禁止（第5条）

　　送信に用いた電子メールアドレスや電気通信設備を識別するための文字、番号、記号その他の符号を偽って、特定電子メールの送信をしてはなりません。

（2）　情報セキュリティポリシー

　JIS Q27000（情報技術―セキュリティ技術―情報セキュリティマネジメントシステム―用語）では、「情報セキュリティ」を「情報の機密性、完全性及び可用性を維持すること」と定義していますが、それぞれの言葉の意味を下記に示します。

　①　機密性

　　機密性は、許可された人だけがアクセスでき、許可されない人はアクセスや閲覧ができないようにすることです。

　②　完全性

　　完全性は、保有している情報が正確であり、情報の改ざんなどがなく、完全な状態を保持することです。

　③　可用性

　　可用性は、許可された人はいつでも情報にアクセスでき、情報を提供するシステムが常に動作していることです。

　情報セキュリティを適切に維持できるようにするには、さまざまなリスクに対する情報セキュリティ対策が適切に行われていなければなりません。そのためには、企業や組織におけるセキュリティポリシーが必要となります。セキュリティ対策は、組織全体の問題ですので、特定の部署に限らず、組織全体として取り組む必要があります。そのため、セキュリティポリシーの策定には、組織の長が深く関与する必要があります。**情報セキュリティポリシー**は、<u>基本方</u>

針、対策基準、実施手順の 3 階層で構成されるのが一般的です。セキュリティ
ポリシーは、情報セキュリティに関する活動を行うための基準となるもので、
これに従って具体的な行動基準やマニュアル、ハード対策が検討されます。セ
キュリティ対策は、企業や組織の特性に合わせて作成される必要がありますの
で、自ら実現可能なものを作成することが望ましいとされています。また、ど
こまでセキュリティ対策を行うかについて、組織の規模やかけられる費用の面
からの検討も必要です。

　情報資産のリスク分析・評価は、**図表 3.7** に示すステップで行われます。

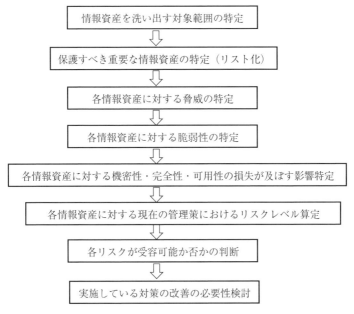

図表 3.7　情報資産のリスク分析・評価手順

（3）　情報セキュリティの脅威

　情報リスクにはさまざまなものがありますが、その中からいくつかを示しま
す。

165

① サービス妨害攻撃

　サービス妨害攻撃は **DoS 攻撃**ともいわれ、サーバーに大量のデータを送って過大な負荷をかけ、サーバーの性能を極端に低下させたり、サーバーを機能停止に追い込んだりする不正行為です。分散した多数のコンピュータから特定のコンピュータに一斉にパケットを送って機能を停止させる攻撃は**分散 DoS 攻撃**と呼ばれます。

② スパイウェア

　スパイウェアは、ユーザーが気づかないうちにパソコンに侵入し、個人情報などのさまざまな情報を収集する不正プログラムです。

③ 標的型攻撃メール

　標的型攻撃メールとは、特定の企業や組織を攻撃対象とする攻撃のことで、関係者を装ったメールを送付して、メールや添付ファイルを開かせ、ウイルス等を感染させて、機密情報の窃取やデータの破壊を行う攻撃メールです。

④ ゼロデイ攻撃

　ゼロデイ攻撃は、ソフトウェアの脆弱性が発見された際に、修正プログラムの提供より前に、その脆弱性をついて行うサイバー攻撃です。

⑤ メール爆弾

　メール爆弾は、大量の無意味な内容のメールや巨大なサイズの添付ファイル付きメールを送って、メールボックスの容量を使い切らせて、他のメールを受信できなくする攻撃です。

⑥ ボットネット

　ボットとは、ロボットに由来する言葉で、標的になったコンピュータに送り込まれて密かに動作するものです。異なる複数のコンピュータに送り込んだボットが連携して動作するものを**ボットネット**といいます。ボットネットは、自分のパソコンが知らないうちに操作されて加害者になる危険性も持っています。

⑦　フィッシング詐欺

　フィッシング詐欺は、銀行やクレジット会社などを装った電子メールを送り、住所や氏名、口座番号などの情報を搾取する手法です。電子メールのリンクから偽サイトに誘導し、情報を入力させる手口が広く使われています。

⑧　ランサムウェア

　ランサムウェアは、身代金ウイルスとも呼ばれ、感染すると端末がロックされたり、ファイルが勝手に暗号化されるため使用できなくなり、解除するために金銭を要求してくる不正プログラムです。

⑨　ビジネスメール詐欺

　ビジネスメール詐欺は、実際の取引先や自社の経営者層等になりすまして、偽の電子メールを送って入金を促す詐欺のことです。

⑩　マルウェア

　マルウェアは、ウイルス、ワーム、トロイの木馬、スパイウェアなど、何らかの悪意を持って開発されたソフトウェアの総称です。

⑪　ソーシャルエンジニアリング

　ソーシャルエンジニアリングは、ネットワークに侵入するために必要なパスワード等を人間の弱みや心理的なスキをついて搾取する手法のことです。

⑫　ネット炎上

　令和元年度情報通信白書第1部第1章第4節第3項では、**ネット炎上**の発生件数はモバイルとSNSが普及し始めた2011年を境に急激に増加しており、炎上参加者はインターネット利用者の数パーセント程度以下のごく少数に過ぎないと示されています。また、炎上の確認経路を確認したところ、約半数以上の回答がテレビのバラエティ番組からであったと報告しています。政府としては、厚生労働省に「まもろうよ　こころ」、総務省に「違法・有害情報相談センター」、法務省に「人権相談」の窓口を設けています。また、プロバイダ責任制限法第4条に「発信者情報の開示請求等」が規定されており、インターネット上の誹謗中傷を受けた者の被害回復のために、匿名の発信者を特定するための発信者の情報を開示する制度を設けています。

（4） 情報セキュリティ対策

最近では、ネットワークへの不正アクセスが問題となっていますので、そういった不正アクセスを防ぐ対策が必要となっています。ここでは、セキュリティ対策の用語について説明します。

① 共通鍵暗号方式

共通鍵暗号方式は、暗号化と復号化の両方に同じ鍵を用いる方法ですので、鍵を送信先に安全に渡す必要があります。鍵を秘密にするために、「秘密鍵暗号方式」ともいいます。共通鍵暗号方式は、ブロック暗号とストリーム暗号の2方式に分類できます。ブロック暗号は、一定のブロック単位で暗号化していく方式で、ストリーム暗号は、データを1ビット単位あるいは1バイト単位で逐次暗号化していく方式です。

② 公開鍵暗号方式

公開鍵暗号方式は、暗号化と復号化に異なる鍵を用いる方式で、暗号化に受信者が生成した公開鍵を使い、復号化に秘密鍵を使います。RSA はその代表的な方法です。RSA は、大きな数の素因数分解に要する時間が長くかかることをベースに作られた暗号方式で、開発したメンバーの Ronald Rivest、Adi Shamir、Len Adleman の頭文字を取って命名されています。

③ 生体認証

生体認証は、人の生体的特徴・特性を用いて行う本人認証方式をいいます。この方法では、パスワードなどのように「忘れる」、カードなどの「紛失」、「盗難」、「置き忘れ」の問題を回避できますが、プライバシーの点でユーザーに抵抗感を持たれる場合があります。具体的には、指紋や掌形、網膜、瞳、顔などの認証方法が用いられており、銀行の ATM や空港の出入国管理システムなどで実用化されています。生体認証では、入力特徴データと登録特徴データとの類似度の計算結果は、あらかじめ設定された閾値と比較され、本人との一致・不一致が判断されます。閾値のバランスを調整することで、運用者がシステム全体の目的に合わせて安全性と利便性のバランスを調整することができます。ただし、生体認証では、誤って他人を受け入れる可

能性と、誤って本人を拒否する可能性をゼロにすることはできません。

④　WEP（Wired Equivalent Privacy）

　WEP は、IEEE802.11 無線 LAN 用のデータ暗号化機能で、共通暗号方式を使っており、暗号化は MAC 層で行います。暗号化の実装に問題があるため、解読に対する堪能性が低いという問題があります。そのため、「WPA」（Wi-Fi Protected Access）への代替が進められています。

⑤　アクセス制御

　アクセス制御は、基本的なセキュリティ機能の１つで、アクセス権を設定して、誰が何に対してどういった権限を持っているかを識別し、操作の許可や拒否をする制御です。

⑥　SSL（Secure Sockets Layer）／TLS（Transport Layer Security）

　SSL は、WWW サーバー間でやり取りをするデータのセキュリティを確保するための暗号化と認証機能を持っています。「TLS」は、SSL をバージョンアップさせたものから作られたプロトコルですが、SSL の名称が普及していたため、最近では SSL／TLS と表記されています。SSL／TLS では、信頼された認証局が、サイト運営会社が実在していることと暗号化通信の SSL サーバーの証明書を発行しています。SSL 暗号化通信が確立しているかどうかは、URL が "https:" となっていることで確認できます。

⑦　SSH（Secure SHell）

　SSHは、セキュリティが低いネットワーク上において、遠隔で他のコンピュータを利用する場合に、セキュリティが高い遠隔ログインやデータ転送を実現させるプロトコルです。認証と暗号化の機能を持っており、認証にはRSA暗号やCHAPを使った認証を用い、暗号化にはDESやIDEAのような共通鍵暗号を用います。

⑧　電子証明書

　電子証明書は、ネットワーク上での身分証明を行う手法で、公開鍵と秘密鍵、属性情報からなり、通常は認証局で発行されたものが用いられます。認証局とは、電子証明書の発行や有効性に関する情報提供を行う機関になりま

す。電子証明書を活用することで、なりすまし、改ざん、事後否認、盗聴の
リスクを防ぐことができます。電子証明書は、電子入札や商業・法人登記、
特許のインターネット出願などに利用されています。電子証明書の発行を受
けたものは、電子証明書の有効期限前に失効させることができます。

⑨　電子署名とデジタル署名

　電子署名は、電子商取引で、データが正しい送信者から送られてきたか、
送信内容が途中で改ざんされていないかなどを証明する手法です。

　一方、**デジタル署名**は、ハッシュ関数と公開鍵暗号方式を組み合わせて、
文章の作成者を証明し、データの完全性を確保する電子的な証明です。デジ
タル署名の手順は、送信者は、署名したいメッセージからハッシュ関数を使
ってダイジェストを生成し、ダイジェストを送信者の秘密鍵で暗号化し、メ
ッセージとともに送信します。受信者は、受信したメッセージからハッシュ
関数を使ってダイジェストを生成し、署名を送信者の公開鍵で復号したダイ
ジェストと比較して一致することを確認します。デジタル署名では、メッセ
ージが改ざんされていないこととダイジェストを生成した人が確かに署名者
であることを確認できますが、メッセージはそのまま送信されるため機密性
は確保できません。

⑩　ファイアウォール

　ファイアウォールは、LAN とインターネットを接続する場合に、インター
ネット側（外部）からの攻撃や不正侵入が行われないようにする装置の総称
です。

⑪　アクセスログ分析

　アクセスログ分析は、サイトにいつアクセスし、どこのサイトから誘導さ
れたのか、どれだけの訪問数があったのかの記録を分析することです。

⑫　多要素認証

　多要素認証は、セキュリティ向上のために、認証の 3 要素である、知識情
報（パスワードなど）、所持情報（IC カードなど）、生体情報（指紋など）の
2 つ以上を組み合わせて認証する方法をいいます。

⑬　Web 会議サービスを使用する際のセキュリティ上の注意事項

　Web 会議サービスのクライアントソフトの脆弱性を狙った攻撃が増えているため、常に最新の状態にアップデートする必要があります。また、セキュリティを確保するためには、会議案内メールが意図しない参加者に届かないようにするとともに、会議参加者の確認・認証を適切に行う必要があります。さらに、Web 会議では、参加者端末ののぞき見や機密情報の映り込みなどのリスクがあるため、参加者端末の場所、映像の背景に配慮しなければなりません。Web 会議では音声や映像など多くの個人情報を扱う場合があるため、個人情報の漏えいを防ぐために、改正個人情報保護法等の法律、規制に準拠して行う必要があります。通信路が安全でない場合、エンドツーエンド暗号化方式を用いると、サーバーでの復号を必要とする機能が使えなくなる可能性があるので、注意する必要があります。

（5）　情報セキュリティ認証制度

　情報システムやネットワークは社会において欠かせないものとなっている一方で、標的型攻撃などによる被害も増えてきています。そういった現状から、情報セキュリティマネジメントシステム（ISMS：Information Security Management System）や認証制度が注目されています。

①　JIS Q 27001

　JIS Q 27001 の表題は、「情報セキュリティ、サイバーセキュリティ及びプライバシー保護―情報セキュリティマネジメントシステム―要求事項」で、情報セキュリティマネジメントシステム適合性評価制度が設けられています。

②　ISO／IEC 15408

　ISO／IEC 15408 は、JIS X5070 として制定されており、その表題は「セキュリティ技術―情報技術セキュリティの評価基準」です。そこでの認証制度は、IT セキュリティ評価及び認証制度です。

③　JIS Q 15001

　JIS Q 15001 の表題は、「個人情報保護マネジメントシステム―要求事項」

で、プライバシーマーク制度が設けられています。

（6） 情報セキュリティ問題の具体例

　過去には、情報セキュリティに関して示された5つの選択肢文から、適切なものまたは不適切なものを選択する問題が出題されています。出題された問題から、適切な選択肢と不適切な選択肢を分けて示します。なお、適切なものと不適切なものを読み間違えないために、選択肢文の最初に、適切なものには○を、不適切なものには●を付けてあります。

（a） 適切な選択肢

　○　商品を発注したという事実を発注者が後から否認することを防ぐため、発注情報を含む電子データに発注者のデジタル署名を施すよう受注者が依頼した。

　○　委託先から最近のやりとりの内容と全く異なる不自然なメールが届いたため、標的型攻撃メールなどを疑い、添付ファイルは開かず、情報管理者にすぐに報告・相談した。

　○　不正アクセスにより企業の顧客情報などの重要情報が漏洩するリスクを低減させるため、サーバーに保存してある重要情報が含まれるデータを暗号化した。

　○　電子メールの差出人の名前を詐称するなりすましによる詐欺の被害を防ぐため、電子メールの受信者が、電子メールに施されたデジタル署名により差出人を特定した。

　○　電子メールによる発注情報が途中で書き換えられて受注者に届く改ざんを防ぐため、発注情報を含む電子データに発注者のデジタル署名を施した。

　○　システム管理者を名乗る人から、システムに障害が発生したため利用者の再登録が必要との電話があり、利用者IDとパスワードを聞かれたが答えなかった。

　○　情報漏えいを発見したので、直ちに上司や管理者に連絡した。

　○　同一部門内であっても1台のスマートフォンを複数の人で共同利用しな

い。

○　標的型攻撃メールの添付ファイルに仕掛けられたウイルスが既知であれば、ウイルス対策ソフトのウイルス定義ファイルを最新にしておくことで検知可能である。

○　従業員に標的型攻撃メールを疑似体験させることは、標的型攻撃メールに対する意識向上に有効である。

○　机の上をいつも整理しておくことは、重要な情報が放置された状態にならないように注意をすることになるので情報漏洩対策の1つである。

○　組織の情報漏洩対応では憶測や類推による判断や発言は混乱を招くので、情報を1か所に集め外部に対する情報提供や報告の窓口を1本化した。

○　メールアドレスを間違えて社内情報を誤送信してしまったので、誤送信先にお詫びと送付情報の削除をお願いした。

○　匿名掲示板に自社のいわれなき悪評が書き込まれたので、掲示板の管理者に悪評の削除を申し入れた。

○　個人情報が漏洩したので、本人にその事実を知らせてお詫びするとともに、詐欺や迷惑行為などの被害にあわないよう注意喚起をした。

(b)　不適切な選択肢

●　オンラインショッピングサイトに送信するクレジットカード番号が第三者に盗まれないようにするため、ショッピング利用者が送信データにデジタル署名を施した。

●　重要情報を取引先にメールで送付する際に、インターネット上でのデータの機密性を確保するため、送信データに電子署名を施した。

●　職場のパソコンがランサムウェアに感染するのを予防するため、常にパソコンに接続している外付けハードディスクにパソコン内のデータをバックアップした。

●　振込先の変更を求めるメールが取引先から届いたため、ビジネスメール詐欺を疑い、メールへの返信ではなく、メールに書かれている番号に電話して確認した。

● 公衆無線 LAN を用いてテレワークをする際に、通信傍受を防ぐため、WPA2 より暗号化強度が強い「WEP で保護」と表示されているアクセスポイントを利用した。

● 発信者名が知人であるメールアドレス変更通知に添付されていたファイルを、ウイルスチェックを行うことなく開いた。

● 職場の駐車場で拾った USB メモリの所有者を確認するために、職場のネットワークに接続されたパソコンに挿入した。

● 重要な業務データは、本体のメモリではなく、SD カード等のフラッシュメモリに保管する。

● セキュリティソフトを導入し、パターンファイルを最新に保つことで、アプリをインストールする際のアクセス許可の確認を不要にできる。

● 通信費を削減するため、提供元が不明であっても、無料で使える無線 LAN スポットを利用する。

● アプリが素早く使えることがスマートフォンの利点であることから、デバイスのロックのためのパスワード等はなしにするか、簡単に入力できるものにする。

● 標的型攻撃メールとは特定のプログラムを狙ったサイバー攻撃のメールである。

● 標的型攻撃メールにはファイルが必ず添付されている。

● 送信者のメールアドレスが自分と同じ組織のドメイン名であれば、イントラネット内の送受信であるので安全なメールである。

● 以前、安全にメールの送受信を行った実績のあるメールアドレスからのメールは安全なメールである。

第 4 章

安全管理

　安全は何よりも優先されなければならない事項といえます。そのため、技術者は安全に関する法律の規定を守って業務を遂行する場面が多くあります。それだけではなく、リスクや危機に対する対応や未然防止対策の検討などを行う必要もあります。この章では、安全管理と安全法規、安全に関するリスクマネジメント、労働安全衛生管理、事故・災害の未然防止活動・技術、危機管理、システム安全工学手法に分けて説明を行います。

1. 安全管理と安全法規

　安全に関しては、事故や災害が起きるたびにさまざまな形で対策や管理手法などが作られてきています。安全マネジメントシステムとしては、**ISO 45001**（労働安全衛生マネジメントシステム）や ISO 31000（リスクマネジメント）が国際規格となっています。

（1）　安全文化

　安全を維持していくためには、**安全文化**という考え方も重要になっています。安全文化という考え方は、チェルノブイリ原発事故の原因調査をきっかけとして国際原子力機関が提唱したものであるとされています。安全文化を組織内に広げていくためには、次の 4 つの文化を育成していく必要があると米国の

J. リーズンが提唱しています。

(a) 報告する文化

　自分の過ちやミスを報告する習慣や文化を組織内に育成していく必要があります。それを実現するためには、報告を収集する部門と処分を行う部門を分離する必要があります。また、報告が容易に行える手法も必要とされます。

(b) 正義の文化

　正義を重んじる組織を作っていくには、まず行われた行為の原因が、故意によるものか過失によるものかを区別する仕組みが必要となります。それによって、非難や処罰の対象や程度が明確になりますので、組織メンバーが正義を実行する意思決定が容易になります。

(c) 柔軟な文化

　安全を確立するために実行しなければならないことが、その条件によって変わってくるのはいうまでもありません。最近では、社会条件が急激に変化し、技術発展も急速であるため、そういった変化に対して柔軟に対処できる姿勢が必要となります。そのためには、柔軟性のない集中管理体制ではなく、分散した管理によって、さまざまな事態に柔軟に対抗できる組織文化が必要となります。

(d) 学習する文化

　安全性を高めていくためには、安全に関する情報を整備して、過去の経験から学ぶことができる体制を作らなくてはなりません。レッスンラーンと呼ばれる知識ベースから自由に技術者個人が知識を得て、教訓として生かしてく文化が必要となります。

（2） 製造物責任法（PL法）

　かつて、消費者被害における訴訟では、被害者が損害賠償を請求するには、製造業者などの過失や不注意が原因で事故が起きたことを、被害者が証明しなければなりませんでした。しかし、この**製造物責任法**では、被害者が原因を特定することなく、欠陥があったという事実を証明するだけで、製造物の責任を

問えるようになっています。

　この法律の目的は、第1条に「この法律は、製造物の欠陥により人の生命、身体又は財産に係る被害が生じた場合における製造業者等の損害賠償の責任について定めることにより、被害者の保護を図り、もって国民生活の安定向上と国民経済の健全な発展に寄与すること」と示されています。

(a)　製造物と欠陥

　製造物は、「製造又は加工された動産」をいいますので、不動産については対象とされません。また、「欠陥」とは、製造物の特性や通常の使用形態において、その製造物が持っていなければならない安全性を欠いていることをいいます。その欠陥が発生する要因については、通常、次の3つがあると考えられています。

　①　設計上の欠陥

　　設計上の欠陥とは、製造者等が設計段階で危険を低減または回避できたにもかかわらず、安全を軽んじて合理的な設計を採用した結果などによって、製造物全体が安全性に欠ける結果となった場合です。

　②　製造上の欠陥

　　製造上の欠陥とは、製造業者等が、製造や加工の過程で注意義務を尽くしたかどうかにかかわらず、対象となった製造物が設計時の仕様を逸脱して製造や加工されたことによって、安全を損なった場合です。

　③　表示上の欠陥

　　表示上の欠陥とは、合理的な説明、指示、警告などの表示がなされていれば対象製造物に起因する損害や危険を低減または回避できたにもかかわらず、そういった適切な情報を製造者が利用者に与えなかった場合です。

(b)　製造業者等

「製造業者等」には下記の者があります。

　①　当該製造物を業として製造、加工または輸入した者（製造業者）

　②　当該製造物にその氏名、商号、商標その他の表示をした者または当該製造物にその製造業者と誤認させるような氏名等の表示をした者

177

③　当該製造物の製造、加工、輸入または販売に係る形態その他の事情から
　みて、当該製造物にその実質的な製造業者と認めることができる氏名等の
　表示をした者

(c)　製造物責任対象

　製造業者等は、消費者に引き渡した製造物の欠陥によって、他人の生命、身体、財産を侵害したときは、これによって生じた損害を賠償しなければなりません。ただし、その損害が対象となる製造物だけである場合には、本法律の対象にはなりません。また、製造物が修理されたことによって生じた損害については対象とはなりませんし、ソフトウェア単体も対象とはなりません。しかし、ソフトウェアを用いている機械全体として損害を発生した場合には、本法律の対象となります。

　ただし、対象となった製造物を引き渡した時点での科学や技術の知見では、その製造物に欠陥があると認識できなかった場合には、免責されます。また、被害者またはその法定代理人が損害および賠償義務者を知った時から3年間損害賠償の請求を行わないときや、製造業者が対象となる製造物を引き渡した時から10年を経過したときも、時効によって消滅します。ただし、身体に蓄積した場合に人の健康を害するような物質によって発生する損害や、一定の潜伏期間が経過した後に症状が現れる損害については、その損害が生じた時から経過年数が起算されます。

(d)　被害者の証明すべきこと

　被害者は、次の3点について証明することで、製造業者の責任を問うことができます。

①　製造物に欠陥が存在していたこと
②　損害が発生したこと
③　損害が製造物の欠陥により生じたこと

　以上の認定に当たっては、個々の事案の内容、証拠の提出状況等によって、経験則や事実上の推定などを柔軟に活用することによって、被害者の立証負担の軽減が図られます。

（3）　消費生活用製品安全法

　消費生活用製品安全法の目的は、第 1 条に「消費生活用製品による一般消費者の生命又は身体に対する危害の防止を図るため、特定製品の製造及び販売を規制するとともに、特定保守製品の適切な保守を促進し、併せて製品事故に関する情報の収集及び提供等の措置を講じ、もって一般消費者の利益を保護すること」と示されています。この法律で、「特定製品」は、「消費生活用製品のうち、構造、材質、使用状況等からみて一般消費者の生命又は身体に対して特に危害を及ぼすおそれが多いと認められる製品」とされており、具体的には消費生活用製品安全法施行令第 1 条で次のものが示されています。なお、特定製品には、PSC（Product Safety of Consumer Products）マークを付けなければなりません。

【特定製品】

家庭用の圧力なべ及び圧力がま、乗車用ヘルメット、乳幼児用ベッド、登山用ロープ、携帯用レーザー応用装置、浴槽用温水循環器、石油給湯機、石油ふろがま、石油ストーブ、ライター、磁石製娯楽用品、吸収性合成樹脂製玩具

　製品の安全については、製品を長期間使用することによって生じる経年劣化によって安全が確保できなくなる事例が多発していることから、特に重大な危害を及ぼす恐れのある 9 品目（特定保守製品）について、長期使用製品安全点検制度が設けられています。特定保守製品については、消費生活用製品安全法施行令第 3 条に規定されていますが、事故率が下がった製品については令和 3 年 8 月に削除されたため、現在は 2 品目となりました。また、消費生活用製品安全法第 32 条の 3 に「設計標準使用期間及び点検期間」が、第 32 条の 4「製品への表示等」で設計標準使用期間の算定の根拠等の表示が規定されています。なお、同法第 32 条の 23「事業者の責務」に「特定保守製品等の製造又は輸入の事業を行う者は、前条第一項の規定により公表された特定保守製品等の

経年劣化に関する情報を活用し、設計及び部品又は材料の選択の工夫、経年劣化に関する情報の製品への表示又はその改善等を行うことにより、当該特定保守製品等の経年劣化による危害の発生を防止するよう努めなければならない。」と規定されています。また、消費生活用製品安全法第32条の5で、特定保守製品取引事業者には、引渡時の説明等の義務があります。

【特定保守製品】
石油給湯機、石油ふろがま

　なお、経年劣化による重大事故の発生確率は高くないものの、事故件数が多い製品について消費者に注意喚起を促す、長期使用製品安全表示制度も設けられています。

（4）　消費者安全法

　消費者安全法は、「消費者の消費生活における被害を防止し、その安全を確保するため、内閣総理大臣による基本方針の策定について定めるとともに、都道府県及び市町村による消費生活相談等の事務の実施及び消費生活センターの設置、消費者事故等に関する情報の集約等、消費者安全調査委員会による消費者事故等の調査等の実施、消費者被害の発生又は拡大の防止のための措置その他の措置を講ずることにより、関係法律による措置と相まって、消費者が安心して安全で豊かな消費生活を営むことができる社会の実現に寄与する」ことを目的とした法律です。第6条で、「内閣総理大臣は、消費者安全の確保に関する基本的な方針を定めなければならない。」とされており、平成28年4月に「消費安全の確保に関する基本的な方針」が出されています。その中で、各行政機関の所管する既存の法律にその防止措置がないものを「隙間事案」と呼んでいます。本方針の第1で「多数の消費者の財産に被害を生じ又は生じさせるおそれのある事態が発生した場合であって、「隙間事案」である場合に、内閣総理大臣が事業者に対し勧告・命令等の措置をとることができる。」と示されてい

ます。また、第2「消費者安全の確保に関する施策に関する基本的事項」には、次のような内容の方針が示されています。

(a)　消費生活相談等
①　消費生活相談等の事務の実施
　国は、相談体制の空白地域解消、消費生活センターの設立促進、消費生活相談員の配置促進・資格保有率向上・研修参加率の向上、消費者教育の推進、協議会の設置について、各都道府県において目標が達成されるよう、その取組を支援していく。

②　消費生活センターの設置等
　消費生活センター等は、都道府県には設置することが義務とされ、市町村は必要に応じ設置するよう努める。なお、国民生活センターは、独立行政法人国民生活センター法で設けられた組織であるので注意する必要がある。

③　消費生活相談員の処遇の確保等
　国は、登録試験機関による消費生活相談員資格試験を実施する。

④　消費者行政担当職員の資質向上等
　国および国民生活センターは、地方公共団体における消費者行政担当職員がそうした役割を発揮できるような研修の実施等の援助を行う。

⑤　消費生活上特に配慮を要する消費者に関する情報提供
　国や国民生活センター等は、消費生活上特に配慮を要する購入者に関する情報等で、その地方公共団体の住民に関するものを提供する。

⑥　消費者安全の確保のための協議会等
　国および地方公共団体の機関で、消費者の利益の擁護と増進に関連する分野の事務に従事するものは、協議会を設置することができる。

(b)　消費者事故等に関する情報の集約等
①　情報の集約・分析
　消費者事故等に関する情報の一元的な集約体制や分析機能を整備し、関係者間での迅速情報共有、協働・協力関係を構築していくことが重要である。なお、消費者安全法第12条で、「行政機関の長、都道府県知事、市町村

長及び国民生活センターの長は、重大事故等が発生した旨の情報を得たとき
は、直ちに、内閣総理大臣に対し、内閣府令で定めるところにより、その旨
及び当該重大事故等の概要その他内閣府令で定める事項を通知しなければな
らない。」と規定されている。

② 情報の発信及びリスクコミュニケーション

情報の発信については、消費者庁は、消費者への注意喚起を迅速かつ的確
に実施することが不可欠とされており、悪質な事案への的確な法執行を図る
必要がある。これらの対応では、ルールの透明性を確保することで、事業者
の行政の対応への予見可能性を高めることによって、産業活動を活性化させ
るという観点にも十分に配慮する。

リスクコミュニケーションについては、消費者の目線で分かりやすい情報
提供とリスクコミュニケーションの推進に努める。この取組は、風評被害の
解消にも貢献することが期待されている。

(c) 消費者安全調査委員会による消費者事故等の調査等

① 消費者安全調査委員会

消費者安全調査委員会は、科学的かつ公正な判断に基づいて、自ら調査を
実施する事故等の原因調査、他の行政機関等による調査等の結果の評価等に
よって、網羅的かつ効率的に事故等の原因を究明する。生命身体被害の発生
または拡大の防止のための施策や措置について、事故等原因調査の完了時に
必要があると認めるときは、内閣総理大臣への勧告を行うほか、消費者安全
の確保の見地から必要があると認めるときは、内閣総理大臣または関係行政
機関の長への意見陳述を行う。

② 事故等原因調査等

消費者安全調査委員会は、事故等の原因について、責任追及とは目的を異
にする科学的かつ客観的な究明のための調査を実施する。

(d) 他の法律の規定に基づく措置の実施に関する要求並びに事業者に対する勧告及び命令等

① 他の法律の規定に基づく措置の実施に関する要求

② 事業者に対する勧告及び命令等

重大事故等が発生した場合に、「隙間事案」に当たるか否かが一見して明確ではない事案については、事案を担当する機関が迅速に確定されるようにする。多数消費者財産被害事態が発生した場合にも、厳正かつ的確に対応する。

③ 法の施行に係る調査権限の地方公共団体への委任

都道府県知事等がその事務を行うことができるようにするため、都道府県知事等に対して引き続き積極的に協力を求める。

④ 関係行政機関の長等への情報提供

内閣総理大臣または消費者庁長官は、関係行政機関と事業者等に対し、適切に情報提供を行う。

(e)　食品の表示

消費者庁は、食品表示法に基づく新たな食品表示制度等の円滑な運用によって、消費者に適切な情報が提供されるようにするとともに、不適正な表示に対する是正措置を講ずる。

183

（5）　消防法

消防法の目的は、第1条に「この法律は、火災を予防し、警戒し及び鎮圧し、国民の生命、身体及び財産を火災から保護するとともに、火災又は地震等の災害による被害を軽減するほか、災害等による傷病者の搬送を適切に行い、もって安寧秩序を保持し、社会公共の福祉の増進に資することを目的とする。」と示されています。

第2章の「火災の予防」では、第8条で施設における**防火管理者**に関する事項が定められています。第8条第1項では、「学校、病院、工場、事業場、興行場、百貨店、複合用途防火対象物その他多数の者が出入し、勤務し、又は居住する防火対象物で政令で定めるものの管理について権原を有する者は、政令で定める資格を有する者のうちから<u>防火管理者を定め</u>、政令で定めるところにより、当該防火対象物について消防計画の作成、当該消防計画に基づく消火、通

報及び避難の訓練の実施、消防の用に供する設備、消防用水又は消火活動上必要な施設の点検及び整備、火気の使用又は取扱いに関する監督、避難又は防火上必要な構造及び設備の維持管理並びに収容人員の管理その他防火管理上必要な業務を行わせなければならない。」と規定されています。また、同条第2項では、「権原を有する者は、同項の規定により防火管理者を定めたときは、遅滞なくその旨を所轄消防長又は消防署長に届け出なければならない。」と規定されています。

「防火管理者の責務」については、消防法施行令第3条の2の第1項で、「防火管理者は、総務省令で定めるところにより、当該防火対象物についての防火管理に係る消防計画を作成し、所轄消防長又は消防署長に届け出なければならない。」と規定されています。また、第2項で、「当該防火対象物について消火、通報及び避難の訓練の実施、消防の用に供する設備、消防用水又は消火活動上必要な施設の点検及び整備、火気の使用又は取扱いに関する監督、避難又は防火上必要な構造及び設備の維持管理並びに収容人員の管理その他防火管理上必要な業務を行わなければならない。」と規定されています。「防火管理者の資格」については、同第3条で、「都道府県知事、消防本部及び消防署を置く市町村の消防長又は法人であって総務省令で定めるところにより総務大臣の登録を受けたものが行う甲種防火対象物の防火管理に関する講習の課程を修了した者」や「学校教育法による大学又は高等専門学校において総務大臣の指定する防災に関する学科又は課程を修めて卒業した者で、1年以上防火管理の実務経験を有するもの」などが規定されています。

また、消防法第36条では、「火災以外の災害で政令で定めるものによる被害の軽減のため特に必要がある建築物その他の工作物として政令で定めるものについて準用する。」と規定されています。この場合において、「防火管理者」は「防災管理者」と読み替えると規定していますので、地震等の自然災害にも対応することが求められます。

（6） 民法

　民法においては、第709条の「不法行為による損害賠償」で、「故意又は過失によって他人の権利又は法律上保護される利益を侵害した者は、これによって生じた損害を賠償する責任を負う。」と明記されています。一方、契約不適合責任については、民法第415条の「債務不履行による損害賠償」で、売主に帰責事由なしの場合には、損害賠償はできないとされています。なお、催告による解除に関しては、民法541条で「当事者の一方がその債務を履行しない場合において、相手方が相当の期間を定めてその履行の催告をし、その期間内に履行がないときは、相手方は、契約の解除をすることができる。」と規定されています。また、買主の追完請求権に関しては、民法第562条で、「引き渡された目的物が種類、品質又は数量に関して契約の内容に適合しないものであるときは、買主は、売主に対し、目的物の修補、代替物の引渡し又は不足分の引渡しによる履行の追完を請求することができる。ただし、売主は、買主に不相当な負担を課するものでないときは、買主が請求した方法と異なる方法による履行の追完をすることができる。」と規定されています。代金減額に関しては、民法第563条で、「買主が相当の期間を定めて履行の追完の催告をし、その期間内に履行の追完がないときは、買主は、その不適合の程度に応じて代金の減額を請求することができる。」と規定されています。

　以上の内容を**図表 4.1** に示します。

図表 4.1　契約不適合責任

買主の救済方法	買主に帰責事由あり	双方とも帰責事由なし	売主に帰責事由あり
損害賠償	できない	できない	できる
解除	できない	できる	できる
追完請求	できない	できる	できる
代金減額	できない	できる	できる

（7）　協調安全

　安全の考え方は、当初は人の注意力や判断力に頼って「人の領域」の安全を確保してきました。この考え方をSafety0.0といいますが、この方法では、「機械の領域」や「人と機械の共存領域」ではリスクが高い状態となります。それに対して、機械に安全対策を施すことで「機械の領域」のリスクを下げるとともに、人と機械を隔離することで「人と機械の共存領域」をなくし、安全性を高めるという考え方がSafety1.0になります。最近では、人と機械が共存して作業する環境が増えてきているため、Safety1.0での対応が困難となってきています。それに対応するのが **Safety2.0** で、人と機械と環境が協調することで、それぞれの領域だけではなく、共存領域においても高い安全性を確保することを可能とします。それを実現するために活用されると考えられるのが、IoTや人工知能などの技術になります。

（8）　新規科学技術分野の安全

　最近では、バイオテクノロジー分野やコンピュータサイエンス分野等の新規科学技術分では、『トランスサイエンス』という概念が注目されています。トランスサイエンス問題とは、「科学に問うことはできるが、科学によってのみでは答えることができない問題」と定義されています。そういった問題を、**倫理的・法的・社会的課題**（ELSI：Ethical, Legal and Social Implications/Issues）と捉え、社会的懸念を特定し、リスクや影響を分析・評価して、対応を検討する活動が求められています。

　食の安全に関しては、消費者庁、食品安全委員会、厚生労働省、農林水産省等は、食品の安全性に関するリスクコミュニケーションを連携して推進しています。また、遺伝子組換え生物等の使用等の規制による生物の多様性の確保に関する法律では、「遺伝子組換え生物等を作成し又は輸入して第一種使用等をしようとする者その他の遺伝子組換え生物等の第一種使用等をしようとする者は、遺伝子組換え生物等の種類ごとにその第一種使用等に関する規程を定め、これにつき主務大臣の承認を受けなければならない。」と規定されています。

　ライフサイエンスの急速な発展は、人類の福利向上に大きく貢献する一方で、人の尊厳や人権に関わるような生命倫理の課題を生じさせる可能性がありますので、未来の社会変革や経済・社会的な課題への対応を図るには、多様なステークホルダー間の対話と協働が必要です。また、動物愛護管理法第41条の「動物を科学上の利用に供する場合の方法、事後措置等」では、第1項で「動物を教育、試験研究又は生物学的製剤の製造の用その他の科学上の利用に供する場合には、科学上の利用の目的を達することができる範囲において、できる限り動物を供する方法に代わり得るものを利用すること、できる限りその利用に供される動物の数を少なくすること等により動物を適切に利用することに配慮するものとする。」と規定されています。加えて、第2項で、「動物を科学上の利用に供する場合には、その利用に必要な限度において、できる限りその動物に苦痛を与えない方法によってしなければならない。」と規定しています。

2. 安全に関するリスクマネジメント

　リスクマネジメントは、リスクを定量的に捉える手法で、確率の考え方を用います。

（1）　リスク管理

　リスク管理とは、組織やプロジェクトに潜在するリスクを把握し、そのリスクに対して使用可能なリソースを用いて効果的な対処法を検討し、それを実施するための技術体系です。リスク管理を実施する際は、組織やプロジェクトに関係する多様なリスクの存在を知り、それぞれのリスクに対して最適な分析・評価技術を用いてアセスメントを実施し、明確な対応方針に基づいて対策を検討する必要があります。リスクマネジメントに関する規格である「JIS Q31000 リスクマネジメント―原則及び指針」の前文では、次のような内容を示しています。

この規格は、リスクのマネジメントを行い、意思を決定し、目的の設定及び達成を行い、並びにパフォーマンスの改善のために、組織における価値を創造し保護する人々が使用するためのものである。

あらゆる業態及び規模の組織は、自らの目的達成の成否を不確かにする外部及び内部の要素並びに影響力に直面している。

リスクマネジメントは、反復して行うものであり、戦略の決定、目的の達成及び十分な情報に基づいた決定に当たって組織を支援する。

リスクマネジメントは、組織統治及びリーダーシップの一部であり、あらゆるレベルで組織のマネジメントを行うことの基礎となる。リスクマネジメントは、マネジメントシステムの改善に寄与する。

リスクマネジメントは、組織に関連する全ての活動の一部であり、ステークホルダとのやり取りを含む。

リスクマネジメントは、人間の行動及び文化的要素を含めた組織の外部及び内部の状況を考慮するものである。

（後略）

（2） リスクアセスメント

リスクアセスメントは、リスク管理の中核をなす活動であり、リスクを特定し、リスク分析とリスク評価をするプロセス全体をいいます。「JIS Q 0073 リスクマネジメント―用語」では、用語を次のように定義しています。

① **リスク**

目的に対する不確かさの影響

② **リスクマネジメント**

リスクについて、組織を指揮統制するための調整された活動

③ **リスク特定**

リスクを発見、認識及び記述するプロセス

④ **リスク分析**

リスクの特質を理解し、リスクレベルを決定するプロセス

⑤ **リスクレベル**

結果とその起こりやすさとの組合せとして表現される、リスク又は組み合わさったリスクの大きさ

⑥ **リスク評価**

リスク及び／又はその大きさが、受容可能か又は許容可能かを決定するために、リスク分析の結果をリスク基準と比較するプロセス

⑦ コミュニケーション及び協議

リスクの運用管理について、情報の提供、共有又は取得、及びステークホルダーとの対話を行うために、組織が継続的に及び繰り返し行うプロセス

⑧ モニタリング

要求又は期待されたパフォーマンスレベルとの差異を特定するために、状態を継続的に点検し、監督し、要点を押さえて観察し、又は決定すること

189

リスクアセスメントに関しては、厚生労働省から「危険性又は有害性等の調査等に関する指針」が出されており、対象としては、「建設物、設備、原材料、ガス、蒸気、粉じん等による、又は作業行動その他業務に起因する危険性又は有害性であって、労働者の就業に係る全てのものを対象とする。」としています。実施内容としては、次の事項を挙げています。

Ⓐ 労働者の就業に係る危険性又は有害性の特定

Ⓑ Ⓐにより特定された危険性又は有害性によって生ずるおそれのある負傷又は疾病の重篤度及び発生する可能性の度合の見積り

Ⓒ Ⓑの見積りに基づくリスクを低減するための優先度の設定及びリスクを低減するための措置内容の検討

Ⓓ Ⓒの優先度に対応したリスク低減措置の実施

実施体制としては、下記の人材を参画させるよう示しています。

ⓐ 総括安全衛生管理者等、事業の実施を統括管理する者（事業場トップ）

に調査等の実施を統括管理させること。

ⓑ　事業場の安全管理者、衛生管理者等に調査等の実施を管理させること。

ⓒ　安全衛生委員会等の活用等を通じ、労働者を参画させること。

ⓓ　調査等の実施に当たっては、作業内容を詳しく把握している職長等に危険性又は有害性の特定、リスクの見積り、リスク低減措置の検討を行わせるように努めること。

ⓔ　機械設備等に係る調査等の実施に当たっては、当該機械設備等に専門的な知識を有する者を参画させるように努めること。

実施時期に関しては、次の時期を挙げています。

1)　建設物を設置し、移転し、変更し、又は解体するとき。

2)　設備を新規に採用し、又は変更するとき。

3)　原材料を新規に採用し、又は変更するとき

4)　作業方法又は作業手順を新規に採用し、又は変更するとき。

5)　労働災害が発生した場合であって、過去の調査等の内容に問題がある場合

6)　前回の調査等から一定の期間が経過し、機械設備等の経年による劣化、労働者の入れ替わり等に伴う労働者の安全衛生に係る知識経験の変化、新たな安全衛生に係る知見の集積等があった場合

　リスクの見積りに対しては、「危険性又は有害性により発生するおそれのある負傷又は疾病の重篤度及びそれらの発生の可能性の度合をそれぞれ考慮して、リスクを見積もるものとする。」と示しています。リスク低減措置の検討に関しては、法令の実施とともに、ア）設計・計画段階における危険性の除去や低減、イ）局所排気装置等の工学的対策、ウ）マニュアル整備等の管理的対策、エ）個人用保護具の使用、の優先順位を示しています。

（3）　リスク対応

　リスク値は下記の式で表されますので、リスク値を低減するには、被害額を少なくするか、被害が起きる発生確率を下げるか、その両方を下げるかという

方法をとります。

　　　リスク値＝【被害額】×【被害が起きる発生確率】

　「JIS Q31000 リスクマネジメント―原則及び指針」では、リスク対応には、
①リスク回避、②ある機会の追求のためのリスクの増加、③リスク源の除去、
④起こりやすさの変更、⑤結果の変更、⑥他者とリスクの共有、⑦リスク保有
があると示しています。なお、「リスク対応は、対象としたリスクを小さくす
るが、別のリスクを派生させることがある」とも示していますし、リスクを低
減することはできても、リスクをゼロにする**絶対安全**にはできません。また、
環境や条件の変化によってリスク値は変わっていきますので、一度判断した結
果がそれ以後も適切なものであり続けると考えるのは間違いです。そのため、
継続的にリスクを監視し、変化のたびにリスク評価をしていかなければなりま
せん。

　通常、リスクを考える場合には、**図表4.2**のような**リスクマトリクス**を用い
ます。

図表4.2　リスクマトリクス

		影響度		
		小	中	大
生起確率	高	中 or 低	高	高
	中	低	高 or 中	高
	低	低	中 or 低	高 or 中

　基本的な**リスク対応方針**は、リスク値が高い（右上の）事象をできるだけ低
い（左下の）事象に持っていく検討を行うことです。一般的な**リスク対応**に
は、通常、次の4つの方法があります。

Ⓐ　**リスク低減（軽減）**

　リスク値が高い場合にリスク低減をする方法としては、リスクの発生確率
を下げるか、リスクの影響度（損害額）を少なくするか、その両方を下げる

方法がとられます。

⒝　**リスク移転（転嫁）**

　リスク移転の方法の１つとして、その実務の専門家（会社）に委託する方法があります。この方法では、専門家は専門知識や経験があるので、リスク値を低くする術を有しています。また、海難事故のように損害金額が大きいものについては、保険をかける方法が取られますが、これもリスク移転策になります。

⒞　**リスク回避**

　リスク値が高く、リスクを軽減する具体的な対策がないと判断される場合には、リスク回避策がとられます。リスク回避には、現在実施しようとしている手法を違うものに変更するとか、その事業や投資自体を断念するなどの方法があります。

⒟　**リスク保有（受容）**

　リスク保有は、積極的なリスク対策を実施する方が高くつく場合などに、リスク自体を受容（保有）して、リスク事象の監視を継続しながら、状況の変化に従って対策を考えるような、対策を先延ばしする方法になります。

　なお、リスク対応に関しては、**ALARP の原則**という言葉がありますが、ALARP は as low as reasonably practicable の略であり、リスクは合理的で実効可能な限りできるだけ低くしなければならないという原則になります。

（4）　リスク認知のバイアス

　リスクを受け入れるかどうかの判断をする個人や組織、社会のリスク認知には、さまざまなバイアスによって影響を受けます。そのバイアスによる影響度によって、社会的受容の判断が変わってきます。通常発生するバイアスには次のようなものがあります。

①　**正常性バイアス**：異常な状態を示す情報を得ても、正常であると解釈しようとする偏向

② **楽観主義バイアス**：心理的なストレスを回避するために、楽観的に明るい方から見ようとする偏向

③ **カタストロフィー・バイアス**：きわめて稀にしか起きないが、壊滅的な被害をもたらすリスクに対して、過大な評価をする偏向

④ **ベテランバイアス**：経験が豊富な事象に対して、現在の状況を考慮せず経験を優先して判断する偏向

⑤ **バージンバイアス**：未経験な事象に対して、できるだけ正常であると判断する偏向

　なお、社会的受容では、過去に受容されたから当然今回も受容されるであろうという論理は成り立ちません。その理由は、社会が求めているものや、そのときの技術レベルで判断が変わってくるからです。高度成長期に目指していたものと、現在のような環境を重視する社会で目指しているものは大きく違っています。また、10 年前に比べて、現在の技術は大きく進歩しています。ですから、数年前の技術レベルではわからなかった大きな弊害が発見されれば、正負のバランスは変わってきます。より効果的で、マイナスの影響の少ない新しい技術が発見されれば、社会的受容の判断基準も変わってきます。社会的な環境や技術の動向を総合的に判断して、その時点の社会的受容は決定されます。

（5）　リスクコミュニケーション

　リスクの社会的受容を得るためには、リスクコミュニケーションが重要となります。**リスクコミュニケーション**は、リスクの性質やリスクがもたらす正負両面の影響などについて、ステークホルダー間で意見や情報の交換を通じて、意思疎通と相互理解を図ることです。リスクに対する判断には個人差がありますので、特定のステークホルダーの利害によらない、科学的な根拠に基づいた独立性のある発信をすることが求められています。少なくとも、リスクコミュニケーションの心構えとしては、技術者はリスクに関する正確な情報を難解な専門用語だけではなくやさしい言葉で伝えて、個人や社会が判断するために必要な材料を提供することです。しかし、技術者や企業が正確な情報を発信した

としても、それを信じてもらえない可能性もありますので、専門家や国際機関、NGO などの第三者機関を仲介して信頼性を高める方法なども検討しなければなりません。また、個人や社会に到達する前にフィルタリングされたり、無視されたり、排除されたりする場合もあります。なお、リスクコミュニケーションは、リスク分析をした結果をステークホルダーに知らせるという限定的なものではなく、リスク管理を実効的に実施するために、継続的に実施されなければなりません。

　文部科学省は、平成26年3月に安全・安心科学技術及び社会連携委員会から「リスクコミュニケーションの推進方策」を発表しています。本報告書第2項(2)では、リクスコミュニケーションを、「リスクのより適切なマネジメントのために、社会の各層が対話・共考・協働を通じて、多様な情報及び見方の共有を図る活動」と定義しています。加えて、「社会の関与者（ステークホルダー）はそれぞれが「リスクのより適切なマネジメント」のために果たしうる役割があり、ステークホルダー間で対話・共考・協働が積極的になされることが望ましい。各ステークホルダーが多様な情報及び見方を共有しようとする活動全体がリスクコミュニケーションと言える。こうした活動を通じて、ステークホルダー間の権限と責任の分配が定まっていくことが重要である。」としています。

　本報告書第2項(3)では、リスクコミュニケーションの目的を具体的に次の5分類としています。

①　個人のリスク認知を変えリスク対処のために適切な行動に結びつけること（ステークホルダーの行動変容）

②　地域社会において一般市民とともに潜在的な問題を掘り起こしてリスクのより適切なマネジメントにつなげていくこと（問題の発見と可視化）

③　ステークホルダー間で多様な価値観を調整しながら具体的な問題解決に寄与すること（異なる価値観の調整）

④　リスクを伴う不確定な事象に係る行政の意思決定について適切な手続を踏んで社会的合意の基盤を形成すること（リスクマネジメントに関する合意形成への参加）

⑤　非常時の後に被害者や被災者の回復に寄り添うこと（被害の回復と未来に向けた一歩の支援）

さらに、注意事項として、「リスクコミュニケーションについて、これらの目的を達成しようとして、ステークホルダー間の異なる意見や価値観の画一化を図り、一つの結論を導き出すことを可能にする手段と考えることは適当ではない。」としています。それに代わって、「共感を生むコミュニケーション」の場となることを目指すべきとしています。

本報告書第3項(1)「平常時に専門家が一般市民と行う、自然災害のリスクに係る行動変容の喚起を目的としたリスクコミュニケーション」では、「専門家は、難解な専門用語を用いないように努めるのはもちろんのこと、巨大津波想定のような計算結果・データがどのような意味を持ち、どの程度の不確実性を含むものか適切な説明を施した上で、受け手側がその情報をどう認識しているかを理解しようとする姿勢も持ち合わせることが望ましい。」と示しています。

なお、本報告書第4項では、『リスクコミュニケーションを推進するに当たっての重要事項（基本的な視座)』として、次のような項目を示しています。

ⓐ　個人のリスク認知と社会のリスク認知

ⓑ　リスクに関する様々な非対称性

ⓒ　統治者視点と当事者視点

ⓓ　リスク情報の効果的発信

ⓔ　媒介機能を担う人材の中立性と専門家の独立性

このうちⓐでは、「個人はリスクを「**ハザード**」と「**アウトレージ**（怒りや不安、不満、不信など感情的反応をもたらす因子)」の和として捉えるという考え方がある。ハザードが十分小さくてもアウトレージが大きければリスクとして無視できない、というリスク認知を踏まえるならば、一方向の説得ではなく「対話・共考・協業」が重要となる。」と示しています。

なお、リスクコミュニケーションにおいては、その方法が重要とされています。コミュニケーションの手段としては、新聞、雑誌、テレビ、ラジオ等のマスコミや、説明会などの対話方式、電子メディアを使う方式など、さまざまな

ものがあります。そのうち、マスコミは注意喚起型のリスクコミュニケーションに、対人的な媒体は合意形成型のリスクコミュニケーションに適しています。また、電子メディアは即時性や広域性に優れています。

　リスクコミュニケーションにおいては、過程や対応経緯、対応者などのコミュニケーションのプロセス、内容、結果を記録し、保存することも必要です。

（6）　リスクベースメンテナンス

　メンテナンスの対象となるシステムが大規模で複雑になると、考慮しなければならない機能や故障モードが多数になって、それらの重要度とメンテナンスの効果を的確に評価することが難しくなります。そういったシステムに対応する手法として**リスクベースメンテナンス（RBM）**があります。リスクベースメンテナンスは、設備やシステムの保全計画や検査計画の立案に際して、リスク評価を取り入れた手法であり、設備やシステムの信頼性向上と保全費の最適化を図る手法です。また、**リスクベース検査（RBI）**は、設備やシステムを要素レベルまで分類して不具合分析を行い、最適な検査手法や時期を検討して計画する手法です。リスクベースメンテナンスでは、故障の重要度を故障事例や寿命評価理論を基にして、リスク（＝発生確率×影響の大きさ）値で一元的に評価し、リスクの高低によって作業の順位付けをしますので、保全費の最適化が図れます。

3. 労働安全衛生管理

　労働安全衛生管理は、企業活動において、職場の安全を確保するために行う管理活動で、そのためにいくつかの法律が定められています。

（1）　労働安全衛生法

　労働安全衛生法は、「労働災害の防止のための危害防止基準の確立、責任体制の明確化及び自主的活動の促進の措置を講ずる等その防止に関する総合的計

画的な対策を推進することにより職場における労働者の安全と健康を確保するとともに、快適な職場環境の形成を促進する」ことを目的とした法律です。この法律では、労働者を、「職業の種類を問わず、事業又は事務所に使用される者で、賃金を支払われる者」と定めています。

(a) 事業者等の責務

労働安全衛生法では、「事業者等の責務」を第3条第1項で次のように示しています。

　事業者は、単にこの法律で定める労働災害の防止のための最低基準を守るだけでなく、快適な職場環境の実現と労働条件の改善を通じて職場における労働者の安全と健康を確保するようにしなければならない。また、事業者は、国が実施する労働災害の防止に関する施策に協力するようにしなければならない。

また、製造業者等に対しては、第3条第2項で、「機械、器具その他の設備を設計し、製造し、若しくは輸入する者、原材料を製造し、若しくは輸入する者又は建設物を建設し、若しくは設計する者は、これらの物の設計、製造、輸入又は建設に際して、これらの物が使用されることによる労働災害の発生の防止に資するように努めなければならない。」と規定されています。さらに、建設業者に対しては、「建設工事の注文者等仕事を他人に請け負わせる者は、施工方法、工期等について、安全で衛生的な作業の遂行をそこなうおそれのある条件を附さないように配慮しなければならない。」（第3条第3項）と規定されています。一方、労働者に対しては、第4条で「労働者は、労働災害を防止するため必要な事項を守るほか、事業者その他の関係者が実施する労働災害の防止に関する措置に協力するように努めなければならない。」と規定されています。

一方、労働契約法の第5条の「労働者の安全への配慮」では、「使用者は、労働契約に伴い、労働者がその生命、身体等の安全を確保しつつ労働することができるよう、必要な配慮をするものとする。」という**安全配慮義務**が定められ

ています。なお、安全配慮義務については、危険作業はもちろんですが、メンタルヘルス対策もその中に含まれると解釈されています。また、安全配慮義務の内容は、一律に定められるものではなく、労働者の職種や労務内容、職場の状況などによって必要な配慮をすることが求められています。安全配慮義務の内容として、労働安全衛生法を含めた、労働安全衛生法令の規定が遵守されなければなりません。加えて、厚生労働大臣に対しては、第6条で、「厚生労働大臣は、労働政策審議会の意見をきいて、労働災害の防止のための主要な対策に関する事項その他労働災害の防止に関し重要な事項を定めた計画（以下「労働災害防止計画」という。）を策定しなければならない。」と規定されています。

(b) 安全衛生管理体制

労働安全衛生法の第3章では、**安全衛生管理体制**を定めており、次のような管理者を示しています。

① 総括安全衛生管理者（第10条）

事業者は、労働安全衛生法施行令の第2条で定める規模の事業場ごと（例：建設業等100人、製造業等300人）に**総括安全衛生管理者**を選任し、その者に安全管理者、衛生管理者等の指揮をさせるとともに、次の業務を統括管理させなければなりません。

・労働者の危険または健康障害を防止するための措置

・労働者の安全または衛生のための教育の実施

・健康診断の実施その他健康の保持増進のための措置

・労働災害の原因の調査および再発防止対策

・労働災害を防止するため必要な業務で、厚生労働省令で定めるもの

② 安全管理者（第11条）

事業者は、常時50人以上の労働者を使用する事業場ごとに、厚生労働省令で定める資格を有する者のうちから**安全管理者**を選任し、その者に安全に係る技術的事項を管理させなければなりません。

③ 衛生管理者（第12条）

事業者は、常時50人以上の労働者を使用する事業場ごとに、都道府県労働

局長の免許を受けた者や資格を有する者のうちから**衛生管理者**を選任し、衛生に係る技術的事項を管理させなければなりません。

④　産業医等（第 13 条）

　事業者は、常時 50 人以上の労働者を使用する事業場ごとに、医師のうちから**産業医**を選任し、その者に労働者の健康管理その他の厚生労働省令で定める事項を行わせなければなりません。産業医は、労働者の健康を確保するため必要があると認めるときは、事業者に対し、労働者の健康管理等について必要な勧告をすることができます（第 5 項）。また、事業者は、勧告を受けたときは、これを尊重しなければなりません。さらに、第 13 条第 4 項で、「産業医を選任した事業者は、産業医に対し、厚生労働省令で定めるところにより、労働者の労働時間に関する情報その他の産業医が労働者の健康管理等を適切に行うために必要な情報として厚生労働省令で定めるものを提供しなければならない。」と規定されています。

⑤　安全委員会（第 17 条）

　事業者は、政令で定める業種・規模の事業場ごとに（建設業等は 50 人以上）、労働者の危険防止や労働災害の原因や再発防止対策で安全に係るもの等を調査審議させ、事業者に対し意見を述べさせるため、**安全委員会**を設けなければなりません。

⑥　衛生委員会（第 18 条）

　事業者は、常時 50 人以上の労働者を使用する事業場ごとに、労働者の健康障害等や労働災害の原因や再発防止対策で衛生に係るもの等を調査審議させ、事業者に対し意見を述べさせるため、**衛生委員会**を設けなければなりません。

⑦　安全衛生委員会（第 19 条）

　事業者は、安全委員会と衛生委員会を設けなければならないときは、それぞれの委員会の設置に代えて、**安全衛生委員会**を設置することができます。

(c)　労働者の危険又は健康障害を防止するための措置

労働安全衛生法の第 4 章では、「労働者の危険又は健康障害を防止するため

の措置」を定めており、次のような内容を示しています。

① 事業者は、次の危険を防止するため必要な措置を講じなければならない（第20条）
 ・機械、器具その他の設備による危険
 ・爆発性の物、発火性の物、引火性の物等による危険
 ・電気、熱その他のエネルギーによる危険

② 事業者は、次の健康障害を防止するため必要な措置を講じなければならない（第22条）
 ・原材料、ガス、蒸気、粉じん、酸素欠乏空気、病原体等による健康障害
 ・放射線、高温、低温、超音波、騒音、振動、異常気圧等による健康障害
 ・計器監視、精密工作等の作業による健康障害
 ・排気、排液または残さい物による健康障害

③ 事業者は、労働者を就業させる建設物その他の作業場について、通路、床面、階段等の保全並びに換気、採光、照明、保温、防湿、休養、避難及び清潔に必要な措置その他労働者の健康、風紀及び生命の保持のため必要な措置を講じなければならない（第23条）

④ 事業者は、労働者の作業行動から生ずる労働災害を防止するため必要な措置を講じなければならない（第24条）

⑤ 事業者は、労働災害発生の急迫した危険があるときは、直ちに作業を中止し、労働者を作業場から退避させる等必要な措置を講じなければならない（第25条）

労働災害が発生した場合の対策としては、第78条第1項で、「厚生労働大臣は、重大な労働災害として厚生労働省令で定めるものが発生した場合において、重大な労働災害の再発を防止するため必要がある場合として厚生労働省令で定める場合に該当すると認めるときは、厚生労働省令で定めるところにより、事業者に対し、その事業場の安全又は衛生に関する改善計画を作成し、これを厚生労働大臣に提出すべきことを指示することができる。」と規定されています。さらに、同条第6項で、「厚生労働大臣は、前項の規定による勧告を受

けた事業者がこれに従わなかつたときは、その旨を公表することができる。」
と規定されています。

(d)　機械等に関する規制

労働安全衛生法の第 5 章では、「機械等並びに危険物及び有害物に関する規制」を定めており、その第 1 節「機械等に関する規制」では、ボイラーやクレーン、エレベータなどの「特定機械等」については、次のような規制をかけています。

① 製造の許可（第 37 条）

② 製造時等検査等（第 38 条）

③ 個別検定（第 44 条）

④ 定期自主検査（第 45 条）

また、労働安全衛生規則第 150 条の 4 で「事業者は、産業用ロボット（定格出力が 80 W を超えるもの）を運転する場合において、当該産業用ロボットに接触することにより労働者に危険が生ずるおそれのあるときは、さく又は囲いを設ける等当該危険を防止するために必要な措置を講じなければならない。」と規定されています。それに対して、平成 25 年 12 月 24 日付基発 1224 第 2 号で、定格出力が 80 W を超える産業用ロボットにおいては、労働安全衛生法で定められた危険性等の調査に基づく措置を実施し、危険のおそれがなくなったと評価できるときは該当しないとされました。

(e)　化学物質のリスクアセスメント

平成 28 年 6 月の改正で、化学物質のリスクアセスメントが義務づけとなりました。

第 57 条の 3 第 1 項

事業者は、厚生労働省令で定めるところにより、第 57 条第 1 項の政令で定める物及び通知対象物による危険性又は有害性等を調査しなければならない。

対象となる化学物質は、安全データシート（**SDS**）の交付義務の対象である640物質となっています。対象となる事業所は、業種・事業規模にかかわらず、対象となる化学物質を製造または取り扱いを行うすべての事業場となっていますので、製造業や建設業に限らず、清掃業、卸売・小売業、飲食業、医療・福祉業なども対象となります。**化学物質のリスクアセスメント**とは、化学物質の持つ危険性や有害性を特定し、それによる労働者への危険または健康被害を生じるおそれの程度を見積もり、リスクの低減対策を検討することです。そのため、リスクアセスメントは**図表 4.3**に示す手順で行われます。

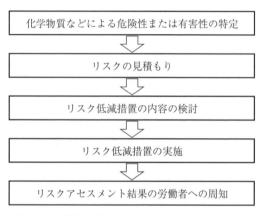

図表 4.3　化学物質のリスクアセスメントの流れ

(f)　労働者の就業に当たっての措置

　労働者の就業に当たっての措置として第59条で**安全衛生教育**を定めており、「事業者は、労働者を雇い入れたときは、当該労働者に対し、厚生労働省令で定めるところにより、その従事する業務に関する安全又は衛生のための教育を行なわなければならない。」とされています。これが**雇入れ教育**になります。また、第60条では、「事業者は、その事業場の業種が政令で定めるものに該当するときは、新たに職務につくこととなった職長その他の作業中の労働者を直接指導又は監督する者に対し、次の事項について、厚生労働省令で定めるところにより、安全又は衛生のための教育を行なわなければならない。」とされて

います。これが**送出し教育**になります。

　なお、第66条では、「事業者は、労働者に対し、厚生労働省令で定めるところにより、医師による健康診断を行わなければならない。」とされています。なお、労働安全衛生規則第52条では、「常時50人以上の労働者を使用する事業者は、（中略）、遅滞なく、定期健康診断結果報告書を所轄労働基準監督署長に提出しなければならない。」と規定されています。また、労働安全衛生法第66条の8で、「事業者は、その労働時間の状況その他の事項が労働者の健康の保持を考慮して厚生労働省令で定める要件に該当する労働者に対し、厚生労働省令で定めるところにより、医師による面接指導を行わなければならない。」と規定されています。なお、要件としては、労働安全衛生規則第52条の2で、「時間外・休日労働時間が月80時間を超えた労働者で、かつ、疲労の蓄積が認められる者」とされています。また、労働安全衛生法第66条の8の3で、「事業者は、第66条の8第1項又は前条第1項の規定による面接指導を実施するため、厚生労働省令で定める方法により、労働者の労働時間の状況を把握しなければならない。」と規定されており、客観的な方法や使用者による現認が原則となっています。なお対象労働者は、「高度プロフェッショナル制度適用労働者」以外のすべての労働者です。

(g)　メンタルヘルス

　メンタルヘルス対策は、労働安全衛生法第70条の2「健康の保持増進のための指針の公表等」に基づいて行われるものです。メンタルヘルスの予防については次の3段階があります。

①　一次予防（メンタルヘルス不調の未然防止）

・メンタルヘルスケアを推進するための教育研修

・個人のストレス耐性を強める

・職場環境の把握と改善

・ストレスの要因を抑止する

②　二次予防（メンタルヘルス不調の早期発見・早期治療）

・早期治療を行える状況をつくる

・従業員の兆候を読み取るために環境作りを行う

　　・早期相談体制の整備を行う

　　・日常からメンタルヘルスの啓蒙を行う

　③　三次予防（メンタルヘルス不調者の職場復帰支援）

　　・発症した労働者の治療

　　・治療中の労働者の精神面のフォロー

　　・職場復帰する従業員に対する職場環境を整備する

　　・再発の予防を行う

　なお、平成27年12月1日に、ストレスチェック制度が施行されました。**ストレスチェック制度**については、労働安全衛生法第66条の10第1項で、「事業者は、労働者に対し、厚生労働省令で定めるところにより、医師、保健師その他の厚生労働省令で定める者による心理的な負担の程度を把握するための検査を行わなければならない。」と規定されています。なお、事業の規模については、労働安全衛生法施行令第5条で、「政令で定める規模の事業場は、常時50人以上の労働者を使用する事業場とする。」と規定されています。それ以外の事業場については、当面の間、ストレスチェックは努力義務となっています。また、労働安全衛生規則第52条の9で、「事業者は、常時使用する労働者に対し、1年以内ごとに1回、定期に、次に掲げる事項について同法第66条の10第1項に規定する心理的な負担の程度を把握するための検査を行わなければならない。」と規定されています。高ストレス者を選定するための選定基準は、実施者である医師の提案・助言、衛生委員会による調査審議を経て、事業者が決定します。なお、第66条の10第2項で、「事業者は、前項の規定により行う検査を受けた労働者に対し、厚生労働省令で定めるところにより、当該検査を行った医師等から当該検査の結果が通知されるようにしなければならない。この場合において、当該医師等は、あらかじめ当該検査を受けた労働者の同意を得ないで、当該労働者の検査の結果を事業者に提供してはならない。」と規定されています。なお、第66条の10第3項では、ストレスチェックで面接指導

対象者として選定された労働者が面接指導を受けることを申し出た場合には、申出をした労働者に対し、医師による面接指導を行わなければならないと規定されています。また、事業者は、面接指導を実施するために、法定労働時間を超えて労働した時間が月80時間を超えた労働者と産業医に対して、その超えた時間に関する情報を通知しなければなりません。

なお、ストレスチェック制度の目的は、次のとおりです。

ⓐ　定期的に労働者のストレス状態をチェックし、自らのストレス状況の気づきを促し、不調のリスクを低減させる

ⓑ　検査結果を集団ごとに集計・分析し、職場におけるストレス要因を評価して、職場環境の改善につなげる

ⓒ　メンタル不調のリスクが高い労働者を早期に発見し、医師による面接指導につなげる

職場環境から発生している主な精神的な疾患を**図表4.4**に示します。

図表4.4　精神的な疾患とその症状

疾患名	症状
うつ病	「ゆうつである」とか「気分が落ち込んでいる」といった抑うつ気分が強い状態で、うつ状態がある程度以上ある場合をうつ病という
外傷後ストレス障害（PTSD）	生死にかかわるような危険や死傷の現場を目撃するなどの怖い思いをした記憶が残って、そのことが何度も思い出されて恐怖を感じさせる病気
強迫性障害	強い不安からくる強迫観念や、強いこだわりからくる強迫行為によって、日常生活に支障をきたす病気
統合失調症	脳の働きをまとめることができなくなり、幻覚や妄想などの症状が起きる精神的疾患で、人との交流や社会生活に支障をきたす結果をもたらす

平成11年9月に、厚生労働省より「心理的負荷による精神障害等に係る業務上外の判断指針」が出され、心理的負荷による精神障害等についても労災の対象となっています。

(h) 受動喫煙

受動喫煙に関しては、第68条の2で、「事業者は、室内又はこれに準ずる環境における労働者の受動喫煙を防止するため、当該事業者及び事業場の実情に応じ適切な措置を講ずるよう努めるものとする。」と規定されています。

(i) 特別安全衛生改善計画

第78条第1項で、「厚生労働大臣は、重大な労働災害として厚生労働省令で定めるものが発生した場合において、重大な労働災害の再発を防止するため必要がある場合として厚生労働省令で定める場合に該当すると認めるときは、厚生労働省令で定めるところにより、事業者に対し、その事業場の安全又は衛生に関する改善計画を作成し、これを厚生労働大臣に提出すべきことを指示することができる。」と規定されています。また、同条第6項で、「厚生労働大臣は、前項の規定による勧告を受けた事業者がこれに従わなかつたときは、その旨を公表することができる。」と規定されています。

(j) 墜落制止用器具

平成30年6月に労働安全衛生法施行令第13条第3項第28号の「安全帯」が「墜落制止用器具」に改められました。**墜落制止用器具**としては、ハーネス型（一本つり）と胴ベルト型（一本つり）がありますが、胴ベルト型（U字つり）は墜落制止機能がないため、墜落制止用器具に含まれないとされました。厚生労働省は、「改正の背景」で、従来の胴ベルト型は、墜落時に内臓の損傷や胸部等の圧迫による危険性が指摘されており、国内でも胴ベルト型の使用に関わる災害が確認されていると説明しています。また、労働安全衛生規則第36条「特別教育を必要とする業務」の第41号に、「高さが2メートル以上の箇所であって作業床を設けることが困難なところにおいて、墜落制止用器具のうちフルハーネス型のものを用いて行う作業に係る業務」が規定されましたので、使用にあたっては特別教育の受講が求められるようになっています。

なお、厚生労働省が策定した「墜落制止用器具の安全な使用に関するガイドライン」の第4項「墜落制止用器具の選定」の基本的考え方で、「墜落制止用器具は、フルハーネス型を原則とすること。ただし、墜落時にフルハーネス型の

墜落制止用器具を着用するものが地面に到達する場合は、胴ベルト型の使用が認められること。」と示されています。

(k)　危険性又は有害性等の調査等に関する指針

本指針は、同法第28条の2に基づいて作成されたものです。第2項の「適用」では、「本指針は、建設物、設備、原材料、ガス、蒸気、粉じん等による、又は作業行動その他業務に起因する危険性又は有害性以下単に危険性又は有害性というであって、労働者の就業に係る全てのものを対象とする。」としています。また、第3項の「実施内容」では、次の内容を挙げています。

① 労働者の就業に係る危険性又は有害性の特定

② ①により特定された危険性又は有害性によって生ずるおそれのある負傷又は疾病の重篤度及び発生する可能性の度合の見積り

③ ②の見積りに基づくリスクを低減するための優先度の設定及びリスクを低減するための措置内容の検討

④ ③の優先度に対応したリスク低減措置の実施

第4項では、実施体制等を説明しており、総括安全衛生管理者等、事業の実施を統括管理する者に調査等の実施を統括管理させることや、事業場の安全管理者、衛生管理者等に調査等の実施を管理させることなどを挙げています。また、第6項の対象の選定では、過去に労働災害が発生した作業、危険な事象が発生した作業等、労働者の就業に係る危険性又は有害性による負傷又は疾病の発生が合理的に予見可能であるものは、調査等の対象とすることとしています。ただし、平坦な通路における歩行等、明らかに軽微な負傷又は疾病しかもたらさないと予想されるものについては、調査等の対象から除外して差し支えないとしています。第10項の「リスク低減措置の検討及び実施」では、1）危険な作業の廃止・変更等、設計や計画の段階から労働者の就業に係る危険性又は有害性を除去又は低減する措置、2）インターロック、局所排気装置等の設置等の工学的対策、3）マニュアルの整備等の管理的対策、4）個人用保護具の使用の優先順位で検討するとしています。

（2） 労働災害

労働災害は、労働安全衛生法第2条第1号で、「労働者の就業に係る建設物、設備、原材料、ガス、蒸気、粉じん等により、又は作業行動その他業務に起因して、労働者が負傷し、疾病にかかり、又は死亡することをいう。」と規定されています。

(a) 労働災害統計

労働災害に関しては、労働**災害統計**がとられており、そこではいくつかの統計指標を用いますが、そのうち主なものは次のとおりです。

① 度数率

度数率は、100万延実労働時間当たりの労働災害による死傷者数であり、労働災害の頻度を表す指標で、次の式で求められます。

$$度数率 = \frac{労働災害による死傷者数}{延実労働時間数} \times 1,000,000$$

② 強度率

強度率は、1,000延実労働時間当たりの実労働損失日数であり、災害の重さを表す指標で、次の式で求められます。

$$強度率 = \frac{実労働損失日数}{延実労働時間数} \times 1,000$$

③ 年千人率

年千人率は、1年間の労働者1,000人当たりに発生した死傷者数の割合を示す指標で、次の式で求められます。

$$年千人率 = \frac{1年間の死傷者数}{1年間の平均労働者数} \times 1,000$$

(b) 不安全行動

不安全行動については、厚生労働省が「労働者本人または関係者の安全を阻害する可能性のある行動を意図的に行う行為」と定義しています。また、「自らとった行動が、意図しない結果をもたらすこと」を「ヒューマンエラー」といいます。労働災害の発生原因としては、①労働者の不安全行動の他、②機械

や物の不安全状態があると厚生労働省は示しています。具体的には、平成22年に行った「労働災害原因要素の分析」では、労働者の不安全行動と機械や物の不安全状態の両者に起因する原因での発生確率が94.7％になると厚生労働省は公表しています。なお、①のみでは2.9％、②のみでは0.6％となっていますので、どちらかに起因する労働災害が96.4％を占めています。

①　労働者の不安全行動の例
　　・防護・安全装置を無効にする
　　・安全措置の不履行
　　・不安全な状態を放置
　　・危険な状態を作る
　　・機械・装置等の指定外の使用
　　・運転中の機械・装置等の掃除、注油、修理、点検等
　　・保護具、服装の欠陥
　　・危険場所への接近
　　・その他の不安全な行為
　　・運転の失敗（乗物）
　　・誤った動作
　　・その他

上記のとおり、作業者の意図とは別に安全な作業ができなかったものと、意識的に手順等を守らず安全に作業をしなかったものとがあります。

②　機械や物の不安全状態の例
　　・物自体の欠陥
　　・防護装置・安全装置の欠陥
　　・物の置き方、作業場所の欠陥
　　・保護具・服装等の欠陥
　　・作業環境の欠陥
　　・部外的・自然的不安定な状態
　　・作業方法の欠陥

・その他

(c)　高齢者の労働安全

　高年齢者の労働安全に関しては、厚生労働省から「高年齢労働者の安全と健康確保のためのガイドライン」が策定されています。同ガイドライン概要の「背景・現状」の項目で、「労働者千人当たりの労働災害件数（千人率）では、男女ともに若年層に比べ高年層で相対的に高い（25〜29歳と比べ65〜69歳では男性2.0倍、女性4.9倍）」と示されています。ガイドラインの第2「事業者に求められる事項」の第1項(2)の「危険源の特定等のリスクアセスメントの実施」で、「高年齢労働者の状況に応じ、フレイルやロコモティブシンドロームについても考慮する必要がある」と示しています。なお、**フレイル**とは、加齢とともに、筋力や認知機能等の心身の活力が低下し、生活機能障害や要介護状態等の危険性が高くなった状態で、**ロコモティブシンドローム**とは、年齢とともに骨や関節、筋肉等運動器の衰えが原因で「立つ」、「歩く」といった機能（移動機能）が低下している状態のことをいうと示しています。同じく第2の第2項「職場環境の改善」(1)では、「身体機能が低下した高年齢労働者であっても安全に働き続けることができるよう、事業場の施設、設備、装置等の改善を検討し、必要な対策を講じること。その際、以下に掲げる対策の例を参考に、高年齢労働者の特性やリスクの程度を勘案し、事業場の実情に応じた優先順位をつけて施設、設備、装置等の改善に取り組みこと。」と示されており、共通的な事項、暑熱な環境への対応、重量物取扱いへの対応、介護作業等への対応、情報機器作業への対応が例示されています。具体的には、階段や手すりを設け、可能な限り通路の段差を解消することが例として挙げられています。

　同第2項(2)では、「高年齢労働者の特性を考慮した作業管理」として、敏捷性や持久性、筋力といった体力の低下等の高年齢労働者の特性を考慮して、作業内容等の見直しを検討し、実施するとし、ゆとりのある作業スピード、無理のない作業姿勢等に配慮した作業マニュアルを策定することなどを例として挙げています。

　同第3項(2)では、「体力の状況の把握」として、「高年齢労働者の労働災害を

防止する観点から、事業者、高年齢労働者双方が当該高年齢労働者の体力の状況を客観的に把握し、事業者はその体力に合った作業に従事させるとともに、高年齢労働者が自ら身体機能の維持向上に取り組めるよう、主に高年齢労働者を対象とした体力チェックを継続的行うことが望ましい」としています。具体的な体力チェックの方法として、労働者の気付きを促すため、加齢による心身の衰えのチェック項目（**フレイルチェック**）等を導入することなどを挙げています。また、(3)では、「健康や体力の状況に関する情報の取扱い」として、労働者の健康や体力の状況に関する医師等の意見を安全衛生委員会等に報告する場合等に、労働者個人が特定されないよう医師等の意見を集約又は加工する必要があると注意しています。

　第 4 項(2)「高年齢労働者の状況に応じた業務の提供」で、「労働者の健康や体力の状況は高齢になるほど個人差が拡大するとされており、個々の労働者の健康や体力の状況に応じて、安全と健康の点で適合する業務を高年齢労働者とマッチングさせるよう努める」と示しています。

　高齢者の労働安全を図るためには、教育も欠かせません。第 5 項(1)「高年齢労働者に対する教育」では、「高年齢労働者を対象とした教育においては、作業内容とそのリスクについての理解を得やすくするため、<u>十分な時間をかけ</u>、写真や図、映像等の文字以外の情報も活用すること」と示されています。

(d)　労働安全衛生マネジメントシステムに関する指針

　労働安全衛生マネジメントシステム（OSHMS）に関しては、厚生労働省から「労働安全衛生マネジメントシステムに関する指針」がだされています。その中で、「労働安全衛生マネジメントシステムに関する指針の基本的な枠組み」が**図表 4.5** のとおり示されています。

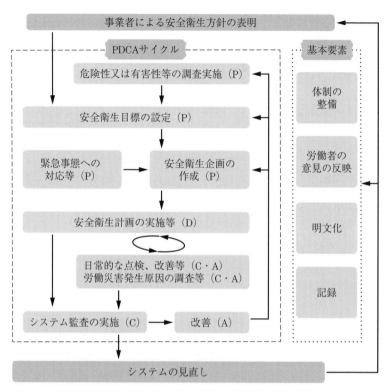

図表 4.5　労働安全衛生マネジメントシステムに関する指針の基本的な枠組み

（3）　公益通報者保護法

公益通報者保護法の目的は、第1条に次のように示されています。

> 　この法律は、公益通報をしたことを理由とする<u>公益通報者の解雇の無効</u>等並びに公益通報に関し<u>事業者及び行政機関がとるべき措置</u>を定めることにより、公益通報者の保護を図るとともに、国民の生命、身体、財産その他の利益の保護にかかわる法令の規定の遵守を図り、もって国民生活の安定及び社会経済の健全な発展に資することを目的とする。

(a)　公益通報

公益通報に相当するのは、下記の条件にあったものです。

① 　通報者が労働者（正社員だけではなくパートやアルバイトも含む）であること

② 　不正の利益を得る目的や、他人に損害を加える目的などの不正な目的でないこと

③ 　労務提供先などの役員、従業員、代理人などについて通報対象事実が生じるか、生じようとしていること

④ 　通報先が下記の（c）項に示されたところであること

(b)　通報対象事実

通報対象事実となるのは、次の内容にあたる事実です。

① 　個人の生命、身体の保護、消費者の利益の擁護、環境の保全、公正な競争の確保、国民の生命、身体、財産、その他の利益の保護にかかわる法律に規定している罪についての犯罪行為の事実

② 　①に示したような被害が発生する場合で、次の法律処分の理由とされている事実

> ・刑法、・食品衛生法、・証券取引法、
>
> ・農林物資の規格化及び品質表示の適正化に関する法律（JAS 法）、
>
> ・大気汚染防止法、・廃棄物の処理及び清掃に関する法律、
>
> ・個人情報の保護に関する法律、
>
> ・その他、個人の生命、身体の保護、消費者の利益の擁護、環境の保全、公正な競争の確保、国民の生命、身体、財産その他の利益の保護にかかわる法律

(c)　通報先

通報先は、例えば、マスコミなどの第三者を含めてどこでもよいというわけではなく、次に示された通報先に通報することが条件になります。

① 労働者を自ら使用する事業者（グループ企業の共通窓口を設けることも可）
② 派遣労働者の場合は、派遣サービスの提供を受ける事業者
③ 請負契約などの契約で事業を行う場合は、労働者が従事している事業者
④ サービス提供先があらかじめ定めた者
⑤ 通報対象事実について、処分や勧告をする権限を持った行政機関や人
⑥ 通報することによって、被害発生や被害拡大を防止するために必要であると考えられる者
⑦ 被害を受けるおそれがある者

(d)　保護の内容

公益通報をした人に対しては、次のような保護が与えられます。

① 公益通報をしたことを理由として、事業者が行った解雇は無効とする。
② 公益通報をしたことを理由として、事業者が行った労働者派遣契約の解除は無効とする。
③ 公益通報をしたことを理由として、降格、減給その他不利益な取扱いをしてはならない。
④ 公益通報をしたことを理由として、労働者派遣をする事業者に派遣労働者の交代を求めるなどの不利益な取扱いをしてはならない。
⑤ 公益通報をしたことを理由とする、一般職の国家公務員、裁判所職員、国会職員、自衛隊員、一般職の地方公務員に対する免職など不利益な取扱いを禁止する。

(e)　通報への対応

公益通報が行われた場合には、次のような対応を行わなければなりません。

① 公益通報をされた事業者

事業者は、通報対象事実を中止するか、または是正するために必要と考えられる措置をとったときは、その旨を通知しなければなりません。また、通報された対象事実がないときは、その旨を公益通報者に対し、迅速に通知するように努めなければなりません。

②　権限を有する行政機関

行政機関は、必要な調査を行い、公益通報された通報対象事実があると認めるときは、法令に基づく措置や適当な措置をとらなければなりません。また、犯罪行為の事実を内容とする場合には、犯罪の捜査や公訴については、刑事訴訟法の定める内容に従って対応しなければなりません。

③　権限を有しない行政機関

公益通報が誤って権限を有しない行政機関になされた場合には、その行政機関は、公益通報者に対して、権限を有する行政機関を教示しなければなりません。

4.　事故・災害の未然防止活動・技術

安全を確保するために、定期点検活動や小集団活動、ヒヤリハット活動などの人的な活動が広く実施されています。しかし、設計では安全性を考慮していても、最終的にはシステムと人間との共同判断が行われなければなりません。また、逆に人間の行動においては間違いを完全に除去できませんので、そのような場合を想定して、フェールセーフやフールプルーフという考え方を取らなければなりません。そのような、**未然防止活動**として、下記のようなものがあります。

（1）　ハインリッヒの法則とヒヤリハット活動

ハインリッヒの法則とは、安全分野の先取りの原則として有名な法則で、アメリカの損保会社の技師であるハインリッヒ（1886—1962）が、1929 年に過去に起こった労働災害事故約 50 万件を調査した結果から発表したものです。ことばで示すと、『1 件の死亡事故のような重大な障害が発生したとすると、その背後には 29 件の軽度な障害と、災害統計には現れない 300 件の障害のない災害がある。』というものです。これを図示すると、**図表 4.6** のようになります。

この法則が示したいことは、1 件の重大事故や死亡事故を防ぐためには、図

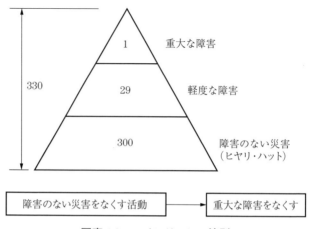

ピラミッド図内のラベル:
- 1　重大な障害
- 29　軽度な障害
- 300　障害のない災害（ヒヤリ・ハット）
- 330

障害のない災害をなくす活動 → 重大な障害をなくす

図表 4.6　ハインリッヒの法則

の一番底辺に示されていて報告として上がってこない、障害のない災害をなくしていくことが大切であるという点です。この障害のない災害を**ヒヤリハット**と呼んでおり、このヒヤリハットをなくすための活動が「ヒヤリハット活動」で、将来の重大災害につながる可能性のある重要な事故を発見できる活動となっています。なお、ヒヤリハット活動は、可能な限り早期に報告させて、早期に対策を行うとともに、同様の業務を行っているチームにその情報を提供することも重要といわれています。

（2）　システムの高信頼化

システムの信頼化に関しては、次のような方策があります。

（a）　フォールトアボイダンス

フォールトアボイダンスは、故障の可能性が十分に低く、高い信頼性を維持できるようにする考え方をいいます。具体的には、装置やシステム全体の故障確率を少なくする手法です。そのためには、装置やシステムを構成する部品の信頼性の向上や、品質管理や予防措置の徹底などの方法があります。

（b）　フォルトトレランス

フォルトトレランスは、故障や誤動作が発生しても、機能的には正しい状態

が維持できるようにしておく考え方をいいます。具体的には、一部の部品や機能に故障が発生した場合にも、全体機能を維持して、装置やシステムを稼動させられるようにしておく手法です。具体的には、飛行機などで飛行に直接影響する機能に損傷を受けた場合にも、最大の危機である墜落という事態は絶対に回避しなければなりません。そのため、墜落しないで一定距離を飛べるように設計しておく必要がありますので、冗長性の確保などの対策が考慮されます。

(c)　フェールソフト

フェールソフトは、故障が発生した際に機能を完全に喪失するのではなく、可能な範囲で機能が維持できるようにする考え方をいいます。具体的には、100 の機能を持った装置の一部が故障しても、50 の機能だけは発揮できるようにしておく手法です。そのためには、冗長化技術によるバックアップを考慮したり、全体で 1 つの装置とするのではなく、分散装置の集合体としてシステムを構成したりする方法などがあります。

(d)　フールプルーフ

フールプルーフは、人間が誤って不適切な操作を行っても、危険を生じさせないように、または正常な動作を妨害しないように、機械的または電気的に検知して実行できないようにしておく考え方をいいます。現実的には、人間が無意識に誤った操作をしたり、無知や誤解によって意識的に間違った操作をしたりする事態は避けられません。人間の誤った操作に対して、機械側で安全を逸脱する方向に操作が進むのを自動的に拒否する機能を持たせることは、安全を維持するために必要となります。また、危険な操作と機械が判断した場合に、それを操作している人間に知らせる方法によって、過ちを認識させて正常な操作に戻させることができれば、事前に危険を回避できます。このように、人間によるミスは避けられないものとして、システムの信頼性を保持する設計をフールプルーフ設計といいます。

(e)　フェールセーフ

フェールセーフは、装置や部品が故障した場合にも、その故障が大きな事故の原因になったり、新たな故障の引き金になったりしないように、安全な方向

に制御する設計の考え方をいいます。具体的な例として速度制御を行う場合で説明しますと、速度制御を司る機能部品が故障した場合に、速度が極限まで速くなっていくような制御を誤ってした場合には、いわゆる暴走状態になり、機械自体だけではなく周辺にも危険な状態を作り出してしまいます。このような装置では、この機能を構成する部品が故障した場合には、速度を低下させて、最終的には装置を停止させるような方向に進むように制御をするよう、あらかじめ計画しておく必要があります。このように、危険性の高い要素がある場合には、それが故障しても、危険性を少なくする方向に自動的に進むように計画する考え方をフェールセーフといいます。

(f) インターロック

機械安全の基本は、人と機械を隔離する**隔離安全**と機械を停止する**停止安全**になります。**インターロック**はフールプルーフの手法の1つで、一定の条件が整わないと、動作や機能を働かせない機構のことで、停止安全の手段の1つです。安全を確認するためには、それを検知するセンサなどの工学的手段に危険側障害が生じていないことを証明しなければなりません。工場などで機械を使用する場合を例にすると、インターロックシステムでの安全確認は、危険な作業を実施する現場に人がいないこと、または機械が安全に停止しているのを確認することになります。なお、インターロックシステムには大きく分けて下記の2つがあります。

① 安全確認型インターロック

安全確認型インターロックは、安全が確認されている間だけ機械の運転を許可するシステムです。そのため、安全を確認できなければ起動しませんし、運転中に安全が確認できなくなれば、運転を停止します。安全確認のためのセンサが故障すると、運転は停止するので、フェールセーフとなります。

② 危険検出型インターロック

危険検出型インターロックは、危険を検出すれば機械の運転を停止するシステムです。危険を検出するセンサが故障すると、危険な状態になってもシステムは動作しませんので、危険な動作が継続するという欠点を持っています。

　なお、**本質的安全設計方策**とは、ガード又は保護装置を使用しないで、機械の設計又は運転特性を変更することによって、危険源を除去する又は危険源に関連するリスクを低減する保護方策になります。

（3）　事故の 4M 要因分析

　事故の 4M 要因分析とは、事故・災害の原因分析の際に、下記の視点から要因を抽出する手法です。

① 　Man（人）

　　関与した人に関する要因（心理的要因、生理的要因、職場的要因など）

② 　Machine（設備）

　　設備・機械等に関する要因（欠陥、整備不良、設計ミスなど）

③ 　Media（作業環境）

　　Man と Machine との媒体に関する要因（作業環境、マニュアル、不適切手順設定など）

④ 　Management（管理）

　　管理システムに関する要因（規定、教育訓練、監理・監督など）

（4）　事故の 4E 対策

　事故の 4E 対策とは、事故・災害の対策検討の際に、下記の視点から対策を検討する手法です。

① 　Engineering（工学的対策）

　　管理システムに関する要因（規定、教育訓練、監理・監督など）

② 　Education（教育）

　　関与した人に関する要因（心理的要因、生理的要因、職場的要因など）

③ 　Enforcement（強調、強化）

　　設備・機械等に関する要因（欠陥、整備不良、設計ミスなど）

④ 　Example（模範）

　　Man と Machine との媒体に関する要因（作業環境、マニュアル、不適切手

順設定など）

（5）　小集団活動

　小集団活動は、第2章の「人的資源管理」第4項(3)の「QCサークル活動」でも説明したとおり、第一線の職場で働く人々が自主的に運営し、継続的に実施する活動です。小集団活動には、QCサークル活動以外に、従業員の創意工夫によって仕事の欠陥をゼロにし、顧客満足や製品の信頼性を高める **ZD（Zero Defects）運動**や、**改善提案活動**などがあります。この運動では、目標の設定を従業員の自主性に委ね、目標を達成した従業員を表彰するなどの方法も有効な活動となります。安全衛生に関する小集団活動においては、職場内の小集団に主体的に安全衛生などの目標を設定させて、それに向かった計画を立てさせるとともに、その計画を実施するなかで、参加している個人の創造性を高めながら、小集団の一体感を醸成することを目指しています。それによって、安全衛生意識の向上と徹底を図ることができますが、活動の最初の段階から完全性を求めない方がよいとされています。また、改善提案活動に対しては、速やかに何らかの対応を行わないと、メンバーのモチベーションを維持できなくなる危険性があるため、注意する必要があります。

（6）　自主保安

（a）　定期点検活動

　定期点検活動は、事故や災害の発生を未然に防ぐための活動で、定期的な点検活動を定常業務の一部として行うものです。定期点検活動の内容には、業務が想定どおりに行われているかどうかを確認する作業と、トラブルに発展する可能性のある非定常の行為や事象の発見やその改善があります。定期点検活動は、個人の熟練や技量、当日の体調や精神状態によってムラがでないように注意する必要があります。そのため、チェックを実施するグループの編成を検討したり、実施者のレベルや点検の年度によって、チェックリストの項目を精査し、状況に応じて変更を加えることも必要です。また、同じチェックリストを

継続して使用していると、マンネリ化してしまい、実施内容が形骸化する危険性を持っていますので、定期的に見直しを行うなどの対策が必要です。

(b)　危険予知活動

日々の労働前にも、**危険予知**（KY）活動が積極的に職場で行われるようになっています。さらに KY 活動が推進されるように、**危険予知訓練**（**KYT**）という研修も広く行われるようになってきています。危険予知訓練は、作業等にひそむ危険要因や引き起こす現象を認識する手法で、①現状把握、②本質追及、③対策樹立、④目標設定を行う 4 ラウンド法などが用いられます。作業前に職場で行われる**ツールボックスミーティング**（TBM）において、危険予知トレーニングが実施されます。

（7）　自動走行に関するガイドライン

平成 28 年 5 月に警察庁より、「自動走行システムに関する公道実証実験のためのガイドライン」が公表されました。それによると、運転者が運転席に乗車するなどの一定の条件を満たせば、場所や時間にかかわらず、公道実証実験を行うことは現行法上でも可能であるとしています。公道実証実験を行う場合には、運転者となるテストドライバーは、法令に基づき運転に必要とされる運転免許を保有している必要があるとしており、交通事故又は交通違反が発生した場合には、テストドライバーが、常に運転者としての責任を負うことを認識する必要があるとしています。そのため、テストドライバーは、自動走行システムを用いて走行している間、必ずしもハンドル等の操作装置を把持している必要はないが、常に周囲の道路交通状況や車両の状態を監視（モニター）し、緊急時等に直ちに必要な操作を行うことが出来る必要があるとしています。なお、賠償については、実施主体は、自動車損害賠償責任保険に加え、任意保険に加入するなどして、適切な賠償能力を確保すべきであるとしており、実施主体の賠償能力を求めています。

令和 2 年 9 月に警察庁より公表された「自動運転の公道実証実験に係る道路使用許可基準」では、遠隔型自動運転システムの公道実験についても示されて

おり、条件を満たせば、遠隔監視・操作者による走行も可能となっています。その場合に、1名の遠隔監視・操作者が複数台の実験車両を走行させる場合の基準も示されています。

5. 危機管理

　一般的には、事故や危機等が起きないようにすることをリスク管理というのに対して、危機管理は、天災等の**緊急事態**が発生した後の活動を指す場合が多いようです。そのため、**危機管理**の目的は、不測の事態に対して適切な対応ができるようにすることです。

（1）　危機管理の対象事象

　危機管理の対象事象は非常に多彩ですが、企業を対象にした**危機**の事例を挙げると**図表 4.7** のような事項があります。

図表 4.7　企業の危機事例

項目	事例
産業災害	事業所の火災・爆発、サービス施設等の人身事故、所有車等の事故
環境汚染	廃棄物処理、水質汚濁、大気汚染、騒音問題、化学物質漏出
製品・サービス事故	商品の欠陥、表示上の欠陥、異物混入、リコール隠し、食中毒
経営問題	財務問題、会計問題、贈収賄問題、脱税、労働争議、風説の流布、企業スキャンダル
企業内不祥事	インサイダー、情報漏洩、ハラスメント、人権問題、横領、過労死
自然災害	暴風、豪雨、豪雪、洪水、高潮、地震、津波、噴火等
社会犯罪等	**テロリズム**、国際的誘拐事件、サイバーセキュリティ
政治的問題	戦争、エネルギー危機、食料問題

　図表4.6に示すように、危機にはさまざまな種類や規模の違いがありますが、すべての危機に対応するという考え方として、**オールハザードアプローチ**があります。オールハザードアプローチは、ひとつの組織行動原則といわれています。

（2）　危機への対応

　危機への対応については、次に示すそれぞれの段階での対応が事前に検討され準備されていなければなりません。なお、危機管理においては人の安全だけではなく、危機時の警備対策や**サイバーセキュリティ対策**も含めて検討する必要があります。

（a）　平常時準備段階

　危機管理に向けての準備段階は平常時に行われている必要があります。この活動が適切に実施されるためには、トップがまず危機管理に対する強い意志を示すことが重要とされています。危機発生時に事前に検討した内容が適切に実行されるためには、危機管理委員会や実行チームを組織して、組織の責務や活動方針、社会的な要請などを具体的に検討しなければなりません。

（b）　事前作業段階

　この段階では、想定される危機の洗い出しやその影響度合いを個々に検討し、その結果に基づいて、**危機管理計画**の策定や緊急対策本部等の**危機管理体制**の準備、危機時の連絡体制の整備などを行っていきます。また、危機発生の際に必要となる資機材の備蓄の方法や各種マニュアル類の整備、教育訓練などを実施していきます。重要なことは、危機の種類や、被害額、組織のミッションによって資機材の備蓄内容は異なってきますので、さまざまな観点からの検討が必要となります。それに加えて、シミュレーションによる**事故対応訓練**の実施や、マスコミ対策としてのメディア対応訓練も必要となります。

（c）　緊急事態対応段階

　この段階では、危機発生やその予兆の早期発見において迅速な行動が求められます。そのため、起こっている事態を正確に知るための情報収集力が大きく

223

影響しますし、集まってきた情報を分析し、評価する機能が重要となります。しかし、対象事象の内容によっては、判断が難しくなる場合もありますので、責任者のリーダーシップが非常に重要となります。緊急時においては迅速性を求められる場合も多いため、事前に定めた危機管理マニュアルに規定されたルールや手順の実施が難しい場合には、柔軟な対応が求められます。

　適切な対応を実施する機能は重要ですが、現在の状況や今後の方向性などを適切な時期に広報する機能も重要となります。緊急時の広報活動においては、人的被害の低減や安全確保のための広報活動だけではなく、社会的信頼を確保するための広報活動も重要となりますので、そういった視点での広報活動を徹底する必要があります。

(d)　事後復旧段階

　緊急事態が収束し始めたら、できるだけ短い時間で組織を平常状態に戻す必要があります。そのためには、復旧対策についてもマニュアル化しておかなければなりません。特に重要な点は、再発防止策の検討と早期の公表、信頼回復を図るための対応になります。また、計画されていた危機管理活動の効果を測定するとともに評価を行い、計画の有効性や手順の的確性を検証して、必要であれば修正を行って、次の危機に備える対応を行います。

（3）　危機管理マニュアル

　危機管理マニュアルは、危機発生時に要求される緊急時対応を円滑に実施するために策定されるものです。危機管理マニュアルの実効性を高めるためには、想定リスクを明確にするとともに、それぞれのリスクに対する判断基準や必要な活動項目を明確に記載する必要があります。また、マニュアルの内容は、それぞれの担当者の役割や他部署との関連が把握しやすいようにしておかなければ、危機発生時に複数部署の連携が十分にとれずに、結果として適切な対応が難しくなる危険性があります。そのため、危機管理マニュアルは以下の要件を満たすように作成する必要があります。

　①　体系的・階層的に構成する

②　対象事象や対応方針を明確にする

③　対応組織や体制が明確である

④　責任と権限が明確である

⑤　見直しや改正の手続きが明確である

　なお、危機管理計画マニュアルが本来使われるべき場面は、突発的な状況といえますので、ゆっくり内容を読んで取るべき行動を検討するというわけにはいきません。そのため、危機管理活動の業務フローやチェックリストを合わせて作成しておくと、限られた時間の中で自分がどう行動すべきかを素早く理解し、行動に移すことができるようなります。さらに、単に机上でマニュアルを検討するだけにとどまらず、訓練において経験した内容を取り込んで、より現実的なものに更新していくことも重要となります。

（4）　事業継続マネジメント

　平成 25 年 8 月に内閣府が改定した『事業継続ガイドライン』によると、「大地震等の自然災害、感染性のまん延、テロ等の事件、大事故、サプライチェーン（供給網）の途絶、突発的な経営環境の変化など不測の事態が発生しても、重要な事業を中断させない、または中断しても可能な限り短い期間で復旧させるための方針、体制、手順等を示した計画のことを**事業継続計画**（BCP：Business Continuity Plan）と呼ぶ。」と示しています。また、同ガイドラインでは、「BCP 策定や維持・更新、事業継続を実現するための予算・資源の確保、事前対策の実施、取組を浸透させるための教育・訓練の実施、点検、継続的な改善などを行う平常時からのマネジメント活動は、**事業継続マネジメント**（**BCM**：Business Continuity Management）と呼ばれ、経営レベルの戦略的活動として位置付けられるものである。」としています。また、BCM の内容は、「初めから完璧なものを目指して着手に躊躇するのではなく、できることから取組を開始し、その後の継続的改善により徐々に事業継続能力を向上させていくことを強く推奨する。」と示しています。このように、事業継続マネジメントは、

取引先や投資家からの信頼を勝ち取るためや、企業の競争力を強化するために
も欠かせない活動といえます。なお、同ガイドラインでは、企業における事業
継続マネジメントと関係が深い防災活動と事業継続マネジメントの比較を**図表
4.8** のように示しています。

図表 4.8　企業における従来の防災活動と事業継続マネジメントの比較

	企業の従来の防災活動	企業の事業継続マネジメント
主な目的	・身体・生命の安全確保 ・物的被害の軽減	・身体・生命の安全確保に加え、優先的に継続・復旧すべき重要業務の継続または早期復旧
考慮すべき事象	・拠点がある地域で発生することが想定される災害	・自社の事業中断の原因となり得るあらゆる発生事象（インシデント）
重要視される事項	・以下を最小限にすること　死傷者数、損害額 ・従業員等の安否を確認し、被災者を救助・支援すること ・被害を受けた拠点を早期復旧すること	・死傷者数、損害額を最小限にし、従業員等の安否確認や、被災者の救助・支援を行うことに加え、以下を含む。 ○重要業務の目標復旧時間・目標復旧レベルを達成すること ○経営及び利害関係者への影響を許容範囲内に抑えること ○利益を確保し企業として生き残ること
活動、対策の検討の範囲	・自社の拠点ごと ○本社ビル ○工場 ○データセンター等	・全社的（拠点横断的） ・サプライチェーン等依存関係のある主体 ○委託先 ○調達先 ○供給先　等
取組の単位、主体	・防災部門、総務部門、施設部門等、特定の防災関連部門が取り組む	・経営者を中心に、各事業部門、調達・販売部門、サポート部門（経営企画、広報、財務、総務、情報システム等）が横断的に取り組む
検討すべき戦略・対策の種類	・拠点の損害抑制と被災後の早期復旧の対策（耐震補強、備蓄、二次災害の防止、救助・救援、復旧工事　等）	・代替戦略（代替拠点の確保、拠点や設備の二重化、OEM の実施　等） ・現地復旧戦略（防災活動の拠点の対策と共通する対策が多い）

出典：事業継続ガイドライン：平成 25 年 8 月改定（内閣府）

226

　BCM の実施体制の構築に関しては、「経営者は、BCM の導入に当たり、分析・検討、BCP 策定等を行うため、（中略）全社的な体制を構築する必要がある。なお、取組が進み、BCP 等を策定した後も、この体制を解散させず、事前対策及び教育・訓練の実施、継続的な見直し・改善を推進するための運用体制に移行させ、BCM を維持していく必要がある。」としています。また、事業継続戦略の検討に当たっては、「自社に生じた事態を原因事象（例えば、直下型地震）により考えるのではなく、結果事象（例えば、自社の○○拠点が使用不能）により考え、対応策を検討することが推奨される。」としています。さらに、緊急時の対応手順としては、「事象発生後においては、時間の経過とともに必要とされる内容が当然変化していくため、それぞれの局面ごとに、実施する業務の優先順位を見定めることが重要である。」としています。

　なお、事業継続マネジメントの国際規格として、ISO 22301（事業継続マネジメントシステム―要求事項）が発行されています。

（5）　国土強靭化基本計画

　国土強靭化基本計画は、強くしなやかな国民生活の実現を図るための防災・減災等に資する国土強靭化基本法（**国土強靭化基本法**）の第10条に従って定められた基本計画で、「国土強靭化に関する施策の総合的かつ計画的な推進を図るため、（中略）基本方針等及び国が本来果たすべき役割を踏まえ、国土強靭化に関する施策の推進に関する基本的な計画を、国土強靭化基本計画以外の国土強靭化に係る国の計画等の指針となるべきもの」を定めています。また、同法第13条では、都道府県又は市町村は、「国土強靭化地域計画」を定めることができると示されています。最新版の国土強靭化基本計画は、令和5年7月に公表されたものです。その第1章第1項に国土強靭化の理念が次のように示されています。

いかなる災害等が発生しようとも、
　①　人命の保護が最大限図られること

227

②　国家及び社会の重要な機能が致命的な障害を受けず維持されること
③　国民の財産及び公共施設に係る被害の最小化
④　迅速な復旧復興

を基本目標として、「強さ」と「しなやかさ」を持った安全・安心な国土・地域・経済社会を構築するため「国土強靱化（ナショナル・レジリエンス）」を推進することとする。

また、第2章第1項(1)で「想定するリスク」として下記の内容を示しています。

南海トラフ地震、首都直下地震等の発生可能性や、大規模自然災害の被害の甚大さを踏まえ、本計画においては、大規模自然災害を想定した評価を実施した。

なお、第1章第2項で、「国土強靱化基本計画の見直しに当たって考慮すべき主要な事項と情勢の変化」について次のように示されています。

なお、国民生活・国民経済に影響を及ぼすリスクとして、自然災害の他にも新型コロナウイルス感染症のようなパンデミックや原子力災害等の大規模な事故による被害（事故災害）、テロ・国際紛争等も含めたあらゆる事象が想定され得るが、南海トラフ地震、首都直下地震、日本海溝・千島海溝周辺海溝型地震等が遠くない将来に発生する可能性が高まっていることや、気候変動の影響等により水災害、土砂災害が多発していること、一たび大規模自然災害が発生すれば、国土の広範囲に甚大な被害をもたらすことから、本計画では、大規模な自然災害等を中心として発生する災害を対象とすることとした。

（6） 津波防災地域づくりに関する法律

津波防災地域づくりに関する法律の目的は、第1条に次のように示されています。

第1条

　この法律は、津波による災害を防止し、又は軽減する効果が高く、将来にわたって安心して暮らすことのできる安全な地域の整備、利用及び保全（以下「津波防災地域づくり」という。）を総合的に推進することにより、津波による災害から国民の生命、身体及び財産の保護を図るため、国土交通大臣による基本指針の策定、市町村による推進計画の作成、推進計画区域における特別の措置及び一団地の津波防災拠点市街地形成施設に関する都市計画に関する事項について定めるとともに、津波防護施設の管理、津波災害警戒区域における警戒避難体制の整備並びに津波災害特別警戒区域における一定の開発行為及び建築物の建築等の制限に関する措置等について定め、もって公共の福祉の確保及び地域社会の健全な発展に寄与することを目的とする。

　なお、第2条の定義において、「津波防護施設」とは、「盛土構造物、閘門その他の政令で定める施設（海岸保全施設、港湾施設、漁港施設及び河川管理施設並びに保安施設事業に係る施設であるものを除く。）であって、第8条第1項に規定する津波浸水想定を踏まえて津波による人的災害を防止し、又は軽減するために都道府県知事又は市町村長が管理するものをいう。」と定義されています。また、津波浸水想定については、第8条第1項に、「都道府県知事は、基本指針に基づき、かつ、基礎調査の結果を踏まえ、津波浸水想定（津波があった場合に想定される浸水の区域及び水深をいう。）を設定するものとする。」と規定されています。具体的には、「津波防災地域づくりの推進に関する基本的な指針」で、想定においては、最大クラスの津波を想定して設定するものとされています。また、同条第4項で、「都道府県知事は、第1項の規定により津波

浸水想定を設定したときは、速やかに、これを、国土交通大臣に報告し、かつ、関係市町村長に通知するとともに、公表しなければならない。」と規定されています。

「推進計画」については、第10条第1項で、「市町村は、基本指針に基づき、かつ、津波浸水想定を踏まえ、単独で又は共同して、当該市町村の区域内について、津波防災地域づくりを総合的に推進するための計画を作成することができる。」とされています。また、「推進計画」では、同条第3項の第2号で「津波浸水想定に定める浸水の区域における土地の利用及び警戒避難体制の整備に関する事項」を定めることとされており、「津波防災地域づくりの推進に関する基本的な指針」では、「ハード整備や警戒避難体制の整備に加えて一定の建築物の建築とそのための開発行為を制限することにより対応する必要がある区域等、地域ごとの特性とハード整備の状況に応じて、必要となる手法を分かりやすく示しておくことが重要である。」と示しています。

最近では、東海地震や南海トラフ地震の発生が危惧されていますが、南海トラフ地震での津波到達の想定時間には、10分程度の地区も想定されており、避難体制の整備が求められています。国土交通省が策定した「津波浸水想定の設定の手引き」では、ハード的対策と避難などのソフト的対策を効果的に連携することを示しています、また、同省が公表している「津波避難の基本的な考え方」では、徒歩によることを原則と示しており、やむを得ず自動車で避難せざるを得ない場合を想定して、自動車で安全かつ確実に避難できる方策をあらかじめ検討するとしています。

（7）　危機に対する法律

具体的な危機を想定して次のような法律が設けられています。

（a）　国民保護法

国民保護法第44条で、「対策本部長は、武力攻撃から国民の生命、身体又は財産を保護するため緊急の必要があると認めるときは、基本指針及び対処基本方針で定めるところにより、警報を発令しなければならない。」と規定されて

います。

(b)　気象業務法

　気象業務法第 13 条の 2 で、「気象庁は、予想される現象が特に異常であるため重大な災害の起こるおそれが著しく大きい場合として降雨量その他に関し気象庁が定める基準に該当する場合には、政令の定めるところにより、その旨を示して、気象、地象、津波、高潮及び波浪についての一般の利用に適合する<u>警報をしなければならない。</u>」と規定されています。

(c)　原子力災害対策特別措置法

　原子力災害対策特別措置法第 15 条で、「<u>原子力規制委員会は</u>、次のいずれかに該当する場合において、原子力緊急事態が発生したと認めるときは、直ちに、<u>内閣総理大臣に対し</u>、その状況に関する必要な情報の報告を行うとともに、次項の規定による公示及び第三項の規定による<u>指示の案を提出しなければならない。</u>」と規定されています。

(d)　新型インフルエンザ等対策特別措置法

　新型インフルエンザ等対策特別措置法第 20 条の「政府対策本部長の権限」で、「<u>政府対策本部長は</u>、新型インフルエンザ等対策を的確かつ迅速に実施するため必要があると認めるときは、基本的対処方針に基づき、指定行政機関の長及び指定地方行政機関の長並びに前条の規定により権限を委任された当該指定行政機関の職員及び当該指定地方行政機関の職員、都道府県の知事その他の執行機関並びに指定公共機関に対し、指定行政機関、都道府県及び指定公共機関が実施する新型インフルエンザ等対策に関する<u>総合調整を行うことができる。</u>」と規定されています。

（8）　南海トラフ地震における具体的な応急対策活動に関する計画

　令和 5 年 5 月 23 日に「南海トラフ地震における具体的な応急対策活動に関する計画」が公表されました。この計画は、「最新の科学的知見に基づき想定した最大クラスの地震・津波の震度分布及び津波高の推定結果並びに中央防災会議防災対策推進検討会議の下に平成 24 年 4 月に設置された「対策 WG グルー

プ」が報告した被害想定に基づき、国が実施する災害応急対策に係る緊急輸送
ルート、救助・救急、消火活動等、医療活動、物資調達、燃料供給、電力・ガ
スの臨時供給、通信の臨時確保及び防災拠点に関する活動内容を具体的に定め
るとともに、南海トラフ地震臨時情報（巨大地震警戒）が発表される可能性が
ある先発地震発生時の対応について定めている」としています。

　第2章では、緊急輸送ルート計画が示されており、「緊急輸送ルート計画は、
被災府県の被害が甚大な地域へ到達するためのアクセス確保が全ての災害応急
対策活動の基礎であることに鑑み、発災直後から、部隊等の広域的な移動など
人命の安全確保を主眼とした全国からの人員・物資・燃料の輸送が迅速かつ円
滑に行われるよう、あらかじめ通行を確保すべき道路を定める」と示していま
す。

　第4章では医療活動に係る計画として、「全国から、災害派遣医療チーム
（DMAT）をはじめとする医療チームによる応援を迅速に行い、被災地内におい
て安定化処置など救命に必要な最低限の対応が可能な医療体制を確保する必要
がある。あわせて、被災地内の地域医療搬送を支援するとともに、被災地で対
応が困難な重症患者を被災地外に搬送し、治療する広域医療搬送を実施する必
要がある」と示しています。

　第5章の物資調達に係る計画の第8項では広域物資輸送拠点等を定義してお
り、「広域物資輸送拠点とは、国等から供給される物資を被災府県が受け入れ、
各市町村が設置する地域内輸送拠点や避難所に向けて当該府県が物資を送り出
すために設置する拠点」としています。

（9）　警戒レベル

　自然災害に対する**警戒レベル**が「避難勧告等に関するガイドライン」として
示されていますので、その内容を**図表4.9**に示します。

図表 4.9　警戒レベルを用いた避難勧告等の伝達

警戒レベル	居住者等がとるべき行動	行動を居住者等に促す情報
警戒レベル 5	既に災害が発生している状況であり、命を守るための最善の行動をする。	災害発生情報※ ※災害が実際に発生していることを把握した場合に、可能な範囲で発令
警戒レベル 4	・指定緊急避難場所等への立退き避難を基本とする避難行動をとる。 ・災害が発生するおそれが極めて高い状況等で、指定緊急避難場所への立退き避難はかえって命に危険を及ぼしかねないと自ら判断する場合には、近隣の安全な場所への避難や建物内のより安全な部屋への移動等の緊急の避難をする。	避難勧告 避難指示（緊急）※ ※地域の状況に応じて緊急的又は重ねて避難を促す場合等に発令
警戒レベル 3	避難に時間のかかる高齢者等の要配慮者は立退き避難する。その他の人は立退き避難の準備をし、自発的に避難する。	避難準備・高齢者避難開始
警戒レベル 2	ハザードマップ等により災害リスク、避難場所や避難経路、避難のタイミング等の再確認、避難情報の把握手段の再確認・注意など、避難に備え自らの避難行動を確認する。	注意報
警戒レベル 1	防災気象情報等の最新情報に注意するなど、災害への心構えを高める。	警報級の可能性

出典：避難勧告等に関するガイドライン（内閣府）

233

6. システム安全工学手法

　安全性は、設計において非常に重要な要素です。もしも、人命に関わるような弊害がある場合には、優先して設計に変更を加えなければなりません。安全を損なう要素としては非常に多くのものがありますので、それらを抽出する作業は慎重に行わなければなりません。その要素を抽出する際によく用いられるものとして、チェックリストがあります。また、化学プラントなどの大型装置

の安全性を確認する手法として HAZOP という手法がありますし、フォールトツリー分析やイベントツリー分析、FMEA などの手法もあります。これらは**システム安全工学手法**ですが、安全が十分に考慮されなければ、消費者や社会に大きな損害を与えるばかりでなく、リコールなどの対策を講じなければならなくなり、企業に大きな痛手やブランドイメージの崩壊をもたらす危険性を持っていますので、さまざまな手法が活用されています。

（1） システム安全工学手法

システム安全工学手法には次のようなものがあります。

(a) FMEA（Failure Mode and Effects Analysis）

FMEA は、「故障モード影響解析」のことで、設計の不完全な点や製品の潜在的欠陥を見つけるために、構成要素の**故障モード**を解析して、機器やシステム全体に与える影響を調べる帰納的な解析手法です。FMEA の解析方法は部品などの要素を基準として行うために、ボトムアップ的な手法であり、一つの部品の故障がその上位の部品に与える影響を評価・分析して、トラブルの発生要因を追求するという地道な方法といえます。FMEA 表の例を**図表4.10**に示します。

番号	部品	機能	故障モード	原因	検出法	故障の影響	故障モードの			危険優先数	是正方法
							きびしさ	頻度	検出難易度		
1	金具	締付	クラック	経年劣化	目視	落下	5	1	2	10	定期点検

図表 4.10　FMEA 表の例

(b) フォールトツリー分析（FTA：Fault Tree Analysis）

フォールトツリー分析（**FTA**）は「故障の木解析」のことで、信頼性や安全性の面から好ましくない事象を取り上げ、その事象から原因となる事象と、そ

の発生原因や発生確率を解析する手法です。**頂上事象**から始まって、一次事象、二次事象、…、n次事象と枝分かれして広がっていきます。その方法は、トップダウン的な方法であり、その形状が木の枝のように広がっていくため、「故障の木」という名称になっています。FTAの例を**図表4.11**に示します（AND／ORについては(4)項を参照）。

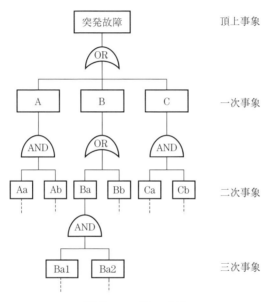

図表4.11　FTAの例

(c)　イベントツリー分析（ETA：Event Tree Analysis）

　イベントツリー分析（ETA）は、災害などの引き金になる重大な**初期事象**（Event）を設定し、それから結果として生じる事象をシーケンスに列記していき、最終的に発生する災害とその発生確率を評価する手法です。各事象については、それが発生するかどうかをYES／NOで表し、それぞれのケースの発生確率を出して二分岐させていきます。最終的に、個々の事象の発生確率をもとに、重大な事象の発生確率を出していきます。ETAの例を**図表4.12**に示します。

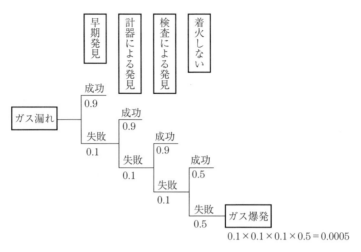

図表 4.12　ETA の例

（d）　HAZOP（Hazard and Operability Study）

　HAZOP は、主に化学プラントの設計や運転において、どんな危険性がある
かを明らかにする手法です。さまざまなプロセスパラメータのずれ（なし
（no）・多い（more）・少ない（less）・逆に（reverse）・他の（other than）な
ど）に対して、その原因とそれから発生する危険事象を解析して、それに対す
る改善策や対策を考えていきます。HAZOP の例を**図表 4.13** に示します。

構成機器	ずれ	原因	危険事象	防護機能	対策
ポンプ	より大きく	キャビテーション	振動	非常停止	振動センサ取付

図表 4.13　HAZOP の例

（e）　チェックリスト

　リスクに結びつくような事象についての**チェックリスト**を作成し、それを用

いて実際の業務の条件や状況を一つひとつ調べることによって、リスク要因を見つけだす方式です。繰り返し行っている業務であれば、チェックリストも繰り返し改定されるので、その都度精度が増していき、利用効果の高いチェックリストとなっていきます。経験の少ない業務の場合には、その業務に近い業務のチェックリストをベースにして専門家や経験者の意見を聞きながら修正していく方法を取ります。

（2）　ヒューマンエラー分析

ヒューマンエラーとは、「期待された行動からの逸脱行動」とされており、言い換えると、「意図しない（悪い）結果を生じる人間の行為」といえます。ヒューマンエラーの発生には複数の要因が絡んでいることが多いとされており、多角的な観点から分析する必要があります。要因としては、次のようなものが挙げられます。

① 　人的要因：本人の健康状態や心理状態、身体的条件など
② 　機械要因：機械の不具合や使いにくさなど
③ 　環境要因：作業環境や物理条件、人間関係など
④ 　管理要因：人や機械の管理状態、教育状態など

（a）　トライポッド理論

トライポッド理論は、無数に存在する直接的過失よりも、11 個の潜在的欠陥に注目したものです。11 個の欠陥のタイプと具体的な例は**図表 4.14** に示すとおりです、

（b）　**ヒューマンエラー率予測技法**（THERP：Technique for Human Error Rate Prediction）

THERP はアメリカのサンディア研究所で開発された手法で、システムの設計や運用の際における人間の信頼性を評価する手法です。具体的には、対象となる人間が一連の作業を遂行していく際に発生する可能性があるエラーを作業別に識別して、各段階における成功と失敗を、イベントツリー分析を用いて分析していく手法です。

図表 4.14　トライポッド理論の要因

	分類	内容例
1	ハードウェア	道具や装置、部品の品質や状態の不備
2	設計	設計の不備や理解不足
3	保守点検の管理	作業計画や作業組織の不備
4	手順	手順書などの内容不備
5	エラーを引き起こす条件	働きにくい環境や風土
6	日常業務	職場の整理整頓の未実施や人手不足
7	矛盾する目標	安全より納期優先など、目標と規則の矛盾
8	コミュニケーション	コミュニケーション不足や障害
9	組織	組織内の責任の不明確さ
10	教育	教育が不十分
11	防護措置	障害に対する防護対策が不十分

(c)　VTA（Variation Tree Analysis）

　VTAは、作業がすべて通常どおりに進行していれば事故は起こらないとの考えの下で、正常な状態や判断、作業から外れたものを変動要因として探って、時間軸に沿って図式化して分析する手法です。

（3）　システム信頼度解析

　技術には信頼性が強く求められます。信頼性をできるだけ高めていくという考え方は部品レベルでも実施されていますが、トータルシステムの面でも行われています。特に設計においては、信頼性の高い部品を使う方法はもちろんですが、トータルシステムとしての信頼性を上げていく手法があります。そのなかで広く用いられているのが冗長化です。**冗長化**とは、二重化対策などを行って、システム全体の信頼性を高める方法です。信頼性計算では、**信頼性ブロック図**を用いますが、その基本は下記に示す直列システムと並列システムになります。

(a)　直列システム

　信頼性を計算する場合に与えられる条件としては、**信頼性**（e）と**故障率**（f）があります。これら2つの数字には次の関係があります。

　　　$e + f = 1$

　具体的な数字で示しますと、信頼性（e）が0.9である場合には、故障率（f）は0.1ということになります。構成要素を直列に接続する**直列システム**の場合（**図表4.15**）には、次のような計算式になります。なお、各故障率をf_1、f_2、f_3とします。

　　　システム故障率（f_n）＝ $1 - (1 - f_1) \times (1 - f_2) \times (1 - f_3)$

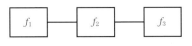

図表 4.15　直列システム

　すべての故障率（f_1、f_2、f_3）が0.1と仮定すると、システム故障率とシステム信頼性は次のようになります。

　　　システム故障率 ＝ $1 - 0.9^3 = 0.271$

　　　システム信頼性 ＝ $1 - 0.271 = 0.729$

(b)　並列システム

　並列システムの場合（**図表4.16**）の計算式は次のようになります。

　　　システム故障率（f_n）＝ $f_1 \times f_2 \times f_3$

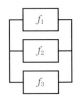

図表 4.16　並列システム

　すべての故障率が0.1と仮定すると、システム故障率とシステム信頼性は次のようになります。

システム故障率＝0.1^3＝0.001

信頼性＝1－0.001＝0.999

機器やシステムの信頼性を上げるために、それと同等の機器やシステムをあらかじめ用意しておいて、故障時に対応する考え方をいいます。具体的な方法としては、二重化、三重化などの並列系多重化方式や、n 個の同じ機能構成要素のうち m 個以上（m＜n）が正常に動作していれば、システムが正常に動作する m／n 冗長化があります。また、装置やシステムが故障した際に、待機した装置やシステムを作動させる、待機冗長化などの方式もあります。

ただし、冗長化したそれぞれのシステムがランダムに故障する場合には信頼性は高まりますが、同じ設計で同じ素材を使い、同じ電源を使っているなど共通性が高い場合には、同じ要素に同時に故障が発生する**共通要因故障**の可能性が高くなりますので、できるだけそれぞれの要素の共通性を少なくする工夫も必要となります。

(c)　MTTR と MTBF

このように、二重化や三重化を図る方法によって信頼性が高くなるのがわかりますが、信頼性を高めるとコストは上がりますので、経済性の計算も合わせて行う必要があります。信頼性ということでは、次のような用語も覚えておく必要があります。

①　MTTR（Mean Time To Repair）

MTTR は、修理開始からシステムが修復するまでの平均時間を示していますので、日本語では平均修復時間といいます。

②　MTBF（Mean Time Between Failures）

MTBF は、ある故障から次の故障までの間隔の平均時間ですので、日本語では平均故障間隔となります。MTBF の逆数（1／MTBF）が先の計算で使った故障率（f）になります。

③　アベイラビリティ（Availability）

アベイラビリティとは、JIS で「要求された外部資源が用意されたと仮定

したとき、アイテムが所定の条件下で、所定の時点、または期間中、要求機能を実行できる状態にある能力」と規定されています。

アベイラビリティ（A）は、上述した MTTR と MTBF から求められます。

$$A = \frac{\text{MTBF}}{\text{MTBF} + \text{MTTR}}$$

(d)　深層防護

なお、原子力発電所などの事故のようなシビアアクシデントへの対策には、深層防護という考え方を採るのが基本となります。**深層防護**とは、何重にも安全対策を施すことを意味します。具体的に、国際原子力機関では、原子力発電所の深層防護レベルを次のように示しています。

　レベル 1：異常運転と不具合の防止
　レベル 2：異常運転の制御と不具合の検知
　レベル 3：設計基準内に事故を制御
　レベル 4：事故進展の防止およびシビアアクシデントの影響の緩和を含む
　　　　　　過酷なプラント状態の制御
　レベル 5：放射性物質の大規模な放出による放射線影響の緩和

（4）　論理回路

論理回路は、通常 2 値論理回路を指します。論理回路を理解するには、論理変数の取り得るすべての入力値を列記して、それらすべての組み合わせについて真理値を記入した真理値表を理解するのが早道ですので、論理回路の記号と真理値表、論理式を示します。総合技術監理部門では、これまで OR 回路とAND 回路の組み合わせの問題しか出題されていませんので、その 2 つを下記に示します。

(a)　OR 回路

OR 回路は、入力端子のどれか 1 つが 1 であれば 1 となる論理回路で、**論理和**と呼ばれます。OR 回路の記号と真理値表は、**図表 4.17** に示すとおりです。

図表 4.17　OR 回路の記号と真理値表

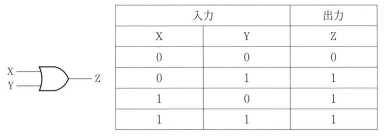

入力		出力
X	Y	Z
0	0	0
0	1	1
1	0	1
1	1	1

論理式：X＋Y＝Z

(b)　AND 回路

AND 回路は、入力端子のすべてに 1 が入ったときに 1 となる論理回路で、**論理積**と呼ばれます。AND 回路の記号と真理値表は、**図表 4.18** に示すとおりです。

図表 4.18　AND 回路の記号と真理値表

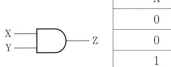

入力		出力
X	Y	Z
0	0	0
0	1	0
1	0	0
1	1	1

論理式：X・Y＝Z

第5章

社会環境管理

　技術が社会や環境に及ぼす影響が大きくなってきたため、技術者には、自分が関係する技術が社会に及ぼす影響や効果を総合的に評価する姿勢が求められています。この章では、地球的規模の環境問題、地域環境問題、環境保全の基本原則、組織の社会的責任と環境管理活動に分けて説明を行います。

1. 地球的規模の環境問題

　最近では、環境問題は一国の問題ではなく、地球的規模で考えなければならない問題となってきています。「持続可能な開発」という概念は、1984年に国連に設置された**環境と開発に関する世界委員会**（WCED：World Commission on Environment and Development）において、「将来世代のニーズを損なうことなく現在の世代のニーズを満たすこと」として打ち出されました。

（1）　持続可能な開発

　持続可能な開発目標（**SDGs**：Sustainable Development Goals）は、2001年に策定された**ミレニアム開発目標**（**MDGs**）の後継として、2015年9月に国連サミットで採択された「持続可能な開発のための2030アジェンダ」に記載された2016年から2030年までの国際目標で、**図表5.1**に示す17の目標が示されています。なお、これら17の目標の下に、細分化された169のターゲットが定め

1. 貧困、2. 飢餓、3. 保健、4. 教育、5. ジェンダー、6. 水・衛生 7. エネルギー、8. 経済成長と雇用、9. インフラ、産業化、イノベーション、 10. 不平等、11. 持続可能な都市、12. 持続可能な生産と消費、13. 気候変動、 14. 海洋資源、15. 陸上資源、16. 平和、17. 実施手段

られています。

　また、SDGs の前文で、「すべての国及びすべてのステークホルダーは、協同的なパートナーシップの下、この計画を実行する」としているのに加え、「これらの目標及びターゲットは、統合され不可分のものであり、持続可能な開発の三側面、すなわち経済、社会及び環境の三側面を調和させるものである」としています。加えて、持続可能な開発目標の実施指針が出されており、ビジョンとして、『持続可能で強靭、そして誰一人取り残さない、経済、社会、環境の統合的向上が実現された未来への先駆者を目指す。』が示されています。合わせて、実施原則として下記の 5 項目が示されています。

Ⓐ　普遍性

Ⓑ　包摂性

Ⓒ　参画型

Ⓓ　統合性

Ⓔ　透明性と説明責任

　実施手段として、目標 17.16 で、「マルチステークホルダー・パートナーシップ」によって補完し、持続可能な開発のためのグローバル・パートナーシップを強化すると示されています。

　SDGs に関しては、我が国でも 2019 年 12 月に「SDGs アクションプラン 2020」が SDGs 推進本部より公表されています。そこでは、大きな柱として、次の 3つを挙げており、これらの分野において国内実施と国際協力の両面において日本の SDGs モデルの展開を加速化していくとしています。

　Ⅰ．ビジネスとイノベーション〜SDGs と連動する「Society5.0」の推進〜

Ⅱ．SDGs を原動力とした地方創生、強靭かつ環境に優しい魅力的なまちづくり

Ⅲ．SDGs の担い手としての次世代・女性のエンパワーメント

なお、持続可能な開発のキーワードとして「5 つの P」が示されていますが、そのキーワードの下に、「SDGs 実施指針」として、次の 8 つの優先課題が挙げられています。

① あらゆる人々が活躍する社会の実現

② 健康・長寿の達成

③ 成長市場の創出、地域活性化、科学技術イノベーション

④ 持続可能で強靭な国土と質の高いインフラの整備

⑤ 省・再生可能エネルギー、防災・気候変動対策、循環型社会

⑥ 生物多様性、森林、海洋等の環境の保全

⑦ 平和と安全・安心社会の実現

⑧ SDGs 実施推進の体制と手段

また、2019 年 12 月に SDGs 推進本部より、「SDGs 実施指針改定版」が公表されており、SDGs 実施指針改定の意義として、「SDGs 実施指針は、2030 年までに日本の国内外において SDGs を達成するための中長期的な国家戦略として位置づけられている。」としています。さらに、「SDGs に係る国内外における最新の動向を踏まえ日本の取組の方向性を示すため」とも示しています。なお、これまでの取組として、「ジャパン SDGs アワード」や「SDGs 未来都市」の選定を通じた活動の「見える化」など、広報・啓発に努めてきたとしています。ビジョンとしては、「SDGs を達成するための取組を実施するに際しては、SDGs が経済、社会、環境の三側面を含むものであること、及びこれらの相互関連性を意識することが重要である。」としています。また、「今後の推進体制」の (3)「主なステークホルダーの役割」のなかで、「「新しい公共」すなわち、従来の行政機関ではなく、地域の住民や NPO 等が、教育や子育て、まちづくり、防犯・防災、医療・福祉、消費者保護など身近な課題を解決するために

活躍している。」としています。また、(4)「広報・啓発」で、「SDGs の認知度は年々向上しており、特に 10 代・20 代では認知度が大きく向上している。」と示しています。

　持続可能社会の実現のために、行われている宣言や指数として次のようなものがあります。

(a) 環境と開発に関するリオ宣言

　環境と開発に関するリオ宣言（リオ宣言）は、1992 年 6 月にブラジルのリオ・デ・ジャネイロで開催された**国連環境開発会議（地球サミット）**で採択されもので、「持続可能な開発」のあり方を示す 27 の原則が採択されています。このリオ宣言を確実なものとするために、「気候変動枠組条約」、「生物多様性条約」、「森林原則声明」、「アジェンダ 21」も採択されています。なお、**アジェンダ 21** とは、持続可能な開発のあらゆる領域における包括的な地球規模の行動計画で、行動領域には、大気保護、森林破壊や土砂流出、砂漠化との闘い、大気・水質汚染防止、有害物質の安全管理などが含まれています。

(b) 人間開発指数

　人間開発指数（HDI：Human Development Index）は、国連開発計画が設定したもので、各国の人間開発の度合いを測る指数となっています。人間開発指数は、健康と知識、生活水準という 3 分野の平均達成度で評価されます。

① 健康：平均寿命指数 $= \dfrac{\text{出生時平均寿命} - 20}{85 - 20}$

② 知識：$\dfrac{1}{2} \times$ 就学予想年数指数 $+ \dfrac{1}{2} \times$ 平均就学年数指数

③ 生活水準：国民総所得（GNI）

（2）　パリ協定

　パリ協定は、2015 年 12 月の気候変動枠組条約第 21 回締約国会議（COP21）で採択された、地球温暖化対策の国際的な枠組みを定めた協定です。パリ協定では、次のような要素が盛り込まれています。

① 世界共通の長期目標として、2℃目標の設定と 1.5℃に抑える努力を追求する

② 主要排出国を含むすべての国が削減目標を 5 年ごとに提出・更新する

③ 二国間クレジット制度を含めた市場メカニズムを活用する

④ 適応の長期目標を設定し、各国の適応計画プロセスや行動を実施するとともに、適応報告書を提出・定期更新する

⑤ 先進国が資金を継続して提供するだけでなく、途上国も自主的に資金を提供する

⑥ すべての国が共通かつ柔軟な方法で実施状況を報告し、レビューを受ける

⑦ 5 年ごとに世界全体の実施状況を確認する仕組みを設ける

なお、気候変動に対応するためには、温室効果ガスの排出を抑制する**緩和策**だけではなく、すでに現れている影響や中長期的に避けられない影響を回避・軽減する**適応策**を合わせて進めることが重要とされています。

(a) 気候変動に関する政府間パネル

気候変動に関する政府間パネル（IPCC）の第 5 次評価報告書によると下記の内容が示されています。

① 温暖化は疑う余地がない

② 陸域と海上を合わせた世界平均地上気温：1880 年～2012 年の間に 0.85 ℃上昇

③ 世界年平均海面水位：1901 年～2010 年の間に 0.19 m 上昇

(b) 地球温暖化対策の推進に関する法律（地球温暖化対策推進法）

地球温暖化対策推進法は、国際条約に基づいて制定された法律で、第 2 条で**温室効果ガス**（GHG）として次の 7 つが示されています。

① 二酸化炭素

② メタン

③ 一酸化二窒素

④　ハイドロフルオロカーボンのうち政令で定めるもの（19種類）

⑤　パーフルオロカーボンのうち政令で定めるもの（9種類）

⑥　六ふっ化硫黄

⑦　三ふっ化窒素

　環境省が公表している資料によると、我が国の 2020 年度の温室効果ガス排出量は 11 億 5 千万トン（CO_2 換算）で、そのうち CO_2 が全体の排出量の 90.8 ％となっています。なお、我が国の温室効果ガス総排出量は、2013 年度をピークとして、2014 年度以降減少傾向にあり、2020 年度の産業部門からの排出量は 34.0 ％で、運輸部門からの排出量は 17.7 ％、業務その他の部門からの排出量は 17.4 ％、家庭部門からの排出量は 15.9 ％となっています。

　世界のエネルギー起源の CO_2 排出量は、2019 年では、中国が 29.4 ％で第一位、第二位がアメリカで 14.1 ％、第三位が EU で 8.9 ％となっており、日本は 3.1 ％で第六位となっています。

(c)　気候変動適応法

　気候変動適応法では、国の責務が第 3 条に、地方公共団体の責務が第 4 条に定められています。また、事業者の努力が第 5 条に、国民の努力は第 6 条に定められており、国及び地方公共団体の気候変動適応に関する施策に協力するよう努めるものとするとされています。また、第 7 条で「政府は、気候変動適応に関する施策の総合的かつ計画的な推進を図るため、気候変動適応に関する計画（以下「気候変動適応計画」という。）を定めなければならない。」と規定されています。一方、第 12 条で「都道府県及び市町村は、その区域における自然的経済的社会的状況に応じた気候変動適応に関する施策の推進を図るため、単独で又は共同して、気候変動適応計画を勘案し、地域気候変動適応計画を策定するよう努めるものとする。」と規定されています。なお、気候変動適応計画には次のような事項を定めるとされています。

①　計画期間

②　気候変動適応に関する施策の基本的方向

③　気候変動等に関する科学的知見の充実及びその活用に関する事項

④　気候変動等に関する情報の収集、整理、分析及び提供を行う体制の確保に関する事項

⑤　気候変動適応の推進に関して国立研究開発法人国立環境研究所が果たすべき役割に関する事項

⑥　地方公共団体の気候変動適応に関する施策の促進に関する事項

⑦　事業者等の気候変動適応及び気候変動適応に資する事業活動の促進に関する事項

⑧　気候変動等に関する国際連携の確保及び国際協力の推進に関する事項

⑨　気候変動適応に関する施策の推進に当たっての関係行政機関相互の連携協力の確保に関する事項

(d)　プラネタリー・バウンダリー

プラネタリー・バウンダリー（地球の限界）とは、人類が地球上で持続的に生存していくために、超えてはならない地球環境の限界があるという概念を示したものです。具体的には、次のような指標があります。

①　気項変動：大気中の二酸化炭素の濃度、地球と宇宙の間でのエネルギー収支

②　大気エアゾルの負荷：大気汚染物質の量

③　成層圏オゾンの破壊：成層圏のオゾン濃度

④　海洋酸性化：海の炭素イオン濃度

⑤　淡水変化：人間が利用できる淡水や植物が取り込む水分の量

⑥　土地利用変化：森林面積の大きさ

⑦　生物圏の一体性：生態系機能が維持されている度合、生物種が絶滅する速度

⑧　窒素・リンの生物地球化学的循環：化学肥料として人工的に作られた窒素やリンの海洋や土壌への流出量

⑨　新規化学物質：プラスチックなどの化学物による汚染を含む

なお、人が持続的に生存していく方法論として、**ドーナツ経済**があります。これは、ドーナツより内側の空洞部を、エネルギーや水などの人が暮らすため

249

に必須なものが欠乏した状態と考えるとともに、外側の空間を地球環境に過負荷がかかっている状況と考えます。そういった概念を持ったうえで、人類はドーナツの食べられる部分の範囲で生活していこうと提案しています。

(e) カーボンニュートラル

2050年の**カーボンニュートラル**に向けた行動としては、まず省エネルギーの強化を行うとともに、非化石エネルギーの導入拡大を進める必要があります。そして、最後には、残存する CO_2 を貯蔵したり、活用するなどの技術開発が進められなければなりません。

① CCS（Carbon dioxide Capture and Storage）

CCS は、二酸化炭素を回収・貯留する技術で、発電所や化学工場などから排出された CO_2 を他の気体から分離して集め、地中深くに貯留・圧入する仕組みです。CO_2 を分離・回収する方法としては、**図表 5.2** に示す方法があります。

図表 5.2　CO_2 分離回収法

分離法	具体的方法
吸収法	物理吸収液、化学吸収液
吸着分離法	物理吸着、化学吸着／吸収、化学吸収炭酸塩系
膜分離法	有機膜、無機膜
深冷分離法	液化／蒸留／沸点差

② BECCS（Bioenergy with Carbon Capture and Storage）

BECCS は、CO_2 排出量が実質ゼロであるバイオマスの燃焼で排出された CO_2 を回収し、地中に圧入・貯留することで CO_2 排出量をマイナス（カーボンネガティブ）とする技術です。

③ DACCS（Direct Air Capture and Carbon Capture Storage）

DACCS は、空気中の CO_2 を直接回収する直接空気回収（DAC：Direct Air Capture）と CCS を組み合わせたシステムで、図表 5.2 に示すような技術を使って大気中から CO_2 を直接回収し、地中に圧入・貯留することで、CO_2 の

排出量をマイナス（カーボンネガティブ）とする技術です。

(f)　カーボンフットプリント

カーボンフットプリントは、商品やサービスの原材料調達から廃棄・リサイクルに至るまでのライフサイクル全体を通して排出される環境負荷を定量的に算定できるようにする制度です。基本的には、LCA（ライフサイクルアセスメント）の手法を使って、製品やサービスのライフサイクル全体で排出される温室効果ガスの量を CO_2 の量に換算して、製品やサービスに表示します。この制度の目的は、自分の行動によって排出される温室効果ガスに責任を持つことを求められるようになった企業や市民が、低炭素化社会の実現に向けて責任ある行動をとるために、CO_2 排出量の「見える化」をしようとするものです。

カーボンフットプリントの表示については、次のような条件があります。

①　共通のマークを使う

②　1 個あたりのライフサイクル CO_2 排出量を表記する

③　単位は g—CO_2 換算、kg—CO_2 換算、t—CO_2 換算を使う

④　表示業者は、継続的に CO_2 排出量の削減に向けて努力をする

この制度が広まると、消費者は、この表示を見て環境に優しい商品やサービスを選択できるようになります。

(g)　エコロジカル・フットプリント

エコロジカル・フットプリントは、人が消費するすべての再生可能な資源を生産し、活動から発生する二酸化炭素を吸収するのに必要な生態系サービスの総量で表す手法です。具体的には、二酸化炭素を吸収するために必要な森林面積や食糧生産に必要な土地面積、紙や木材を生産するために必要な面積などを合計した土地面積（ha）で表します。

（3）　国際的な条約

地球温暖化問題でもわかるとおり、環境や生物に関わる問題は 1 つの国の問題ではなく国際的な問題と捉えなければなりません。そのため、多くの国際的な条約が定められています。そのいくつかを紹介します。

(a) ラムサール条約

ラムサール条約は、1971年にイランのラムサールで締結された条約で、正式な名称は「特に水鳥の生息地として国際的に重要な湿地に関する条約」です。目的は、水鳥や湿地特有の動植物などの生息地としての湿地生態系の保全であり、湿地の登録を行うものです。なお、第1条で、「湿地とは、天然のものであるか人工のものであるか、永続的なものであるか一時的なものであるかを問わず、更には水が滞っているか流れているか、淡水であるか汽水であるか鹹水であるかを問わず、沼沢地、湿原、泥炭地又は水域をいい、低潮時における水深が6メートルを超えない海域を含む。」としています。また、ラムサール条約の3つの柱として、1) 保全・再生、2) 賢明な利用、3) 交流・学習を挙げています。また、第4条第1項で、「各締約国は、湿地が登録簿に掲げられているかどうかにかかわらず、湿地に自然保護区を設けることにより湿地及び水鳥の保全を促進し、かつ、その自然保護区の監視を十分に行う。」と規定しています。

選定や変更、廃止に関しては、第2条第2項では、「湿地は、その生態学上、植物学上、動物学上、湖沼学上又は水文学上の国際的重要性に従って、登録簿に掲げるために選定されるべきである。」と示されています。また、第5項では、「いずれの締約国も、その領域内の湿地を登録簿に追加し、既に登録簿に掲げられている湿地の区域を拡大し又は既に登録簿に掲げられている湿地の区域を緊急な国家的利益のために廃止若しくは縮小する権利を有するものとし、当該変更につき、できる限り早期に、第8条に規定する事務局の任務について責任を有する機関又は政府に通報する。」としています。

日本での登録要件として、下記の3つがあります。

① 国際的に重要な湿地であること（条約で示された基準のいずれかに該当すること）

② 国の法律（自然公園法、鳥獣保護法など）により、将来にわたって、自然環境の保全が図られること

③ 地元自治体などの登録の賛意が得られること

（b）　バーゼル条約

　バーゼル条約の正式な名称は、「有害廃棄物の越境移動及びその処分の規制に関するバーゼル条約」です。目的は、先進国で発生した有害廃棄物が発展途上国へ輸出されることを禁止するもので、締約国は、国内における廃棄物の発生を最小限に抑え、廃棄物の環境上適正な処分のため、可能な限り国内の処分施設が利用できるようにすることとされています。バーゼル条約成立の背景には、事前の連絡・協議なしに有害廃棄物の国境を越えた移動が行われ、最終的な責任の所在も不明確であるという問題が顕在化したことがあります。輸出国において技術的に処理できないものや、輸入国において資源として活用できるものを除いて、輸出が禁止されています。なお、条約の趣旨に反しない限り、非締約国との間でも、廃棄物の国境を越える移動に関する二国間または多数国間の取決めを結ぶことができます。我が国において、バーゼル法に基づき移動書類が交付された特定有害廃棄物等は、金属回収など再生利用を目的とするものが多く、平成 29 年の実績では、輸出量 249,006 トンに対し輸入量は 20,362 トンで、輸出量が輸入量を上回っています。なお、2019 年に「汚れたプラスチックごみ」が追加され、全てのプラスチックの廃棄物が規定されました。

（c）　ワシントン条約

　ワシントン条約は、1971 年に締結された条約で、正式な名称は「絶滅のおそれがある野生動植物の種の国際的取引に関する条約」です。この条約は、野生動植物が生態系で重要な構成要素であり、人類の豊かな生活に欠かすことのできないものであるとの認識で、自然のかけがえのない一部をなす野生動植物の一定の種が過度に国際取引に利用させることのないようこれらの種の保護をすることを目的とした条約です。

（d）　ストックホルム条約

　ストックホルム条約の正式名称は、「残留性有機汚染物質に関するストックホルム条約」です。ストックホルム条約は、環境中に残留性や生物蓄積性があり、人や生物への毒性が高く、長期移動性が懸念されるような残留性有機汚染物質（POPs：Persistent Organic Pollutants）の製造、使用の廃絶・制限、排出

削減、それを含む廃棄物等の適正処理等を規定しており、**POPs 条約**とも呼ばれています。具体的な物質として、ポリ塩化ビフェニル（PCB）や DDT などが挙げられています。

（4） 海洋プラスチック問題

　世界の海洋汚染の全体像は必ずしも明らかではありませんが、DDT などの有害物質がプランクトン→小魚→魚という循環の中で凝縮されていくような問題も指摘されています。このような現象はダイオキシンも同様で、ダイオキシンの場合には環境ホルモンとして生態系の維持に大きな影響を与えます。最近では、プラスチックが細かくなったマイクロプラスチックに有害物質が吸着し、それを食べた小魚に入った後に、小魚を食べる魚類に凝縮され、最終的に人間の体内に入ることが懸念されています。また、海洋の生態系にも大きな影響を与えており、**海洋プラスチック問題**となっています。さらに、自然界に自然では循環しないプラスチック類が海流に乗って遠くの国にまで漂流し、離れた場所で問題になる場合も多くなっています。

　そういった背景から、プラスチックに係る資源循環の促進等に関する法律（**プラスチック資源循環法**）が施行されました。なお、環境省は、法律制定の背景として、1）プラスチックごみ問題、2）気候変動問題、3）諸外国の廃棄物輸入規制強化等への対応と説明しています。

（a） 事業者及び消費者の責務

　この法律の第 4 条では「事業者及び消費者の責務」を定めており、下記の 3 つの点が規定されています。

① 事業者は、プラスチック使用製品廃棄物及びプラスチック副産物を分別して排出するとともに、その再資源化等を行うよう努めなければならない。

② 消費者は、プラスチック使用製品廃棄物を分別して排出するよう努めなければならない。

③ 事業者及び消費者は、プラスチック使用製品をなるべく長期間使用すること、プラスチック使用製品の過剰な使用を抑制すること等のプラスチッ

ク使用製品の使用の合理化により、プラスチック使用製品廃棄物の排出を抑制するとともに、使用済プラスチック使用製品等の再資源化等により得られた物又はこれを使用した物を使用するよう努めなければならない。

(b)　国の責務

第5条では「国の責務」を定めており、下記の3つの点が規定されています。

① プラスチックに係る資源循環の促進等に必要な資金の確保その他の措置を講ずるよう努めなければならない。

② プラスチックに係る資源循環の促進等に関する情報の収集、整理及び活用、研究開発の推進及びその成果の普及その他の必要な措置を講ずるよう努めなければならない。

③ 教育活動、広報活動等を通じて、プラスチックに係る資源循環の促進等に関する国民の理解を深めるとともに、その実施に関する国民の協力を求めるよう努めなければならない。

(c)　地方公共団体の責務

第6条では「地方公共団体の責務」を定めており、下記の3つの点が規定されています。

① 市町村は、その区域内におけるプラスチック使用製品廃棄物の分別収集及び分別収集物の再商品化に必要な措置を講ずるよう努めなければならない。

② 都道府県は、市町村に対し、前項の責務が十分に果たされるように必要な技術的援助を与えるよう努めなければならない。

③ 都道府県及び市町村は、国の施策に準じて、プラスチックに係る資源循環の促進等に必要な措置を講ずるよう努めなければならない。

（5）　生物多様性

生物多様性条約は、1993年に発効された条約で、正式名称は「生物多様性に関する条約（CBD：Convention on Biological Diversity）」です。生物多様性条約

は、人類と共存するとともに、食料や医療、科学分野で広く利用されてきた生物が絶滅している状況から、生物の多様性を包括的に保全し、生物資源の持続可能な利用を行うための国際的な枠組みを設けるための条約です。具体的な目的として、下記の3項目が示されています。

① 生物多様性の保全
② 生物多様性の構成要素の持続的な利用
③ 遺伝資源の利用から生ずる利益の公正かつ衡平な配分

生物多様性基本法は、「生物の多様性の保全及び持続可能な利用に関する施策を総合的かつ計画的に推進し、もって豊かな生物の多様性を保全し、その恵沢を将来にわたって享受できる自然と共生する社会の実現を図り、あわせて地球環境の保全に寄与すること」を目的とした法律です。第3条第5項では、「生物の多様性の保全及び持続可能な利用は、地球温暖化が生物の多様性に深刻な影響を及ぼすおそれがあるとともに、生物の多様性の保全及び持続可能な利用は地球温暖化の防止等に資するとの認識の下に行われなければならない。」という原則を規定しています。

2010年に名古屋で行われた生物多様性条約第10回締約国会議では、陸と海の30％以上を保全するという**30by30**目標（サーティ・バイ・サーティ目標）が世界目標として採択されました。その後、2021年6月のG7サミットでは、G7各国は自国でのこの目標の実現を約束しました。この目標によって、健全な生態系を回復させ、豊かな恵みを取り戻せるとしています。具体的には、国立公園等の保護地区を拡張するとともに、**保護地区以外で生物多様性保全に資する地域**（**OECM**：Other Effective area-based Conservation Measures）で目標を達成するとしています。また、生物多様性条約第10回締約国会議で、**名古屋議定書**（生物の多様性に関する条約の遺伝資源の取得の機会及びその利用から生ずる利益の公正かつ衡平な配分に関する名古屋議定書）が採択されました。この課題に取り組むため、環境省は、人々が持続的に利用してきた農地や二次的な自然を保全して、持続的に利用していこうという、**SATOYAMAイニシア**

ティブに関するパートナーシップを創設しています。

　環境省では、里地里山の現状を、里地里山の多くは人口の減少や高齢化の進行、産業構造の変化により、里山林や野草地などの利用を通じた自然資源の循環が少なくなることで、大きな環境変化を受け、里地里山における生物多様性は、質と量の両面から劣化が懸念されていると示しています。

　なお、絶滅のおそれのある野生生物が増えていることから、国際的には国際自然保護連合が、国内では環境省などが**レッドリスト**という絶滅のおそれのある野生生物の種の一覧を**図表** 5.3 に示すカテゴリー別に公表しています。

図表 5.3　絶滅のおそれのある野生生物のカテゴリー

絶滅	我が国ではすでに絶滅したと考えられる種
野生絶滅	飼育・栽培下あるいは自然分布域の明らかに外側で野生化した状態でのみ存続している種
絶滅危惧Ⅰ類	絶滅の危機に瀕している種
絶滅危惧ⅠA類	ごく近い将来における野生での絶滅の危険性が極めて高いもの
絶滅危惧ⅠB類	ⅠA類ほどではないが、近い将来における野生での絶滅の危険性が極めて高いもの
絶滅危惧Ⅱ類	絶滅の危険が増大している種
準絶滅危惧	現時点での絶滅危険度は小さいが、生息条件の変化によっては「絶滅危惧」に移行する可能性のある種
情報不足	評価するだけの情報が不足している種
絶滅のおそれのある地域個体群	地域的に孤立している個体群で、絶滅のおそれが高いもの

出典：環境省

　国内においては、「絶滅のおそれのある野生動植物の種の保存に関する法律」が制定されており、第 4 条第 4 項に「「国際希少野生動植物種」とは、国際的に協力して種の保存を図ることとされている絶滅のおそれのある野生動植物の種（国内希少野生動植物種を除く。）であって、政令で定めるものをいう。」と規定されています。

　カルタヘナ議定書は、2000 年に採択された議定書で、正式名称は「生物の多

様性に関する条約の**バイオセーフティ**に関する**カルタヘナ議定書**」です。この議定書では、遺伝子組換え生物等が生物の多様性の保全及び持続可能な利用に及ぼす可能性のある悪影響を防止するための措置を規定しています。

　なお、2012年には、**生物多様性及び生態系サービスに関する政府間科学―政策プラットフォーム（IPBES）**という政府間組織が設立され、科学的評価、能力養成、知見生成、政策立案支援の４つの機能を柱として、その成果は、生物多様性条約に基づく国際的な取組や各国の政策に活用されています。

（6）　外来生物法

　外来生物法の正式名称は。「特定外来生物による生態系等に係る被害の防止に関する法律」で、「特定外来生物の飼養、栽培、保管又は運搬、輸入その他の取扱いを規制するとともに、国等による特定外来生物の防除等の措置を講ずることにより、特定外来生物による生態系等に係る被害を防止し、もって生物の多様性の確保、人の生命及び身体の保護並びに農林水産業の健全な発展に寄与することを通じて、国民生活の安定向上に資すること」を目的としています。第２条で、「「**特定外来生物**」とは、海外から我が国に導入されることによりその本来の生息地又は生育地の外に存することとなる生物であって、我が国にその本来の生息地又は生育地を有する生物（在来生物）とその性質が異なることにより生態系等に係る被害を及ぼし、又は及ぼすおそれがあるものとして政令で定めるものの個体（卵、種子その他政令で定めるものを含み、生きているものに限る。）及びその器官をいう。」と定義されています。なお、同法施行令第１条で、特定外来生物が定義されており、別表第一に外来生物の種が示されていますが、そのなかに細菌類やウイルス等は示されていません。第４条で「飼養等の禁止」が定められていますが、第５条の「飼養等の許可」では、「学術研究の目的その他主務省令で定める目的で特定外来生物の飼養等をしようとする者は、主務大臣の許可を受けなければならない。」として例外規定が設けられています。また、第９条で「放出等の禁止」が定められていますが、第９条の２では「放出等の許可」も定められており、「次章の規定による防除の推進に資

する学術研究の目的で特定外来生物の放出等をしようとする者は、主務大臣の許可を受けなければならない。」と規定されています。

　なお、第21条で、在来生物とその性質が異なることにより生態系等に係る被害を及ぼすおそれがあるものである疑いのある外来生物として主務省令で定めるものを未判定外来生物（生きているものに限る。）と定義しており、第24条の2の「輸入品等の検査等」で、「主務大臣は、特定外来生物又は未判定外来生物が付着し、又は混入しているおそれがある輸入品又はその容器包装があると認めるときは、その職員に、当該輸入品等の所在する土地、倉庫、船舶又は航空機に立ち入り、当該輸入品等を検査させ、関係者に質問させ、又は検査のために必要な最小量に限り、当該輸入品等を無償で集取させることができる。」と規定されています。

　なお、平成26年3月には環境省・農林水産省から、「特定外来生物被害防止基本方針」が示されました。その第1項で、「「導入」は、人為による意図的又は非意図的な移動を意味している」と示されており、意図的か非意図的にかかわらず、国内に侵入した外来生物は特定外来生物に指定されます。なお、「その生物が交雑することにより生じた生物を含む」とされていますので、外来生物が国内で交雑することにより生じた生物も特定外来生物に指定されます。また、第3項では対象生物に関して、「概ね明治元年以降に我が国に導入されたと考えるのが妥当な生物を特定外来生物の選定の対象とする」と示されていますし、「特別な機器を使用しなくとも種類の判別が可能な生物分類群を特定外来生物の選定の対象とし、菌類、細菌類、ウイルス等の微生物は当分の間対象としない。」としています。

（7）　エネルギー

　エネルギーは、地球環境問題と密接な関連性があるだけではなく、我が国の経済においても大きな影響を及ぼす項目であるため、さまざまな視点で問題が出題されています。

（a） 第六次エネルギー基本計画

　令和 3 年 10 月に、第六次**エネルギー基本計画**が閣議決定されました。その「はじめに」では、『我が国は 2020 年 10 月に「2050 年カーボンニュートラル」を目指すことを宣言するとともに、2021 年 4 月には、2030 年度の新たな温室効果ガス排出削減目標として、2013 年度から 46 ％削減することを目指し、さらに 50 ％の高みに向けて挑戦を続けるとの新たな方針を示した。』と示されています。

　「第六次エネルギー基本計画の構造と 2050 年目標と 2030 年度目標の関係」では、「第六次のエネルギー基本計画は、こうした大きな二つの視点を踏まえて策定され、2050 年カーボンニュートラルに向けた長期展望と、それを踏まえた 2030 年に向けた政策対応により構成し、今後のエネルギー政策の進むべき道筋を示すこととする。」と示しています。

　エネルギー政策の基本的視点として、次の「**S＋3E**」を掲げていますが、「新型コロナウイルス感染症の教訓からエネルギー供給においても、サプライチェーン全体を俯瞰した安定供給の確保の重要性が認識されるといった新たな視点も必要となる。」としています。

①　安全性（Safety）を前提

②　エネルギーの安定供給（Energy security）を第一

③　経済効率性の向上（Economic efficiency）による低コストでのエネルギー供給の実現

④　環境（Environment）への適合

なお、第六次エネルギー基本計画では、「S＋3E」の大原則を改めて以下のとおり整理しています。

ⓐ　あらゆる前提としての安全性の確保

ⓑ　エネルギーの安定供給の確保と強靭化

ⓒ　気候変動や周辺環境との調和など環境適合性の確保

ⓓ　エネルギー全体の経済効率性の確保

(b)　それぞれのエネルギー源の位置付け

それぞれのエネルギーについては、次のような位置付けを示しています。

①　再生可能エネルギー

S＋3E を大前提に、再生可能エネルギーの主力電源化を徹底し、再生可能エネルギーに最優先の原則で取り組み、国民負担の抑制と地域との共生を図りながら最大限の導入を促す。

②　化石エネルギー

化石エネルギーは、今後も重要なエネルギー源であるが、脱炭素化の観点から対応が求められており、CCUS 技術や合成燃料・合成メタンなどの脱炭素化の鍵を握る技術を確立し、コストを低減することを目指しながら活用していく。

③　原子力エネルギー

安全を最優先し、経済的に自立し脱炭素化した再生可能エネルギーの拡大を図る中で、可能な限り原発依存を低減する。

(c)　国内のエネルギー動向

エネルギー白書 2023 によると、1973 年度から 2021 年度までのエネルギー消費については、産業部門が 0.8 倍と減少していますが、業務部門で 2.0 倍、家庭部門で 1.8 倍、運輸部門で 1.5 倍と大きく増加しています。

1 単位の国内総生産（GDP）を産出するために必要なエネルギー消費量については、日本は世界平均を大きく下回る水準で推移しており、2020 年には、インドや中国の 4 分の 1 から 3 分の 1 程度になっています。化石エネルギーへの依存度については、2020 年の日本の依存度は 88.9 ％であり、アメリカの 80.6 ％、中国の 87.2 ％、フランスの 46.9 ％に比べて高い水準にあります。また、2020 年度の我が国のエネルギー自給率は 13.3 ％であり、1960 年度の 58.1 ％より大幅に低下しています。

(d)　新エネルギー利用等の促進に関する特別措置法（新エネルギー法）

エネルギーの需給を安定化させるための方策の 1 つとして、新エネルギーの利用促進は不可欠です。そのために作られた法律が**新エネルギー法**になります

が、その目的は下記のとおりです。

> この法律は、内外の経済的社会的環境に応じたエネルギーの安定的かつ適切な供給の確保に資するため、新エネルギー利用等についての国民の努力を促すとともに、新エネルギー利用等を円滑に進めるために必要な措置を講ずることとし、もって国民経済の健全な発展と国民生活の安定に寄与することを目的とする。

このように、目的の中で国民に新エネルギー等の利用の促進を呼びかけていますし、利用の促進のために、必要な措置を講ずるとされています。なお、新エネルギー利用等の促進に関する特別措置法施行令の第1条では、新エネルギーとして次の項目が示されています。

① 動植物に由来する有機物でエネルギー源として利用することができるものを原材料とした燃料

② バイオマスまたはバイオマスを原材料とする燃料で得た熱

③ 太陽熱での給湯、暖房、冷房などの利用

④ 冷凍設備を用いた海水、河川水その他の水の熱源としての利用

⑤ 冷凍機器を用いて生産したものを除く、雪または氷を熱源とする熱の冷蔵、冷房その他の用途への利用

⑥ バイオマスまたはバイオマスを原材料とする燃料での発電

⑦ アンモニア水、ペンタンその他の大気圧における沸点が100℃未満の液体を利用する地熱発電

⑧ 風力発電

⑨ かんがい、利水、砂防その他の発電以外の用途に供される工作物に設置される出力が1000 kW以下である水力発電

⑩ 太陽電池発電

(e) 再生可能エネルギー

最近では再生可能エネルギーの**固定価格買取制度**で再生可能エネルギーの利

用が増えてきてはいますが、いまだに化石燃料に依存している点は変わってなく、2020年時点で約89％の依存率となっています。しかし、日本が原油を輸入している国は中東地域に集中しており、2021年時点で約93％の依存率となっています。なかでもサウジアラビアには約37％を依存しています。そのため、化石エネルギーには地政学的リスクがあり、政情が不安定な中東諸国で紛争等が起きてホルムズ海峡の通行に支障が生じた場合には、エネルギー危機が発生する危険性が高くなっています。そのため、再生可能エネルギーの利用を促進させようとして設けられた制度が、再生可能エネルギー買取価格制度になります。この制度は、再生可能エネルギーで発電した電気を電気事業者が一定価格で一定期間買い取ることを規定しており、対象となる**再生可能エネルギー**は、太陽光、風力、水力、地熱、バイオマスの5つで、買取価格は経済産業大臣が毎年度定めるとされています。電気事業者は、定められた高い買取価格で買取らなければなりませんが、その費用は電気の使用者に**再生可能エネルギー賦課金**として請求されますので、最終的には使用者が負担する結果となります。再生可能エネルギー賦課金の額は電気の使用量に比例しますが、全国一律の単価になるように毎年環境大臣が定めることになっています。

(f)　省エネルギー技術他

　発電側だけではなく、利用者側においても省エネルギーが強く求められています。また、従来の電力会社からの電力の供給だけではなく、多様な発電事業者や個人が発電した電力を賢く使っていくという仕組みも必要となってきています。

①　トップランナー制度

　トップランナー制度は、エネルギーの使用の合理化等に関する法律（**省エネ法**）に規定されている制度で、製造業者等の努力義務として判断基準が示されています。判断基準については、3～10年先に設定される目標年度において最も優れた機器の水準に技術進歩を加味したトップランナー基準で設定されます。対象品目は、電気機器や石油・ガス機器だけではなく、自動車や情報機器、建材にまで拡大されています。

② 建築物省エネルギー法

建築物省エネルギー法の正式名称は、「建築物のエネルギー消費性能の向上に関する法律」で、パリ協定の発効を受けて、温室効果ガス排出量の削減目標の達成等に向け、住宅・建築物の省エネルギー対策の強化を図る目的で制定されました。住宅・建築物の規模や用途ごとの特性に応じた実効性のある総合的な対策を実施するため、下記のような措置が定められています。

ⓐ オフィスビル等に対する措置

ⓑ マンション等に対する措置

ⓒ 戸建住宅等に対する措置

ⓓ その他の措置

③ ESCO（Energy Service Company）事業

ESCO事業とは、企業のエネルギーの使用状況や設備の状態を調査する省エネルギー診断を実施し、その診断結果を基にして省エネルギー対策設備の計画やシステム設計を行うだけではなく、顧客からの要望があれば、資金調達までも含めて実施する事業です。さらに、顧客が希望する場合には、施工を実施するだけではなく、改修後の一定期間の運用管理までも行います。要するに、省エネルギー対策に対する技術・設備、人材、資金等を包括的に提供するサービスといえます。

④ コンパクトシティ

最近では、地方自治体の財政ひっ迫や高齢者等の増加による移動手段等の点で、都市における問題が顕在化してきています。その対策として**コンパクトシティ**が注目されています。コンパクトシティは、限られた資源の集中的・効率的な利用を図り、持続可能な都市や社会を実現する考え方です。コンパクトシティが必要とされている理由には主に下記の4点があります。

ⓐ 持続可能な都市経営（財政・経済）のため

ⓑ 高齢者の生活環境・子育ての環境のため

ⓒ 地球環境、自然環境のため

ⓓ 防災のため

⑤　スマートグリッド

　これまでの電力システムの基本的な考え方は、電力の利用者が求める需要電力に合わせて、電力会社が発電設備の容量を調整するという考え方でした。それが、需要量と関係なく発電をする再生可能エネルギーの量が増えると同時に、電力会社の新規設備投資が難しくなり、予備発電設備を多くできないという資金的な問題から、利用者にも発電容量に合わせて需要量を調整してもらうという考え方がでてきました。その1つが**スマートグリッド**です。

⑥　コージェネレーションシステム

　コージェネレーションシステムとは、原動機を一次エネルギーで駆動して発電し、その際に発生する排熱を熱として利用するシステムです。そのため、熱電併給システムと呼ばれています。熱を利用する点では、熱を多く利用する施設に有効なシステムですので、工場や食品加工工場、ホテル、病院などへの応用が進んでいます。

2.　地域環境問題

　最近では、人の生活や経済活動で生み出されたものが、大量の廃棄物となって社会的な問題を引き起こしています。そのため、それらの適正な処分やリサイクル等による再生利用が強く求められるようになってきています。

（1）　循環型社会形成推進基本法

　循環型社会形成推進基本法の目的は、第1条に「この法律は、環境基本法の基本理念にのっとり、循環型社会の形成について、基本原則を定め、並びに国、地方公共団体、事業者及び国民の責務を明らかにするとともに、循環型社会形成推進基本計画の策定その他循環型社会の形成に関する施策の基本となる事項を定めることにより、循環型社会の形成に関する施策を総合的かつ計画的に推進し、もって現在及び将来の国民の健康で文化的な生活の確保に寄与すること」と示されています。

なお、第2条第1項では、**循環型社会**の定義がなされており、「製品等が廃棄物等となることが抑制され、並びに製品等が循環資源となった場合においてはこれについて適正に循環的な利用が行われることが促進され、及び循環的な利用が行われない循環資源については適正な処分（廃棄物（ごみ、粗大ごみ、燃え殻、汚泥、ふん尿、廃油、廃酸、廃アルカリ、動物の死体その他の汚物又は不要物であって、固形状又は液状のものをいう。）としての処分をいう。）が確保され、もって天然資源の消費を抑制し、環境への負荷ができる限り低減される社会をいう。」とされています。このような天然資源の消費を抑制し、環境の負荷ができるだけ低減できる社会を目指す考え方を示す言葉として3Rが使われています。**3R**とは、ゴミを減らす（Reduce）、ゴミを再使用する（Reuse）、ごみを再生利用する（Recycle）という3つの行動を促進する考え方です。

　第4条に「循環型社会の形成は、このために必要な措置が国、地方公共団体、事業者及び国民の適切な役割分担の下に講じられ、かつ、当該措置に要する費用がこれらの者により適正かつ公平に負担されることにより、行われなければならない。」と規定されており、第5条に「原材料にあっては効率的に利用されること、製品にあってはなるべく長期間使用されること等により、廃棄物等となることができるだけ抑制されなければならない。」と規定されています。

　この法律が特徴的なのは、第7条で処理・処分の順番が示されている点です。そこでは、「**再使用**」→「**再生利用**」→「**熱回収**」→「**処分**」となっています。

　循環型社会形成推進基本法では、第9条で「国の責務」、第10条で「地方公共団体の責務」、第11条で「事業者の責務」として「基本原則にのっとり、その事業活動を行うに際しては、原材料等がその事業活動において廃棄物等となることを抑制するために必要な措置を講ずるとともに、…」と規定されており、第12条で「国民の責務」が定められています。また、第15条では、「政府は、循環型社会の形成に関する施策の総合的かつ計画的な推進を図るため、循環型社会の形成に関する基本的な計画（**循環型社会形成推進基本計画**）を定めなければならない。」と示されています。

　なお、循環的な利用が行われない場合には、廃棄物の処理及び清掃に関する

法律に基づいて行われなければなりません。

（2）　リサイクル関連法

リサイクルに関連する法律を整理すると、**図表 5.4** のようになります。

図表 5.4　リサイクル法

法律（略称）	法律（正式名称）	対象品例
容器包装リサイクル法	容器包装に係る分別収集及び再商品化の促進等に関する法律	びん、ペットボトル、紙製・プラスチック製容器包装等
家電リサイクル法	特定家庭用機器再商品化法	ユニット形エアコン、テレビ、電気冷蔵庫・電気冷凍庫、電気洗濯機・衣類乾燥機
食品リサイクル法	食品循環資源の再生利用等の促進に関する法律	食品残さ（目標：事業系の食品ロスを半減）
建設リサイクル法	建設工事に係る資材の再資源化等に関する法律	木材、コンクリート、アスファルト
自動車リサイクル法	使用済自動車の再資源化等に関する法律	自動車（自動車破砕残さ及び指定回収物品とフロン類）
小型家電リサイクル法	使用済小型電子機器等の再資源化の促進に関する法律	小型電子機器等

267

（3）　廃棄物の処理及び清掃に関する法律（廃棄物処理法）

廃棄物処理法の第 2 条第 1 項では、「この法律において**一般廃棄物**とは、産業廃棄物以外の廃棄物をいう」とされており、**産業廃棄物**は下記のものをいうと第 2 条の第 4 項に示されています。

① 事業活動に伴って生じた廃棄物のうち、燃え殻、汚泥、廃油、廃酸、廃アルカリ、廃プラスチック類その他政令で定める廃棄物

② 輸入された廃棄物（前号に掲げる廃棄物、船舶及び航空機の航行に伴い生ずる廃棄物並びに本邦に入国する者が携帯する廃棄物）

なお、廃棄物の区分を**図表 5.5** に示します。

特別管理一般廃棄物は、第 2 条第 3 項で、「一般廃棄物のうち、爆発性、毒

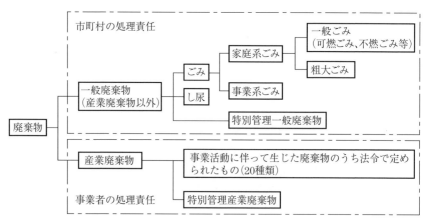

図表 5.5 廃棄物の区分

性、感染性その他の人の健康又は生活環境に係る被害を生ずるおそれがある性状を有するものとして政令で定めるものをいう。」と示されています。また、**特別管理産業廃棄物**は、第２条第５項で、「産業廃棄物のうち、爆発性、毒性、感染性その他の人の健康又は生活環境に係る被害を生ずるおそれがある性状を有するものとして政令で定めるものをいう。」と示されています。

　一般廃棄物の処理は、市町村に課されていますが、都道府県には、「市町村に対して必要な技術的援助を与えることに努めるとともに、区域内における産業廃棄物の状況を把握し、産業廃棄物の適正な処理が行なわれるように必要な措置を講ずることに努めなければならない。」とされています。

　廃棄物の処理及び清掃に関する法律では、第12条の３で、マニフェスト（産業廃棄物管理票）による管理を規定しています。**マニフェスト制度**は、排出事業者が処理受託者に交付して、収集・運搬業者や処分業者が必要内容を記載した管理票の写しを一定期間内に排出事業者に返送する仕組みです。排出事業者は、返送された日から５年間マニフェストを保存しなければならないとされています。また、電子マニフェストは、マニフェスト情報を電子化して、排出事業者、収集運搬事業者、処分業者が、情報処理センターを介してやり取りする仕組みで、導入が進んできています。

（4）　国等による環境物品等の調達の推進等に関する法律
　　　　（グリーン購入法）

　グリーン購入法の目的は、第 1 条に「国、独立行政法人等、地方公共団体及び地方独立行政法人による環境物品等の調達の推進、環境物品等に関する情報の提供その他の環境物品等への需要の転換を促進するために必要な事項を定めることにより、環境への負荷の少ない持続的発展が可能な社会の構築を図り、もって現在及び将来の国民の健康で文化的な生活の確保に寄与すること」と示されています。物品の製造者等には、「物品の製造、輸入若しくは販売又は役務の提供の事業を行う者は、当該物品の購入者等に対し、当該物品等に係る環境への負荷の把握のため必要な情報を適切な方法により提供するよう努めるものとする。」と、第 12 条で規定しています。一方、地方公共団体等の購入者は、環境物品等の調達の推進を図るための方針を作成し、その方針に基づいて物品の調達を行うよう努めなければなりません（第 10 条）。

（5）　国等における温室効果ガス等の排出の削減に配慮した契約の推進
　　　　に関する法（環境配慮契約法）

　環境配慮契約法の目的は、第 1 条に「国等における温室効果ガス等の排出の削減に配慮した契約の推進に関し、国等の責務を明らかにするとともに、基本方針の策定その他必要な事項を定めることにより、国等が排出する温室効果ガス等の削減を図り、もって環境への負荷の少ない持続的発展が可能な社会の構築に資すること」と示されています。

（6）　環境情報の提供の促進等による特定事業者等の環境に配慮した事
　　　　業活動の促進に関する法律（環境配慮促進法）

　環境配慮促進法の目的は、第 1 条に「環境を保全しつつ健全な経済の発展を図る上で事業活動に係る環境の保全に関する活動とその評価が適切に行われることが重要であることにかんがみ、事業活動に係る環境配慮等の状況に関する情報の提供及び利用等に関し、国等の責務を明らかにするとともに、特定事業

者による環境報告書の作成及び公表に関する措置等を講ずることにより、事業活動に係る環境の保全についての配慮が適切になされることを確保し、もって現在及び将来の国民の健康で文化的な生活の確保に寄与すること」と示されています。

第4条では、「事業者は、その事業活動に関し環境情報の提供を行うように努めるとともに、他の事業者に投資等をするに当たっては、その事業者の環境情報を勘案してこれを行うように努めるものとする。」と定められています。

特定事業者は、第9条で、「事業年度の終了後6月以内に環境報告書を作成し、これを公表しなければならない。」とされています。なお、**環境報告書**は、企業などの事業者が、下記の内容等について取りまとめ、名称や報告を発信する媒体を問わず、定期的に公表するものです。

① 経営責任者の緒言
② 環境保全に関する方針・目標・計画
③ 環境マネジメントに関する状況（環境マネジメントシステム、法規制遵守、環境保全技術開発等）
④ 環境負荷の低減に向けた取組の状況（CO_2排出量の削減、廃棄物の排出抑制等）

第10条で、「環境報告書の審査を行う者は、独立した立場において環境報告書の審査を行うように努めるとともに、環境報告書の審査の公正かつ的確な実施を確保するために必要な体制の整備及び環境報告書の審査に従事する者の資質の向上を図るように努めるものとする。」と定められています。なお、第11条では、「大企業者は、環境報告書の公表その他のその事業活動に係る環境配慮等の状況の公表を行うように努めるとともに、その公表を行うときは、記載事項等に留意して環境報告書を作成することその他の措置を講ずることにより、環境報告書その他の環境配慮等の状況に関する情報の信頼性を高めるように努めるものとする。」とも示されています。さらに、第12条では、「事業者は、その製品等が環境への負荷の低減に資するものである旨その他のその製品等に係る環境への負荷の低減に関する情報の提供を行うように努めるものとす

る。」と定められています。

（7）　特定化学物質の環境への排出量の把握等及び管理の改善の促進に関する法律（PRTR 法）

　PRTR 制度は、有害性のある化学物質の環境への排出量の把握と移動量を登録して公表する仕組みです。PRTR 法の第 5 条第 1 項では、「第一種指定化学物質等取扱事業者は、その事業活動に伴う第一種指定化学物質の排出量及び移動量を主務省令で定めるところにより把握しなければならない。」と定められています。さらに同条第 2 項で、「第一種指定化学物質等取扱事業者は、第一種指定化学物質及び事業所ごとに、毎年度、前項の規定により把握される前年度の第一種指定化学物質の排出量及び移動量に関し主務省令で定める事項を主務大臣に届け出なければならない。」とされています。

　第 14 条では、「指定化学物質等取扱事業者は、指定化学物質等を他の事業者に対し譲渡し、又は提供するときは、その譲渡し、又は提供する時までに、その譲渡し、又は提供する相手方に対し、当該指定化学物質等の性状及び取扱いに関する情報を文書又は磁気ディスクの交付その他経済産業省令で定める方法により提供しなければならない。」と定められています。

　第 9 条では、「届け出られた排出量以外の排出量の算出等」が示されており、「経済産業大臣及び環境大臣は、関係行政機関の協力を得て、第一種指定化学物質等取扱事業者以外の事業者の事業活動に伴う第一種指定化学物質の排出量その他第 5 条第 2 項の規定により届け出られた第一種指定化学物質の排出量以外の環境に排出されていると見込まれる第一種指定化学物質の量を経済産業省令、環境省令で定める事項ごとに算出するものとする。」とされています。その結果については、第 10 条第 1 項で、「何人も、第 8 条第 4 項の規定による公表があったときは、当該公表があった日以後、主務大臣に対し、当該公表に係る集計結果に集計されているファイル記録事項であって当該主務大臣が保有するものの開示の請求を行うことができる。」とされています。

　第 12 条では、「調査の実施等」が示されており、「国は、第 8 条第 4 項及び第

9条第2項に規定する結果並びに第一種指定化学物質の安全性の評価に関する内外の動向を勘案して、環境の状況の把握に関する調査のうち第一種指定化学物質に係るもの及び第一種指定化学物質による人の健康又は動植物の生息若しくは生育への影響に関する科学的知見を得るための調査を総合的かつ効果的に行うとともに、その成果を公表するものとする。」と規定されています。

第14条では、「指定化学物質等の性状及び取扱いに関する情報の提供」が規定されています。これが「安全データシート（**SDS**：Safety Data Sheet）制度」です。この制度は、「化学品の分類および表示に関する世界調和システム」（GHS：Globally Harmonized System of Classification and Labelling of Chemicals）に基づいています。GHS は、化学品が生活に利便性をもたらすものであると同時に、人や環境に悪影響を及ぼす可能性があることから、国際連合によって行われた勧告です。これに基づき、「GHS に基づく化学品の分類方法」（JIS Z 7252）と「GHS に基づく化学品の危険有害性情報の伝達方法—ラベル、作業場内の表示及び安全データシート（SDS）」（JIS Z 7253）が規定されています。

（8）　物質フローと環境の状況

我が国における物質フローと環境の現状は次のとおりです。

（a）　我が国の物質フロー

自らがどれだけの資源を採取、消費、廃棄しているかを知ることは重要ですが、2018 年 6 月に公表された第四次循環型社会形成推進基本計画によると、物質フローを入口、循環、出口のそれぞれの指標でとらえ**図表 5.6** のような目標

図表 5.6　循環型社会の全体像に関する物質フロー指標（代表指標）と数値目標

指標	数値目標	目標年次	備考
資源生産性	約 49 万円／トン	2025 年度	入口
入口側の循環利用率	約 18 %	2025 年度	循環
出口側の循環利用率	約 47 %	2025 年度	循環
最終処分量	約 1,300 万トン	2025 年度	出口

出典：第四次循環型社会形成推進基本計画

を設定しています。

　また、地域活性化に関する指標についても**図表 5.7** のように定めています。

図表 5.7　多種多様な地域循環共生圏形成による地域活性化に関する項目別物質
　　　　　フロー指標（代表指標）と数値目標

指標	数値目標	目標年次	備考
1 人 1 日当たりのごみ排出量	約 850 g ／人／日	2025 年度	
1 人 1 日当たりの家庭系ごみ排出量	約 440 g ／人／日	2025 年度	廃棄物処理基本方針
最事業系ごみ排出量	約 1,300 万トン	2025 年度	

出典：第四次循環型社会形成推進基本計画

　一方、日本では災害の発生が頻発化しているため、災害廃棄物の処理体制構築の指標も**図表 5.8** にように示されています。

図表 5.8　万全な災害廃棄物処理体制の構築に関する項目別取組指標（代表指標）
　　　　　と数値目標

指標	数値目標	目標年次	備考
災害廃棄物処理計画の策定	都道府県 100 ％ 市町村 60 ％	2025 年度	国土強靭化計画

出典：第四次循環型社会形成推進基本計画

　第四次循環型社会形成推進基本計画の注釈 43 項では、「リサイクルに比べて優先順位が高いのはリデュース、リユースであるが、その取組が遅れているので、2R という言葉が使われている」と示しています。

　なお、実施に対して各主体の役割も示されています。

①　国が果たすべき役割

　他の関係主体とのパートナーシップを促進するとともに、規制的措置、経済的措置などの各種施策の導入と見直しを状況に応じて的確に行いながら、国全体の循環型社会形成に関する取組を総合的に進める。

② 地方公共団体に期待される役割

地域における循環型社会を形成していく上で中核的な役割を担っており、廃棄物等の適正な循環利用及び処分の実施や各主体間のコーディネーターとして重要な役割を果たすことが求められる。

③ 国民に期待される役割

自らも廃棄物等の排出者であり、環境負荷を与えその責任を有している一方で、循環型社会づくりの担い手でもあることを自覚して行動するとともに、より環境負荷の少ないライフスタイルへの変革を進めていくことが求められる。

④ NPO・NGO 等に期待される役割

国内外において、自ら循環型社会形成に資する活動や地域のコミュニティ・ビジネス等を行うことに加え、各主体が行う経済社会活動を循環型社会形成の観点から評価し向上を促すこと、各主体による循環型社会形成に関する理解や活動を促進するとともに連携・協働のつなぎ手となることなどが期待される。

⑤ 大学等の学術・研究機関に期待される役割

学術的・専門的な知見を充実させ、客観的かつ信頼できる情報を分かりやすく提供することなどにより、循環型社会形成に向けての政策決定や各主体の具体的な行動を促し、支えることが期待される。

⑥ 事業者に期待される役割

生産者等については、環境に配慮した事業活動を行うことなどにより、持続的発展に不可欠な自らの社会的責務を果たし、とりわけ、法令遵守を徹底し、排出事業者責任を踏まえて、不法投棄・不適正処理の発生を防止することなどが求められる。

金融機関や投資家には、循環型社会づくりに取り組む企業・NPO や、循環型社会づくりにつながるプロジェクト等に対して的確に資金供給することなどが期待される。

(b) 自動車騒音

騒音規制法第16条で、「環境大臣は、自動車が一定の条件で運行する場合に発生する自動車騒音の大きさの許容限度を定めなければならない。」と規定されています。また、第17条第1項で、「市町村長は、(中略)指定地域内における自動車騒音が環境省令で定める限度を超えていることにより道路の周辺の生活環境が著しく損なわれると認めるときは、都道府県公安委員会に対し、道路交通法の規定による措置を執るべきことを要請するものとする。」と規定されています。これに基づき、自動車騒音の要請限度が**図表5.9**のように定められています。

図表5.9 自動車騒音の要請限度

区域の区分	基準値	
	昼間	夜間
a区域及びb区域のうち1車線を有する道路に面する区域	65デシベル	55デシベル
a区域のうち2車線以上の道路に面する区域	70デシベル	65デシベル
b区域のうち2車線以上の道路に面する区域及びc区域のうち車線を有する道路に面する区域	75デシベル	70デシベル

注)
①時間の区分は、昼間を午前6時から午後10時までの間とし、夜間を午後10時から翌日の午前6時までの間とする。
②a～c区域とは、それぞれ各号に掲げる区域として都道府県知事が定めた区域をいう。

(c) 大気汚染

大気汚染防止法の目的は、第1条で「この法律は、工場及び事業場における事業活動並びに建築物等の解体等に伴うばい煙、揮発性有機化合物及び粉じんの排出等を規制し、水銀に関する水俣条約の的確かつ円滑な実施を確保するため工場及び事業場における事業活動に伴う水銀等の排出を規制し、有害大気汚染物質対策の実施を推進し、並びに自動車排出ガスに係る許容限度を定めること等により、大気の汚染に関し、国民の健康を保護するとともに生活環境を保全し、並びに大気の汚染に関して人の健康に係る被害が生じた場合における事

業者の損害賠償の責任について定めることにより、被害者の保護を図ることを目的とする。」と規定されています。最近問題となっている石綿に関しては、第18条の15第6項で、「解体等工事の元請業者又は自主施工者は、第1項又は第4項の規定による調査を行つたときは、遅滞なく、環境省令で定めるところにより、当該調査の結果を都道府県知事に報告しなければならない。」と規定されており、石綿含有建材が使用されているかどうかを実施する必要があります。

(d) 土壌汚染対策法

土壌汚染対策法では、土壌の特定有害物質による汚染の状況の把握に関する措置及びその汚染による人の健康に係る被害の防止に関する措置を定めています。なお、「特定有害物質」とは、「鉛、ひ素、トリクロロエチレンその他の物質（放射性物質を除く。）であって、それが土壌に含まれることに起因して人の健康に係る被害を生ずるおそれがあるものとして政令で定めるもの」とされています。平成22年3月の環境省水・大気環境局長通知で、人間の活動に伴って生じた汚染土壌等に加え、自然由来で汚染されているものも対象となりました。

（9） 異常気象

最近では、異常気象によってさまざまな影響がわが国でも起きています。気候変動監視レポート2021の2.4.3 (3) で、「1時間降水量50 mm以上及び80 mm以上の短時間強雨の年間発生回数はともに増加している」と示しています。

(a) ヒートアイランド現象

都市などの人口密度が高く、多くの経済活動が行われている場所では、都市排熱（ビルや自動車からの排熱）によって気温が上昇し、異常に高くなります。排熱が太陽から受ける熱量に比べて無視できない量になった場合には、都市郊外と比べて、局地的に気温が高くなります。これを温度曲線で地図上に示すと熱の島のように見えることから、**ヒートアイランド現象**と呼ばれています。最近では、ヒートアイランド現象によって天候にも影響が及び、都市部で

の局地的な大雨や竜巻が発生しています。このような**都市型水害**の発生を防ぐ
ために、都市部のビル屋上を緑化しようという試みが現在進んでいます。屋上
緑化は、屋上屋根の温度を下げるため、直接的にビル内のエネルギー削減にも
つながりますので、省エネルギー対策としても評価されています。

(b)　気候変動影響評価報告書

　2020年12月に環境省から出された気候変動影響評価報告書によると、日本
の気候の長期的傾向は次のような状況です。

①　年平均気温は上昇しており、その上昇速度は世界の平均より大きい。
　　日本は100年当たり1.24℃上昇しているのに対して、世界は100年間で
　0.74℃の上昇になっている。

②　猛暑日は、統計期間1910〜2019年では増加している

③　冬日の日数は、統計期間1910〜2019年では減少している。

④　短時間強雨の年間発生回数は、1976〜2019年の期間では増加している。

⑤　日降水量1.0mm以上の日数は減少しているので、無降水日の年間日数
　は増加している。

(c)　ハザードマップ

　ハザードマップとは、自然災害による被害の軽減や防災対策に使用する目的
で、被災想定区域や避難場所、避難経路などの防災関係施設の位置などを表示
した地図です。自然災害の種類によって、洪水ハザードマップ、津波ハザード
マップ、土砂災害ハザードマップ、火山ハザードマップなどがあります。

　また、水防法第15条第3項で、「浸水想定区域をその区域に含む市町村の長
は、国土交通省令で定めるところにより、市町村地域防災計画において定めら
れた第1項各号に掲げる事項を住民、滞在者その他の者に周知させるため、こ
れらの事項を記載した印刷物の配布その他の必要な措置を講じなければならな
い。」と規定されています。

(d)　流域治水

　気候変動の影響によって、水災害の激甚化や頻発化等が顕在化してきている
ため、雨水が河川に流入する地域（集水域）から河川等の氾濫により浸水が想

定される地域（氾濫域）に関わる関係者が協働した水災害対策として、流域治水という考え方が進められています。流域治水では、集水域と河川区域に限らず、氾濫域を含めて１つの流域として捉え、地域の特性に応じて、氾濫をできるだけ防ぐ・減らす対策を実施するとともに、被害対象を減少させるための対策を実施します。また、被害の軽減、早期復旧・復興のための対策をハード・ソフト一体で多層的に進めます。

(e) 警戒レベル

令和３年５月に「避難情報に関するガイドライン」が改定され、**警戒レベル**が**図表 5.10** のように改められました。

図表 5.10　５段階の警戒レベル

避難情報等	発令される状況	居住者等がとるべき行動
【警戒レベル 5】 緊急安全確保 （市町村長が発令）	災害発生又は切迫 （必ず発令される情報ではない）	命の危険、直ちに安全確保！
【警戒レベル 4】 避難指示 （市町村長が発令）	災害のおそれ高い	危険な場所から全員避難
【警戒レベル 3】 高齢者等避難 （市町村長が発令）	災害のおそれあり	危険な場所から高齢者等は避難
【警戒レベル 2】 大雨・洪水・高潮注意報 （気象庁が発表）	事象状況悪化	自らの避難行動を確認
【警戒レベル 1】 早期注意情報 （気象庁が発表）	今後気象状況悪化のおそれ	災害への心構えを高める

出典：避難情報に関するガイドライン：内閣府（防災担当）

また、警報の発表基準をはるかに超える大雨や、大津波等が予想され、重大な災害の起こるおそれが著しく高まっている場合には、最大級の警報を呼びかけるために、「特別警報」が気象庁から発表されています。

(f)　グリーンインフラ

　令和元年 7 月には、国土交通省より「グリーンインフラ推進戦略」が公表されました。そのなかで、**グリーンインフラ**とは、「社会資本整備や土地利用等のハード・ソフト両面において、自然環境が有する多様な機能を活用し、持続可能で魅力ある国土・都市・地域づくりを進める取組」と説明しています。また、ここで使われている「グリーン」は、「環境に配慮する」とか、「環境負荷を低減する」といった消極的な対応だけではなく、自然環境が持っている自律的回復力などの多様な機能を積極的にいかして、環境と共生した社会資本整備や土地利用等を進めることまで含めているとしています。さらに、「インフラ」は、従来のダムや道路などのハードだけではなく、地域社会の活動を下支えするソフトの取組を含み、公共事業だけにとどまらず、民間の事業も含まれるとしています。

　グリーンインフラが求められている社会的・経済的背景として、次の事項を示しています。

　①　気候変動への対応
　②　グローバル社会での都市の発展
　③　SDGs、ESG 投資等との親和性
　④　人口減少社会での土地利用の変化への対応
　⑤　既存ストックの維持管理
　⑥　自然と共生する社会の実現
　⑦　歴史、生活、文化等に根ざした環境・社会・経済の基盤

　一方、グリーンインフラの特徴と意義については、次のような内容を示しています。

　ⓐ　機能の多様性
　ⓑ　多様な主体の参画
　ⓒ　時間の経過とともにその機能を発揮する

また、グリーンインフラの活用を推進する場面として、次のような例を挙げています。

Ⓐ　気候変動への対応

Ⓑ　投資や人材を呼び込む都市空間の形成

Ⓒ　自然環境と調査したオフィス空間等の形成

Ⓓ　持続可能な国土利用・管理

Ⓔ　人口減少等に伴う低未利用地の利活用と地方創生

Ⓕ　都市空間の快適な利活用

Ⓖ　生態系ネットワークの形成

Ⓗ　豊かな生活空間の形成

(10)　平成二十三年三月十一日に発生した東北地方太平洋沖地震に伴う原子力発電所の事故により放出された放射性物質による環境の汚染への対処に関する特別措置法（放射性物質汚染対策対処特措法）

　放射性物質汚染対策対処特措法は、東日本大震災で発生した原子力発電所事故の放射性物質の対策のために本法律は制定され、下記の内容が示されています。

（a）　関係原子力事業者による廃棄物の処理等

　第9条で、「事故に係る原子力事業所内の廃棄物の処理並びに土壌等の除染等の措置及びこれに伴い生じた土壌の処理並びに事故により当該原子力事業所外に飛散したコンクリートの破片その他の廃棄物の処理は、次節及び第三節の規定にかかわらず、関係原子力事業者が行うものとする。」と示されています。

（b）　特定廃棄物

　この法律では、第20条「特定廃棄物の処理の基準」で、対策地域内廃棄物と指定廃棄物を「特定廃棄物」としており、「その収集、運搬、保管又は処分を行う者は、環境省令で定める基準に従い、特定廃棄物の収集、運搬、保管又は処分を行わなければならない。」と示されています。また、第19条では、「国は、「指定廃棄物」の収集、運搬、保管及び処分をしなければならない。」と定めて

います。

(c)　除染

　第 2 条第 3 項で、「土壌等の除染等の措置」が示されていますが、そこでは、「事故由来放射性物質により汚染された土壌、草木、工作物等について講ずる当該汚染に係る土壌、落葉及び落枝、水路等に堆積した汚泥等の除去、当該汚染の拡散の防止その他の措置をいう。」とされています。また、第 1 条の「目的」では、「事故由来放射性物質による環境の汚染への対処に関し、国、地方公共団体、原子力事業者及び国民の責務を明らかにするとともに、国、地方公共団体、関係原子力事業者等が講ずべき措置について定めること等により、事故由来放射性物質による環境の汚染が人の健康又は生活環境に及ぼす影響を速やかに低減することを目的とする。」と示されています。

　除染特別地域は、第 25 条で定められている地域で、「環境大臣は、その地域及びその周辺の地域において検出された放射線量等からみてその地域内の事故由来放射性物質による環境の汚染が著しいと認められることその他の事情から国が土壌等の除染等の措置並びに除去土壌の収集、運搬、保管及び処分を実施する必要がある地域として環境省令で定める要件に該当する地域を、除染特別地域として指定することができる。」と示されています。

　除染については、第 30 条で、「国は、除染特別地域について、特別地域内除染実施計画に従って、除染等の措置等を実施しなければならない。」と定められています。「除染実施計画」に関しては、第 36 条で、「都道府県知事等は、汚染状況重点調査地域内の区域であって、第 34 条第 1 項の規定による調査測定の結果その他の調査測定の結果により事故由来放射性物質による環境の汚染状態が環境省令で定める要件に適合しないと認めるものについて、除染等の措置等を総合的かつ計画的に講ずるため、当該都道府県又は市町村内の当該区域に係る除染実施計画を定めるものとする。」と定められています。

　なお、第 32 条では、「環境大臣は、その地域及びその周辺の地域において検出された放射線量等からみて、その地域内の事故由来放射性物質による環境の汚染状態が環境省令で定める要件に適合しないと認められ、又はそのおそれが

著しいと認められる場合には、その地域をその地域内の事故由来放射性物質による環境の汚染の状況について重点的に調査測定をすることが必要な地域（除染特別地域を除く。以下「**汚染状況重点調査地域**」という。）として指定するものとする。」と示されています。

(11)　景観法

　景観法の目的は、「我が国の都市、農山漁村等における良好な景観の形成を促進するため、景観計画の策定その他の施策を総合的に講ずることにより、美しく風格のある国土の形成、潤いのある豊かな生活環境の創造及び個性的で活力ある地域社会の実現を図り、もって国民生活の向上並びに国民経済及び地域社会の健全な発展に寄与すること」とされています。基本理念は第2条に次のように示されていますが、景観という用語の定義は示されていません。

①　良好な景観は、美しく風格のある国土の形成と潤いのある豊かな生活環境の創造に不可欠なものであることにかんがみ、国民共通の資産として、現在及び将来の国民がその恵沢を享受できるよう、その整備及び保全が図られなければならない。

②　良好な景観は、地域の自然、歴史、文化等と人々の生活、経済活動等との調和により形成されるものであることにかんがみ、適正な制限の下にこれらが調和した土地利用がなされること等を通じて、その整備及び保全が図られなければならない。

③　良好な景観は、地域の固有の特性と密接に関連するものであることにかんがみ、地域住民の意向を踏まえ、それぞれの地域の個性及び特色の伸長に資するよう、その多様な形成が図られなければならない。

④　良好な景観は、観光その他の地域間の交流の促進に大きな役割を担うものであることにかんがみ、地域の活性化に資するよう、地方公共団体、事業者及び住民により、その形成に向けて一体的な取組がなされなければならない。

⑤　良好な景観の形成は、現にある良好な景観を保全することのみならず、

新たに良好な景観を創出することを含むものであることを旨として、行われなければならない。

　景観計画を定める**景観行政団体**は、地方自治法の区域では指定都市や中核市、その他の区域にあっては都道府県とされています。「景観計画」は、環境基本法との調和を保ち、都市計画法の整備、開発及び保全の方針に適合し、市町村の都市計画に関する基本的な方針に適合するものでなければなりません。それに加えて、政令で定める公共施設の整備や管理に関する方針や計画に適合し、自然公園法の公園計画に適合するものでなければなりません。また、景観計画においては、次のような事項を定めなければなりません。

ⓐ　景観計画の区域
ⓑ　良好な景観の形成のための行為の制限に関する事項
ⓒ　景観重要建造物や景観重要樹木の指定の方針
ⓓ　建築物・工作物の形態や色彩その他の意匠の制限
ⓔ　建築物・工作物の高さの最高限度や最低限度
ⓕ　壁面の位置の制限や建築物の敷地面積の最低限度

283

3. 環境保全の基本原則

　環境を保全するために、さまざまな法律や制度が定められていますので、その中から過去に出題された事項を下記に示します。

（1）　環境基本法
　環境基本法では、環境保全の理念と各主体の責務、施策の基本となる事項を定めています。

（a）　環境保全の理念
　理念として、下記の3項目を規定しています。

① 環境の恵沢の享受と継承等（第3条）

　環境の保全は、環境を健全で恵み豊かなものとして維持することが人間の健康で文化的な生活に欠くことのできないものであること及び生態系が微妙な均衡を保つことによって成り立っており人類の存続の基盤である限りある環境が、人間の活動による環境への負荷によって損なわれるおそれが生じてきていることにかんがみ、現在及び将来の世代の人間が健全で恵み豊かな環境の恵沢を享受するとともに人類の存続の基盤である環境が将来にわたって維持されるように適切に行われなければならない。

② 環境への負荷の少ない持続的発展が可能な社会の構築等（第4条）

　環境の保全は、社会経済活動その他の活動による環境への負荷をできる限り低減することその他の環境の保全に関する行動がすべての者の公平な役割分担の下に自主的かつ積極的に行われるようになることによって、健全で恵み豊かな環境を維持しつつ、環境への負荷の少ない健全な経済の発展を図りながら持続的に発展することができる社会が構築されることを旨とし、及び科学的知見の充実の下に環境の保全上の支障が未然に防がれることを旨として、行われなければならない。

③ 国際的協調による地球環境保全の積極的推進（第5条）

　地球環境保全が人類共通の課題であるとともに国民の健康で文化的な生活を将来にわたって確保する上での課題であること及び我が国の経済社会が国際的な密接な相互依存関係の中で営まれていることにかんがみ、地球環境保全は、我が国の能力を生かして、及び国際社会において我が国の占める地位に応じて、国際的協調の下に積極的に推進されなければならない。

(b) 各主体の責務

各主体の責務として、国、地方公共団体、事業者、国民、それぞれの責務を示しています。

(c) 施策の基本となる事項

第14条では、施策の基本となる事項として、下記の3点が示されています。

① 人の健康が保護され、生活環境が保全され、自然環境が適正に保全され

るよう、大気、水、土壌その他の環境の自然的構成要素が良好な状態に保持されること。

②　生態系の多様性の確保、野生生物の種の保存、その他の生物の多様性の確保が図られるとともに、森林、農地、水辺地等における多様な自然環境が地域の自然的社会的条件に応じて体系的に保全されること。

③　人と自然との豊かな触れ合いが保たれること。

(d)　環境基本計画

環境基本計画は第 15 条で示されており、最も新しい環境基本計画は、平成 30 年（2018 年）に閣議決定された第五次環境基本計画になります。第五次基本計画は、2015 年に採択された 2030 アジェンダやパリ協定なども踏まえて定められています。第五次環境基本計画では、分野横断的な 6 つの重点戦略として、経済、国土、地域、暮らし、技術、国際を設定しています。また、目指すべき社会の姿として、「地域循環共生圏の創造」、「世界の範となる日本の確立」、「これらを通じた、持続可能な循環共生型の社会（環境・生命文明社会）の実現」を挙げています。さらに重点戦略を支える環境政策として下記の 6 項目を挙げています。

①　気候変動対策

②　循環型社会の形成

③　生物多様性の確保・自然共生

④　環境リスクの管理

⑤　基盤となる施策

⑥　東日本大震災からの復興・創生及び今後の大規模災害時の対応

なお、第 3 章の第 1 項「環境政策における原則等」では、「環境影響が懸念される問題については、科学的に<u>不確実であることをもって対策を遅らせる理由とはせず</u>、科学的知見の充実に努めながら、予防的な対策を講じるという「予防的な取組方法」の考え方に基づいて対策を講じていくべきである」と示されています。また、第 3 項の「環境政策の実施の手法」では、下記の環境政策の実施の手法が示されています。

285

1) 規制的手法

規制的手法は、法令で、社会全体で達成すべき一定の目標と遵守事項を示して、統制的に達成しようとする手法です。

規制的手法には、土地利用の規制などを行う行為規制と、法律に基づく排出規制・基準や家電省エネ基準などの**パフォーマンス規制**があります。パフォーマンス規制では、どのような方法で達成するかは規制対象者に委ねられます。また、規制的手法の特徴としては、対策効果がすぐにあらわれる即効性がありますが、規制値を達成してしまうと、それ以上の効果が上がらなくなる傾向にあります。

2) 枠組規制的手法

枠組規制的手法は、目標を示して、その達成を義務付けたり、一定の手順や手続きを踏むことを義務付けるなどして、規制の目的を達成しようとする手法です。

3) 経済的手法

経済的手法は、市場メカニズムを前提として、経済的インセンティブを付与して、各主体が経済合理性に従った行動をするように誘導することによって、政策目標を達成しようとする手法です。

経済的手法として実際に活用されているものには、次のようなものがあります。

① 環境税

環境税の具体的な例として炭素税などがあり、石炭・石油・天然ガスなどの化石燃料に対して、炭素の含有量に応じて税金をかけ、それらからできた製品の価格を引き上げることによって、使用量を抑制する政策手段です。地球温暖化対策のために我が国でも実施されています。

② 課徴金

課徴金制度は、財政法第3条に基づいて設けられる制度で、環境課徴金の場合には、製品の生産量や排出する廃棄物などの量を基準に金銭を徴収します。

③　デポジット制度

　デポジットとは預り金の意味で、**デポジット制度**は、アルミ缶や瓶などの容器の預り金を販売時に徴収し、回収時に預り金を返す等の仕組みです。不法投棄の抑止や回収率の向上につながるとされています。

4)　自主的取組手法

　自主的取組手法は、事業者などが自主的に行動計画や目的を設定して、それを公表し推進していく手法で、政府はそのフォローアップを行うことで、一層大きな効果が期待できるようになります。

　具体的には、団体や個別企業の環境行動計画の公表などがあります。こういった行動計画を作成する場合にバックキャスティングという手法が多く用いられます。**バックキャスティング**とは、「最初に目標とする未来像を描き、その未来像を実現するための道筋を未来像から現在にさかのぼって検討する手法」です。これに対して、現状の社会構造や外部環境要因を前提として、将来の環境目標は明示せずに、環境対策をできるところから行う手法として**フォアキャスティング**があります。

5)　情報的手法

　情報的手法は、環境保全活動に積極的な事業者が、環境負荷が少ない製品などを選択できるように、事業活動や製品・サービスに関して、環境負荷などに関する情報開示を進める手法です。

　具体的には、**環境ラベル**や本章第2項(7)で説明したSDS、第4項(3)で説明する環境報告書や環境会計などがこの手法になります。

6)　手続的手法

　手続的手法は、各主体の意思決定過程に、環境配慮のための判断を行う手続きと、環境配慮に際しての判断基準を組み込んでいく手法です。

　具体的には、環境影響評価制度や本章第2項(7)で説明したPRTR制度がこの手法になります。

7)　事業的手法

　事業の手法は、国、地方公共団体等が事業を進めることによって政策目的を

実現していく手法です。

(e) 環境基準

環境基準については、第16条第1項で、「政府は、大気の汚染、水質の汚濁、土壌の汚染及び騒音に係る環境上の条件について、それぞれ、人の健康を保護し、及び生活環境を保全する上で維持されることが望ましい基準を定めるものとする。」と示されています。なお、同条第3項では、「第1項の基準については、常に適切な科学的判断が加えられ、必要な改定がなされなければならない。」とされています。

大気の汚染に係る環境基準として、二酸化いおう、一酸化炭素、浮遊粒子状物質、二酸化窒素、光化学オキシダントの5物質について定められています。

浮遊粒子状物質は、粒径が小さく長期間空気中に滞留する物質で、10 μm 以下のものは人間が呼吸で吸い込んでしまうため、大気汚染防止法の規制の対象となっています。そのうち、粒径が 2.5 μm 以下のものを **PM2.5** と呼びますが、粒径がさらに小さいために肺の奥深くまで入りやすいことから、ぜんそくや肺がん以外にも、不整脈や心臓発作の要因になるとされています。PM2.5 には物の燃焼などによって直接排出されるものと、SO_X、NO_X、VOC 等のガス状大気汚染物質が、主として大気中で化学反応により粒子化したものがあります。首都圏等の対策地域内に使用の本拠の位置を有するトラック、バス、乗用車が、いわゆる自動車 NO_X・PM 法の規制対象となります。PM2.5 の環境基準値は、年平均値が 15 μg/m^3 以下であり、かつ、日平均値が 35 μg/m^3 以下とされています。PM2.5 の発生源としては、ボイラや自動車などの人為的な燃焼で発生するものだけでなく、火山や黄砂などの自然由来のものがありますが、半分以上は硫黄酸化物や窒素酸化物等が紫外線やオゾンと反応して二次生成したものです。PM2.5 について環境省は、「例年、冬季から春季にかけては PM2.5 濃度の変動が大きく、上昇する傾向がみられ、夏季から秋季にかけては比較的安定した濃度が観測されています。」としており、「PM2.5 の年平均濃度への越境汚染の寄与割合は、西日本で大きく、九州地方では約7割、関東地方では約4割と推計されている。」と発表しています。なお、PM2.5 については、法的な注意報

や警報は発令されてなく、濃度が高い際に都道府県から注意喚起がなされています。

　我が国の大気環境の現状については、「大気汚染の状況　資料編」で次のように示されています。

①　2021 年度の微小粒子状物質（PM2.5）の環境基準達成率は、次のとおりです。

　・一般環境大気測定局：100 %

　・自動車排出ガス測定局：100 %

②　2021 年度の光化学オキシダントの環境基準達成率は、次のとおりです。

　・一般環境大気測定局：0.2 %

　・自動車排出ガス測定局：0 %

③　2021 年度の二酸化窒素の環境基準達成率は、次のとおりです。

　・一般環境大気測定局：100 %

　・自動車排出ガス測定局：100 %

③　2021 年度の浮遊粒子状物質の環境基準達成率は、次のとおりです。

　・一般環境大気測定局：100 %

　・自動車排出ガス測定局：100 %

⑤　2021 年度の二酸化硫黄の環境基準達成率は、次のとおりです。

　・一般環境大気測定局：99.8 %

　・自動車排出ガス測定局：100 %

⑥　2021 年度の一酸化炭素の環境基準達成率は、次のとおりです。

　・一般環境大気測定局：100 %

　・自動車排出ガス測定局：100 %

　水質の汚濁に係る環境基準は、人の健康の保護に関する環境基準と生活環境の保全に関する環境基準がありますが、生活環境の保全の内容には水生生物の保全に係る水質環境基準が含まれています。水質汚濁防止法の目的は、第 1 条で「工場及び事業場から公共用水域に排出される水の排出及び地下に浸透する

水の浸透を規制するとともに、生活排水対策の実施を推進すること等によって、公共用水域及び地下水の水質の汚濁の防止を図り、もつて国民の健康を保護するとともに生活環境を保全し、並びに工場及び事業場から排出される汚水及び廃液に関して人の健康に係る被害が生じた場合における事業者の損害賠償の責任について定めることにより、被害者の保護を図ることを目的とする。」と示しています

　土壌の汚染に係る環境基準は、健康被害の防止の観点からは自然由来の汚染土壌とそれ以外の汚染土壌を区別する理由がないため、自然由来汚染土壌についても土壌汚染対策法の対象としています。

　騒音に関しては、騒音に係る環境基準（騒音規制法）、航空機騒音に係る環境基準、新幹線鉄道騒音に係る環境基準（環境基本法第16条）がそれぞれ定められています。

　また、ダイオキシンに関しては、**ダイオキシン類対策特別措置法**が定められており、「特定施設」として、「工場又は事業場に設置される施設のうち、製鋼の用に供する電気炉、廃棄物焼却炉その他の施設であって、ダイオキシン類を発生し及び大気中に排出し、又はこれを含む汚水若しくは廃液を排出する施設」が示されています。

（2）　環境保全に関する原則

　環境を保全するために、さまざまな原則や制度が設けられていますので、それらのなかからいくつかを説明します。

(a)　拡大生産者責任

　拡大生産者責任（**EPR**：Extended Producer Responsibilities）は、経済協力開発機構（OECD）が提唱したもので、製品の製造、流通、消費時だけではなく、製品の廃棄やリサイクルされる際に要する費用までも含めて、生産者の責任を拡大しようというものです。拡大生産者責任は、循環型社会形成基本法における一原則となっています。拡大生産者責任の目的として、廃棄物処理の費用を自治体から生産者に移転することや、処理費用を内部化することがあります。

それによって、その費用が製品価格に上乗せされることも考えられますが、競争社会で販売していくためには、処分やリサイクル費用を削減できるような設計を行う技術が促進され、環境負荷が少ない環境配慮設計（DfE：Design for Environment）が促進されると期待されています。拡大生産者責任の政策手法としては、下記の4つが考えられています。

① 使用済み製品を生産者が自主的または義務として引き取る

② リサイクルや改修目標値を設定して生産者に課す

③ 企業が公共サービスに資金や技術・ノウハウを提供する

④ デポジット／リファンド制度、処理料金の前払い、税／賦課金など

(b)　汚染者負担の原則

　経済協力開発機構（OECD）は、1972年に**汚染者負担の原則**（**PPP**：Polluter Pays Principal）を取り入れ、汚染者が環境劣化に対処する費用を負担すべきであるとしました。この原則に従うと、汚染防止や規制の実施に伴う費用については、汚染者が生産する製品やサービスの費用の中に含まなければならないということになります。これは地域的な汚染や廃棄物の処理には適用が容易ですが、地球温暖化問題のように、影響が地球全体に及ぶものについては適用が難しくなります。また、途上国の石炭火力発電などで発生する排ガスが、先進国の大気に及ぼす影響に対する負担にしても同様のことがいえます。このような場合には、世界的な協力関係や先進国の技術供与などの受益者負担で実施する方法も有効であるとされています。

(c)　予防的措置

　予防的措置とは、環境に重大かつ不可逆的な影響を及ぼす可能性がある場合には、科学的な因果関係が十分証明されないような不確実性があっても、規制的措置を行うことで、環境問題だけではなく、生物多様性においても適用されます。

(d)　順応的取組

　順応的取組とは、自然の環境変動によって当初の計画では想定しなかった事態に陥ることや地域的な特性などを事業者の判断等で、あらかじめ管理システ

ムに取り込んで、目標を設定して、その結果に合わせて柔軟に対応していく方法です。自然再生などを目的としている場合などに用いられますが、生物多様性の保全に適用するのは望ましくありません。

(e) 源流対策原則

源流対策原則とは、環境汚染物質をその排出段階で規制等を行う排出口における対策に対して、製品などの設計や製法に工夫を加え、汚染物質や排出物をそもそも作らないようにすることを優先すべき、という原則です。

(f) 協働原則

協働原則とは、公共主体が政策を行う場合には、政策の企画、立案、実行の各段階において、政策に関連する民間の各主体の参加を得て行わなければならないとする原則です。

(g) 補完性原則

補完性原則とは、基礎的な行政単位で処理できる事柄はその行政単位に任せ、そうでない事柄に限って、より広域的な行政単位が処理することとすべきという考え方です。

（3） 環境経済評価

環境問題が深刻化している中、環境利用の内部化や経済的価値を評価する必要性が生じてきました。しかし、経済的価値については、自然環境や生態系などから得られる恵みに対してはこれまで市場での取引が行われてこなかったために、新たな経済的価値の評価手法が必要となりました。

環境の経済価値評価手法を大きく分けると、下記に示す顕示選好型評価と表明選好型評価が挙げられます。

(a) 経済的価値評価手法（顕示選好型評価）

顕示選好型評価は、環境価値を人々が実際に消費行動を起こす根拠となるデータに間接的に置き換えて、価値を推定する方法で、次の3つの方法が用いられます。

① 代替法

代替法は、環境価値をそれと近似すると考えられる別の商品やサービスに置き換えた費用で評価する手法です。具体的には、干潟の価値を、水質浄化装置を建設した場合の費用に置き換えるなどして評価するような手法になります。この手法の場合には、置換するものがないような事項については、評価できないという問題があります。

② トラベルコスト法

トラベルコスト法は、訪問しようとする目的地までの旅費をもとにして、訪問価値を評価する手法です。自然公園などの利用について、そこへ行く費用を支払ってまでも利用したいかどうかを判断します。この手法の場合には、適用できるものがレクレーション施設などに限定されます。

③ ヘドニック法（ヘドニック価格法）

ヘドニック法は、環境などの価値が地価に反映するというキャピタリゼーション仮説に基づき、地価の観察によって環境価値を評価する手法になります。この手法の場合には、環境の価値が広く評価できるという反面、地域的な評価に関する事項に限定されるという制限が生じます。

(b) 経済的価値評価手法（表明選好型評価）

表明選好型評価は、人々に環境の価値をアンケート形式などで尋ねて、その内容から直接的に価値を評価する方法で、次の2つの方法が用いられます。

① 仮想評価法

仮想評価法は、環境の改善に対する支払意志額や環境悪化に対する受入補償額を、アンケートなどで尋ねることによって、環境価値を直接的に評価する手法になります。この手法の場合には、生物多様性や干潟の価値など適用範囲が広くなる反面、アンケートの内容によって評価結果に大きな影響が生じる可能性があります。また、インターネットアンケートによる方法は、回答者がインターネットを利用できる人に限定されるため回答結果に偏りが生じるので、調査手法として用いることは望ましくありません。

アンケートの場合に、Yes／No の二項選択方式は、提示額に対して購入の

可否を判断する実際の購買行動に類似しているので、無回答が少なくなるため用いられることが多くなります。なお、仮想評価法では、調査票に問題がないかを判断するためにプレテストを行います。

② コンジョイント分析

コンジョイント分析は、環境保全対策についての複数の代替案を回答者に示して、属性単位に分解して選好を評価する手法になります。この手法の場合には、海洋汚染防止や森林公園の整備など適用範囲が広くなる反面、準備に手間がかかり、示す内容によって評価結果に影響が生じる可能性があります。

上記の評価手法を整理した表が、平成 26 年度の試験に出題されていましたので、**図表 5.11** に示します。

図表 5.11　環境の経済価値評価手法

評価手法	顕示選好型評価			表明選好型評価	
	代替法	トラベルコスト法	ヘドニック法	仮想評価法	コンジョイント分析
内容	環境財を市場財で置換するときの費用をもとに評価	対象地までの旅行費用をもとに評価	環境資源の存在が地代や賃金に与える影響をもとに評価	環境変化に対する支払意志額や受入補償額を尋ねることで評価	複数の代替案を回答者に示して、その好ましさを尋ねることで評価
長所	必要な情報が少ない 置換する市場財の価値のみ	必要な情報が少ない 旅行費用と訪問率などのみ	情報の入手コストが小さい 地代、賃金などの市場データから得られる	適用範囲が広い 存在価値やオプション価値などの非利用価値も評価可能	適用範囲が広い 存在価値やオプション価値などの非利用価値も評価可能
短所	環境財に相当する市場財が存在しないと評価できない	適用範囲が主としてレクリエーションに関係するものに限られる	適用範囲が主として地域的なものに限られる	アンケート調査の必要があり、情報入手コストが大きい	アンケート調査の必要があり、情報入手コストが大きい

(c)　環境負荷に対する個人の選好に訴えて環境負荷を軽減する手法

　環境意識が高い消費者は、環境負荷の少ない商品を選好します。そういった消費者に情報を発信して、環境負荷を軽減する選好を促進させる手法です。具体的には、環境負荷の少ない商品やサービスにエコマークを付ける方法や、企業が環境報告書などを公表して、その会社の製品やサービスを消費者が積極的に選択するよう仕向ける方法などが実施されています。

(d)　費用を内部化して環境負荷を軽減する手法

　環境に負荷を与える行為に対して環境税や課徴金をかけることによって、その商品やサービスの費用として内部化する方法がこれまでも用いられています。これによって、消費者には費用が高くなるため、使用量を減らすという行動をとることを促します。京都議定書で設けられた排出権取引などもこの手法になります。また、環境にやさしい技術を採用することに補助金を設ける（太陽光発電設置の補助金など）ような方法によって、環境にやさしい技術や製品の普及を促進するという方法もあります。

295

（4）　環境アセスメント

　環境アセスメントは、大規模な開発事業を行うときに、あらかじめその開発が環境に与える影響を予測・評価して、住民や関係自治体の意見を聴いたり、専門家が審査したりすることによって、適正な環境配慮がなされるようにする手続きをいいます。その内容については、**環境影響評価法**に定められています。

(a)　環境アセスメントの対象事業と実施者

　環境アセスメントの対象事業は、道路、河川、鉄道、飛行場、発電所などの13事業（図表5.12参照）とされており、環境アセスメントは、対象事業を実施しようとする事業者が行います。なお、都市計画に定められている場合には、環境アセスメントは、事業者に代わって、都道府県等が行うことになっており、手続きは都市計画を定める手続きと合わせて実施されます。なお、報告手続きは都市計画事業を実施する事業者が行うことになっています。

(b) 第一種事業と第二種事業

環境アセスメント対象事業のうち**第一種事業**は、第2条第2項で「規模が大きく、環境影響の程度が著しいものとなるおそれがあるものとして政令で定めるものをいう。」とされています。第一種事業の場合は、第3条の2で、「第一種事業に係る計画の立案の段階において、当該事業の実施が想定される区域における当該事業に係る環境の保全のために配慮すべき事項についての検討を行わなければならない。」と定められており、環境アセスメントが義務づけられています。また、第3条の3で、「第一種事業を実施しようとする者は、計画段階配慮事項についての検討を行った結果について、計画段階環境配慮書を作成しなければならない。」と定められています。

第二種事業は、第2条第3項で、「第一種事業に準ずる規模を有するもののうち、環境影響の程度が著しいものとなるおそれがあるかどうかの判定を第4条第1項各号に定める者が同条の規定により行う必要があるものとして政令で定めるものをいう。」とされており、おそれがあると判断された事業については、環境アセスメントが実施されます。

環境アセスメント対象事業を**図表 5.12** に示します。

最近では、**戦略的環境アセスメント**という、事業計画が固まる前に行う環境アセスメントが制度化されました。これによって、環境配慮に対してより柔軟な取り組みができるようになると期待されています。

(c) 環境アセスメントの手続きの流れ

環境アセスメントの手続きの流れを図示すると**図表 5.13** のようになります。

(d) 計画段階環境配慮書

計画段階環境配慮書は、第一種事業を実施しようとする事業者が、計画立案段階で、事業の位置や規模などを決定するに当たって、環境保全のために配慮すべき事項をまとめた書類です。この段階で、住民等の一般の人々や専門家、地方公共団体、環境大臣、主務大臣の意見を取り入れるよう務めることとされています。なお、第二種事業の実施者は、この手続きを任意で実施することができます。

図表 5.12　環境アセスメント対象事業

対象事業	内容
道路	高速自動車国道、首都高速道路など、一般国道、林道
河川	ダム、堰、放水路、湖沼開発
鉄道	新幹線鉄道、鉄道、軌道
飛行場	
発電所	水力発電所、火力発電所、地熱発電所、原子力発電所、風力発電所
廃棄物最終処分場	
埋立て、干拓	
土地区画整理事業	
新住宅市街地開発事業	
工業団地造成事業	
新都市基盤整備事業	
流通業務団地造成事業	
宅地の造成の事業	

(e)　第二種事業の判定（スクリーニング）

　第二種事業で、環境アセスメントを行うかどうかの判定を個別に行う手続き
を**スクリーニング**といいます。この手続きを実施する理由は、事業規模など面
では第一種事業よりは小さいものの、実施場所が貴重な環境を維持した地域で
あるような場合には、環境に与える影響が大きくなる危険性もあるためとされ
ています。判定に当たっては、地域の状況を最も把握している都道府県知事の
意見を聴き、主務大臣が環境大臣の定めた判定基準に則って行います。

(f)　環境アセスメント方法の決定（スコーピング）

　実施する事業内容によって環境アセスメントの方法は違ってきますので、地
域の環境をよく知っている住民等や地方公共団体の意見を聴く手続きが設けら
れています。それをスコーピングといいます。**スコーピング**では、事業者は
「環境影響方法書」を作成し、それを公表します。環境影響方法書は、地方公共

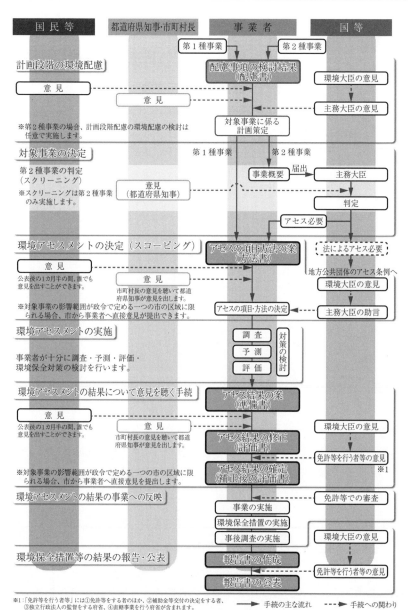

国 民 等	都道府県知事・市町村長	事 業 者	国 等

第1種事業　　　　　第2種事業

計画段階の環境配慮

配慮事項の検討結果
（配慮書）

環境大臣の意見

意見 ┈┈┈┈┈

意見 ┈┈┈┈┈

主務大臣の意見

※第2種事業の場合、計画段階配慮の環境配慮の検討は
任意で実施します。

対象事業に係る
計画策定

対象事業の決定

第1種事業　　　　　第2種事業

第2種事業の判定
（スクリーニング）
※スクリーニングは第2種事業
のみ実施します。

意見
（都道府県知事）

事業概要　届出　主務大臣

判定

アセス必要

環境アセスメントの決定（スコーピング）

アセスの項目方法の案
（方法書）

法によるアセス必要

意見

公表後の1カ月半の間、誰でも
意見を出すことができます。

意見

市町村長の意見を聴いて都道
府県知事が意見を出します。

地方公共団体のアセス条例へ

環境大臣の意見

※対象事業の影響範囲が政令で定める一つの市の区域に限
られる場合、市から事業者へ直接意見が提出できます。

アセスの項目・方法の決定

主務大臣の助言

環境アセスメントの実施

調 査　対策の
予 測　検討
評 価

事業者が十分に調査・予測・評価・
環境保全対策の検討を行います。

環境アセスメントの結果について意見を聴く手続

アセス結果の案
（準備書）

意見

公表後の1カ月半の間、誰でも
意見を出すことができます。

意見

市町村長の意見を聴いて都道
府県知事が意見を出します。

アセス結果の修正
（評価書）

環境大臣の意見

免許等を行う者等の意見
※1

※対象事業の影響範囲が政令で定める一つの市の区域に限
られる場合、市から事業者へ直接意見を提出します。

アセス結果の確定
（補正後の評価書）

環境アセスメントの結果の事業への反映

事業の実施

免許等での審査

環境保全措置の実施

事後調査の実施

環境大臣の意見

環境保全措置等の結果の報告・公表

報告書の作成

免許等を行う者等の意見

報告書の公表

※1：「免許等を行う者等」には①免許等をする者のほか、②補助金等交付の決定をする者、
③独立行政法人の監督をする府省、④直轄事業を行う府省が含まれます。　　━━▶ 手続の主な流れ　　┈┈▶ 手続への関わり

〔出典：環境アセスメント制度のあらまし（環境省）〕

図表 5.13　　環境アセスメントの手続きの流れ

298

団体の庁舎や事業者の事務所、ウェブサイトなどで1ヶ月間縦覧するとともに、説明会を開催しなければなりません。また、事業者は、そこで提出された意見の概要を都道府県知事と市町村長に送付しなければなりません。それに対して、都道府県知事は、市町村長の意見を勘案した上で、意見を書面で事業者に提出します。意見を受けた事業者は、主務大臣に技術的な助言を求めることができますが、その際には、主務大臣は環境大臣の意見を聴かなければならないとされています。事業者はこれらの意見を踏まえた上で、環境アセスメントの方法を決定します。

（g）　環境アセスメントの実施

　事業者は、選定された項目や方法に基づいて、調査や予測を実施します。動植物の環境調査は、調査対象となるものの特性に合わせて行われます。それらの手法例をまとめたのが、**図表 5.14** になります。

　最終的には、事業を行った場合の環境への影響について検討を行います。

図表 5.14　動植物の環境調査手法（例）

対象	手法	概要
ほ乳類	フィールドサイン法	調査範囲にある足跡や糞などの痕跡を観察する
	トラップ法	痕跡がつかみにくいネズミなどをわなで捕まえる
	無人撮影法	カメラを設置してセンサ感知時に撮影する
鳥類	ラインセンサス法	ゆっくり歩きながら目視や鳴き声で種類や数を把握する
	定点記録法	定点で周辺の鳥類の種類と数を確認する
昆虫類	ライトトラップ法	夜間にライトを点け、集まる昆虫類を採集する
	ベイトラップ法	穴に容器を埋めて、地表を徘徊する昆虫を採集する
	ツルグレン法	堆積する土壌を持ち帰り、土壌中に生息する昆虫類を調べる
陸上植物	コドラート法	コドラード（方形区）を設定し、コドラート内の植物の平均的な高さや優先種を調査する

(h)　環境影響評価準備書

　調査・予測・評価の結果から、事業者は環境保全に関する事業者の考えをまとめた「環境影響評価準備書」を作成し、都道府県知事と市町村長に送付します。その準備書は、作成されたことが公告され、地方公共団体の庁舎や事業者の事務所およびウェブサイトで1ヶ月間縦覧されるとともに、説明会が開催されます。この準備書に対して誰でも意見が提出でき、そこで示された意見の概要と事業者の見解が、都道府県知事と市町村長へ送付されます。それらに対して、都道府県知事は、市町村長や一般の人から出された意見を踏まえて、事業者に意見を述べます。

(i)　環境影響評価書

　事業者は、必要に応じて、環境影響準備書を見直した上で、環境影響評価書を作成し、事業の免許を行う者と環境大臣に送付します。環境大臣は、必要に応じて、事業の免許を行う者に意見や助言を述べ、その内容を踏まえて、免許を行う者は事業者に意見を述べます。事業者は、それらの意見を検討したうえで、必要に応じて、評価書を見直して最終的な環境影響評価書を確定し、都道府県知事、市町村長、事業の免許を行う者に送付します。環境影響評価書が確定したことは公告され、地方公共団体の庁舎や事業者の事務所およびウェブサイトで1ヶ月間縦覧されます。環境影響評価書の公告と縦覧で、環境アセスメントの手続きは終了します。

(j)　事後調査

　環境保全対策の実績が少ない場合や不確実性が大きい場合、環境への影響が大きい場合などには事後調査を実施しますが、事後調査の必要性は、前項の環境影響評価書に記載されます。工事中に実施した事後調査や、その結果で実施した環境保全対策などの状況は、工事終了後に報告書にまとめられ、事業の免許を行う者と環境大臣に送付され、公表されます。

(k)　地方自治体の環境アセスメント制度

　すべての都道府県とほとんどの政令指定都市には、環境アセスメントに関する条例が設けられていますが、環境影響評価法との重複を避けるために、対象

となるのは環境影響評価法の対象外の事業とされています。手続きについて
は、公聴会を開催したり、第三者機関による審査手続きを設けたりするなど、
都道府県や政令指定都市の地域の実情に応じた内容となっています。

（5）　ライフサイクルアセスメント（LCA）

　ライフサイクルアセスメントとは、ある製品またはサービスのライフサイク
ルにおける環境負荷を定量的に評価する手法です。LCA では、あらゆる環境負
荷を対象にできますが、最も多い対象として二酸化炭素（CO_2）が挙げられま
す。なお、ライフサイクルの段階には、**図表5.15** に示すようなものがあります。

　ライフサイクルアセスメントは、ISO 規格で定められた枠組みに基づいて、
下記の４つのプロセスで実施されますが、それらの枠組みは**図表 5.16** に示すと
おりです。

① 　目的及び調査範囲の設定

② 　インベントリ分析

③ 　影響評価

④ 　結果の解釈

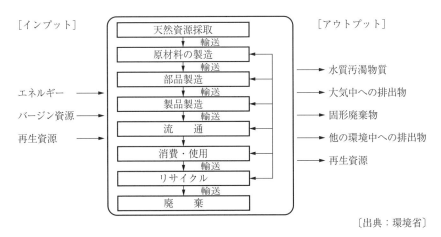

〔出典：環境省〕

図表 5.15　LCA と環境負荷の概念図

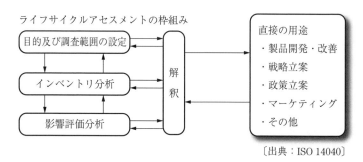

図表 5.16　LCA の枠組み

インベントリ分析で用いられる手法には大きく分けて2つがあります。

Ⓐ　積み上げ法

　積み上げ法は、製品を生産するプロセスの各段階で使用した資源やエネルギー等のインプットと、排出物であるアウトプットを詳細に計算して集計することで、環境負荷を求める手法です。ISO では、基本的には積み上げ法によっています。

Ⓑ　産業連関法

　産業連関法は、約 500 項目にわたる産業連関表を用いて、部門間のやり取りで製品に関わる環境負荷を算定する手法で、マクロなレベルでの分析ができます。このため、産業連関法では、新技術やリサイクルなど産業連関表には含まれていないものの分析はできません。

　なお、上記の2手法をミックスした手法も検討されています。

　また、インベントリ分析において、リサイクルプロセスが組み込まれていると、単純には分析が行えません。リサイクルプロセスで、リサイクルされる物質が分析対象とされる製品に再度利用される場合を「クローズドループ」と呼びますが、この場合にはリサイクルプロセスがシステム境界内にありますので、LCA が可能となります。一方、リサイクルされる物質が他の製品に使われる場合を「オープンループ」と呼びますが、この場合にはさまざまなシステム

境界が考えられることになりますので、配分が難しくなります。

　影響評価は、環境に及ぼす各項目が、どの環境問題（インパクトカテゴリ）にどのように影響を及ぼすのかを評価するプロセスで、下記のステップが実施されます。

　ⓐ　分類化

　　分類化は、環境に影響を及ぼすインベントリ項目が、どの環境問題に影響を及ぼすかを関係づけるステップです。

　ⓑ　特性化

　　特性化は、各環境問題に関連するインベントリ項目が、どの程度影響を及ぼすのかを定量的に示すステップです。

　ⓒ　重み付け

　　重み付けは、異なるインパクトカテゴリを相対的に比較することは難しいため、重み付けを行って統合化指標を計算するステップです。

　製品設計においてLCAの考え方を展開したものとして、**環境配慮設計**（DfE：Design for Environment）があります。かつては、工場等の末端で排水施設や排ガス処理施設を設置するという**エンドオブパイプ**（End of Pipe）**型対策**が中心の時代もありましたが、環境配慮設計は、「製品のライフサイクル全般にわたって環境への影響を考慮した設計」で、**環境適合設計**や**エコデザイン**とも呼ばれています。国連環境計画が策定したDfEに関するマニュアルでは、DfEを進める際の段階として、①エコデザインプロジェクトの組織化、②製品の選定、③エコデザイン戦略の構築、④製品アイデアの作成と選定、⑤コンセプトの詳細化、⑥広告宣伝と製造、⑦フォローアップ活動を示しています。

（6）　環境教育

　持続可能な社会を維持していくためには**環境教育**が欠かせません。環境基本法第25条でも、「環境の保全に関する教育、学習等」が規定されていますし、

303

教育基本法第2条に「教育の目的」が規定されており、第4号に「生命を尊び、自然を大切にし、環境の保全に寄与する態度を養うこと」が示されています。文部科学省が公表している学習指導要領で、環境教育としては、各教科だけではなく「総合的な学習の時間」も実施内容が示されています。なお、環境教育等促進法第1条の目的で、「事業者、国民及びこれらの者の組織する民間の団体が行う環境保全活動並びにその促進のための環境保全の意欲の増進及び環境教育が重要」と示しており、学校に限定することなく、広く社会的に環境教育が行われる必要があるとしています。2002年の「持続可能な開発に関する世界首脳会議」で、日本は、**持続可能な開発のための教育（ESD）**を提唱しており、2019年のユネスコ総会で「ESD for 2030」が採択されました。

4. 組織の社会的責任と環境管理活動

組織活動においては何らかの影響を環境に及ぼしています。それに対して、**社会的責任**を果たす必要があると考えなければなりません。

（1）　社会的責任投資

社会的責任投資（SRI：Socially Responsible Investment）は、従来の投資先の財務的評価に加えて、社会や環境、倫理のような投資先の社会的評価を考慮して投資選択を行う投資行動です。**組織の社会的責任**（CSR：Corporate Social Responsibility）に対する関心の高まりから、生じてきている投資行動です。最近では、環境（Environment）、社会（Social）、ガバナンス（Governance）の頭文字をとって、**ESG投資**という行動も世界的に広がっています。国連責任投資原則は2006年に提唱されたもので、投資にESGの視点を組み入れることや投資対象に対してESGに関する情報開示を求めることなどからなる機関投資家の投資原則をいいます。日本の年金積立金運用独立行政法人は2015年に署名しており、地域の金融機関においてもESGを考慮した事業案件の組成や評価の取組が始まっています。ESG投資の理由として、気候変動による異常気象な

どの影響が企業経営や投資をするうえでの最大のリスクとなってきていることが挙げられます。ESG 投資の方法の 1 つとして、企業や自治体等が、再生可能エネルギー事業、省エネ建築物の建設・改修、環境汚染の防止・管理などに要する資金を調達するために発行する**グリーンボンド**があります。ESG の観点から望ましくないと考えられる投資先を投資対象から除外する選考方法であるネガティブ・スクリーニングが実施される場合もあります。

　最近では、地球温暖化問題が深刻化していることから、企業の価値が財務状況以外の部分で判断されるようになってきています。そのため、財務諸表だけでは見えない企業の情報を、**TCFD 提言**で開示する重要性が高まっています。なお、TCFD とは Taskforce on Climate-related Financial Disclosures の略で、「気候関連財務情報開示タスクフォース」の意味です。TCFD に関しては、環境省が 2022 年 3 月に「TCFD を活用した経営戦略立案のススメ」を公表しています。その中で、「TCFD 提言で求められる開示内容」の「TCFD の要求項目」として、「ガバナンス」、「戦略」、「リスク管理」、「指標と目標」の 4 つを挙げています。そのうちの「戦略」項目において、従来の情報開示制度との違いとして、気候変動に関する具体的なシナリオ分析の実施が推奨されています。また、「気候関連リスク」の項目で、「TCFD 提言では気候関連リスクを、低炭素経済への「移行」に関するリスクと、気候変動による「物理的」変化に関するリスクに大別している。」としています。さらに、「ガバナンス＝経営陣の関与」で、「気候関連リスクと機会を経営戦略に反映するためには、経営陣を巻き込んだ体制が必要であり、TCFD 提言では監督体制や経営者の役割の開示を求めている。」としています。なお、TCFD 賛同機関数は、2023 年 5 月時点で、日本（1342）、イギリス（514）、アメリカ（477）となっており、日本の企業等の機関が積極的に対応しているのがわかります。

　なお、社会的責任については、「社会的責任に関する手引き（**ISO 26000**）」があり、そこで「社会的責任の目的は持続可能な発展に貢献すること」と示されています。また、ISO 26000 は JIS 化されて JIS Z 26000 が規格化されています。ここでは、社会的責任を、「組織の決定及び活動が社会及び環境に及ぼす

305

影響に対して透明かつ倫理的な行動を通じて組織が担う責任」と定義しており、透明かつ倫理的な行動として次の内容が示されています。

① 健康及び社会の福祉を含む持続可能な発展に貢献する。

② ステークホルダーの期待に配慮する。

③ 関連法令を順守し、国際行動規範と整合している。

④ その組織全体に統合され、その組織の関連の中で実践される。

また、社会的責任の本質的な特徴は、社会及び環境に対する配慮を自らの意思決定に組み込み、自らの決定及び活動が社会及び環境に及ぼす影響に対して説明責任を負うという組織の意欲であると説明されています。さらに、社会的責任の7つの原則として、以下の内容が示されています。

---

① 説明責任

組織は、自らが社会、経済及び環境に与える影響について説明責任を負うべきである。

② 透明性：

組織は、社会及び環境に与える自らの決定及び活動に関して、透明であるべきである。

③ 倫理的な行動

組織は、倫理的に行動すべきである。

④ ステークホルダーの利害の尊重

組織は、自らのステークホルダーの利害を尊重し、よく考慮し、対応すべきである。

⑤ 法の支配の尊重

組織は、法の支配を尊重することが義務であると認めるべきである。

⑥ 国際行動規範の尊重

組織は、法の支配の尊重という原則に従うと同時に、国際行動規範も尊重すべきである。

⑦　人権の尊重：

組織は、人権を尊重し、その重要性及び普遍性の両方を認識すべきである。

（2）　環境マネジメントシステム

環境マネジメントシステム（**EMS**：Environmental Management System）では、現在 **ISO 14000 シリーズ**が大きな注目を集めています。これまでは、公害を出さない企業というのが 1 つの目標でしたが、これからは事業活動全般を通して、環境にやさしい企業であることが望まれるようになってきています。ISO 14000 では、経営者の責任を重くしており、環境方針の決定にはトップマネジメントが深く関わることが求められています。

環境マネジメントシステムでは、環境側面をマネジメントし、順守義務を満たし、リスクおよび機会に取り組むことを求めています。また、環境パフォーマンスの向上を含む意図した成果を達成するため、必要なプロセスおよびそれらの相互作用を含む環境マネジメントシステムを確立し、実施し、維持し、継続的に改善しなければならないとされています。ここでの方法は、ISO 9000 と同様に、PDCA サイクルを回しながら実行することです。この ISO で対象としている環境としては、大気、水質、土地、天然資源、植物、動物、人およびそれらの相互関係を含むとされています。

（3）　環境アカウンタビリティと環境政策

アカウンタビリティは説明責任と訳されますが、**環境アカウンタビリティ**は、企業活動が環境に影響を与える場面が増えている事実から、環境に影響を与える事項について社会に報告する責任を重視する傾向が強まっているため注目されています。また、環境問題に対する政策手法や企業の対応に関して多くの用語がありますので、それらを下記に示します。

① 環境報告書

　環境報告書は、企業などが環境保全に関する方針や目標、法令遵守を含めた環境マネジメントに関する状況、環境負荷低減に向けた取組みなどを取りまとめて、ステークホルダーに定期的に報告するものです。本章第2項(6)に示したとおり、公的事業を行う特定事業者に対しては、環境報告書の提出が義務付けられており、大企業には公表を努力義務としています。

② 環境会計

　環境会計は、企業等が持続可能な発展を目指して、社会との良好な関係を保ちながら、環境保全への取組みを効率的・効果的に推進していく目的で行われます。環境会計は、企業が事業活動における環境保全のためのコストとその活動により得られた効果を認識し、可能な限り定量的に測定し伝達する仕組みです。環境会計には、経営管理ツールとしての内部機能と、環境に配慮した事業活動に対する適切な説明責任に結びつく外部機能の2つの機能があります。

③ 環境コミュニケーション

　環境コミュニケーションとは、環境に関する情報を正確かつ迅速にステークホルダーに伝える活動で、情報を伝えることによって、それぞれの立場を理解しながら、相互理解を深めるとともに、信頼関係を構築する活動です。

④ 環境経営

　環境経営は、環境に関する企業の取組みを新たな競争力の源泉としてとらえて、企業が自発的に環境配慮の取組みを行い、環境負荷の発生をライフサイクル全体で抑制し、持続可能な生産と消費を促進する経営です。環境配慮を進める際には、自ら発生させている負荷や環境パフォーマンスを的確に把握し、評価することが重要となります。なお、環境経営を行っている企業を外部から評価し、評価の高い企業に投資を行う「エコファンド」も行われています。

⑤ カーボンプライシング

　資源エネルギー庁は、**カーボンプライシング**を、『企業などの排出する

CO_2（カーボン、炭素）に価格をつけ、それによって排出者の行動を変化させるために導入する政策手法です。有名な手法には「炭素税」や「排出量取引」と呼ばれる制度がありますが、それだけではありません。』と説明しています。それ以外としては、石油石炭税などのエネルギー諸税、証書・クレジット制度、省エネルギー法、FIT賦課金などを挙げています。

⑥　クリーナープロダクション

　環境省は、**クリーナープロダクション**を、「物質を扱って材料・製品等を生産する過程では、必ず何らかの廃棄物、排出ガス、排水等が発生する。このうち有価物を除いて、従来の生産方法と比べ廃棄物等の不用物の発生をより少なくする生産方法」と説明しています。

⑦　エコブランディング

　エコブランディングは、エコを「地球環境問題の解決」と捉え、それを軸とする経営戦略を練って、持続的なブランド力を築き上げる行為です

⑧　エシカル消費

　消費者庁は、「倫理的消費調査研究会」を開催し、地域の活性化や雇用なども含む、人や社会・環境に配慮した消費行動として倫理的消費（エシカル消費）の普及に向けた調査を行った結果、**エシカル消費**を、「消費者それぞれが各自にとっての社会的課題の解決を考慮したり、そうした課題に取り組む事業者を応援しながら消費活動を行うこと」と定義しています。

⑨　エコアクション21

　エコアクション21とは、持続可能な社会を構築するために、すべての事業者が環境への取組みを効果的かつ効率的に行うことを目的に、環境省が策定したガイドラインです。エコアクション21では、中小企業でも取組みやすい環境経営の仕組み（環境経営システム）のあり方を定めています。また、エコアクション21では、環境経営にあたり必ず把握すべき環境負荷として、二酸化炭素排出量、廃棄物排出量、総排水量、化学物質使用量を示しています。

⑩　トリプルボトムライン

　ボトムラインは、会計用語で「損益計算書の一番下の行」を意味し、具体

的には経済的な評価指標となります。**トリプルボトムライン**は、経済の観点だけではなく、環境の観点と社会の観点を加えた3つの視点から企業の社会的責任を評価しようとするものです。

おわりに

　最近では、技術者の業務が多様化・高度化してきており、総合技術監理の技術士としての知見は重要性をさらに増していると考えます。そのための知識源として、『総合技術監理キーワード集』が毎年末に公表されていますが、そこに示されたキーワードすべてを自分で調べて知識として吸収するのは大変です。また、単に単語の意味を知っているだけでは、総合技術監理部門の択一式問題として出題される内容の正答は見つけられません。本著は、平成25年度試験以降に択一式問題で出題された内容を文章や法律の条文で説明した書籍になります。そのため、読んでもらうだけで、総合技術監理部門の受験者に必要な知識をある程度吸収できる資料になっています。ただし、「キーワード集」に新たに加えられた内容が出題される例が見受けられましたので、「キーワード集」に新たに加えられたキーワードの一部については、過去の出題の有無にとらわれず、説明を加えるように努めました。また、キーワード集から除外されたキーワードであるにもかかわらず、その後の試験に出題されたものについては、本著では残しています。ここに示した内容がそのまま出題されるかどうかは不明ですが、出題された場合には、ある程度はこの知識を活用できると思います。本著は、読んで知識が吸収できる形式にしてありますし、定期的に改訂版を出版していますので、総合技術監理部門の受験者および技術士に長くご愛顧いただけるのではないかと著者は考えております。

　なお、本著の初版を出版してから、実際に出題された問題を解答解説した資料もほしいというお話を、日本技術士会の例会の中で多くの技術士からお聞きしました。そこで、2019年1月に姉妹本として『技術士第二次試験「総合技術監理部門」択一式問題150選&論文試験対策』を出版し、現在は第2版が出版されています。著者は、受験勉強の基本は、テキストと問題集の併用であると昔から考えています。その考えに同意される方は、ぜひ姉妹本を合わせて活用され、総合技術監理部門の試験を攻略してもらえればと考えます。総合技術監

理部門の試験は、記述式問題と択一式問題の合計点で合否が判定されますので、択一式問題でより多くの正答が得られれば、その分合格に近づけると考えます。

　なお、最近の総合技術監理部門の択一式問題を見ると、最新の白書に示された内容や、最近改正された法律や新たな情報技術などからの出題も多くなっているようです。そのため、「キーワード集」に掲載されていないキーワードが、択一式問題として出題された試験後の年末に「キーワード集」に追加掲載されたものもあります。それは受験者にとっては、後出しじゃんけんのように感じるかもしれませんが、世の中の動きが速くなっている点から、今後もこういった傾向は続くと考えます。受験者は、このような出題傾向を理解したうえで勉強をしていかなければならないという点を認識する必要があります。ただし、経済性管理や人的資源管理、安全管理などでは、過去に出題された基本的な内容が引き続き出題されています。そういった点を考慮して、本著では、出題され続けている事項と、新しい出題事項の双方を網羅するよう配慮してありますので、読者の皆様には大きな助けとなるものと確信しております。

　最後に、読者の中から多くの方が合格を勝ち取り、総合技術監理部門の技術士として、継続教育等の会合でお互いに研鑽を積める機会を持てることを期待しております。

2024 年 2 月

　　　　　　　　　　　　　　　　　　福田　遵

索　引

313

315

317

319

321

322

323

325

〈著者紹介〉
福田　遵（ふくだ　じゅん）

技術士（総合技術監理部門、電気電子部門）
1979年3月東京工業大学工学部電気・電子工学科卒業
同年4月千代田化工建設㈱入社
2000年4月明豊ファシリティワークス㈱入社
2002年10月アマノ㈱入社、パーキング事業本部副本部長
2013年4月アマノメンテナンスエンジニアリング㈱副社長
2021年4月福田遵技術士事務所代表
公益社団法人日本技術士会青年技術士懇談会代表幹事、企業内技術士委員会委員、神奈川県技術士会修習委員会委員などを歴任
学会：日本技術士会、電気学会、電気設備学会会員
資格：技術士（総合技術監理部門、電気電子部門）、エネルギー管理士、監理技術者（電気、電気通信）、宅地建物取引士、認定ファシリティマネジャー等
著書：『技術士第二次試験「総合技術監理部門」択一式問題150選＆論文試験対策　第2版』、『例題練習で身につく技術士第二次試験論文の書き方　第7版』、『技術士第二次試験「口頭試験」受験必修ガイド　第6版』、『技術士第二次試験「電気電子部門」論文作成のための必修知識』、『技術士第二次試験「電気電子部門」過去問題＜論文試験たっぷり100問＞の要点と万全対策』、『技術士（第一次・第二次）試験「電気電子部門」受験必修テキスト　第4版』、『トコトンやさしい発電・送電の本　第2版』、『トコトンやさしい電線・ケーブルの本』、『トコトンやさしい電気設備の本』、『トコトンやさしい熱利用の本』（日刊工業新聞社）等

技術士第二次試験
「総合技術監理部門」標準テキスト　第3版
〈技術体系と傾向対策〉　　　　　　　　NDC 507.3

2018 年 1 月 15 日	初版 1 刷発行
2019 年 3 月 1 日	初版 3 刷発行
2021 年 1 月 22 日	第 2 版 1 刷発行
2023 年 3 月 6 日	第 2 版 2 刷発行
2024 年 3 月 28 日	第 3 版 1 刷発行

（定価は，カバーに
表示してあります）

　　　　　　　Ⓒ 著　者　福　田　　　　遵
　　　　　　　発行者　井　水　治　博
　　　　　　　発行所　日 刊 工 業 新 聞 社
　　　　　　　東京都中央区日本橋小網町 14-1
　　　　　　　（郵便番号　103-8548）
　　　　　電話　書籍編集部　03-5644-7490
　　　　　　　　販売・管理部　03-5644-7403
　　　　　　　　FAX　03-5644-7400
　　　　　　　振替口座　00190-2-186076
　　　　　　　URL　　https://pub.nikkan.co.jp/
　　　　　　　e-mail　info_shuppan@nikkan.tech

印刷・製本　美研プリンティング㈱

落丁・乱丁本はお取り替えいたします。　　　　2024 Printed in Japan

ISBN 978-4-526-08325-9